管理科学与工程专业研究生省级一流教材
管理科学类国家级一流本科专业建设点系列教材

博弈论基础
及应用

程晋石　张云丰　龚本刚

编　著

FUNDAMENTALS OF GAME
THEORY AND ITS APPLICATIONS

知识产权出版社
全国百佳图书出版单位
—北京—

图书在版编目（CIP）数据

博弈论基础及应用／程晋石，张云丰，龚本刚编著. —北京：知识产权出版社，2024.11.
ISBN 978-7-5130-9571-6

Ⅰ. O225

中国国家版本馆 CIP 数据核字第 2024L0H296 号

内容提要

本书介绍了在完全信息下的静态博弈和动态博弈、不完全信息下的静态博弈和动态博弈、委托-代理理论、合作博弈和演化博弈问题。在每部分知识讲解过程中，选取部分论文采用某种模型进行建模求解的过程阐述讲解，以便读者更好地理解博弈论相关基本理论和模型，使研究生、本科生及非专业读者可以快速采用相关理论知识进行论文写作。

本书的阅读对象为高等院校经济与管理相关专业研究生、高年级本科生。也可供相关领域人员阅读参考。

责任编辑：彭喜英   责任印制：孙婷婷

博弈论基础及应用

BOYILUN JICHU JI YINGYONG

程晋石　张云丰　龚本刚　编著

出版发行：知识产权出版社 有限责任公司		网　　址：http://www.ipph.cn	
电　话：010 - 82004826		http://www.laichushu.com	
社　　址：北京市海淀区气象路 50 号院		邮　　编：100081	
责编电话：010 - 82000860 转 8539		责编邮箱：laichushu@ cnipr.com	
发行电话：010 - 82000860 转 8101		发行传真：010 - 82000893	
印　　刷：北京中献拓方科技发展有限公司		经　　销：新华书店、各大网上书店及相关专业书店	
开　　本：720mm×1000mm　1/16		印　　张：15	
版　　次：2024 年 11 月第 1 版		印　　次：2024 年 11 月第 1 次印刷	
字　　数：302 千字		定　　价：68.00 元	

ISBN 978-7-5130-9571-6

前　言

决策和沟通是我们生活中不可或缺的一部分。无论是在个人生活方式选择、工作过程策略制定中，还是在创业前的市场调研过程中，我们都需要采用有效的思维决策方法。作为一门研究决策制定过程的学科，博弈论是分析和战略规划活动的有效工具，能够帮助我们更好地理解和应对复杂的决策情境。

然而，学生在学习博弈论的过程中难免遇见各种各样的问题。通过博弈论的学习不仅是为了让学生或读者掌握博弈论的相关理论知识，更是为了使其提高自身梳理思路、深化理解、提升逻辑思维及应用的能力。对于博弈论的主要阅读人群（研究生或高年级本科生）来说，目前鲜有著作能使其将对博弈论的知识理解与论文写作的灵感激发相结合，这导致学生很难快速将二者关联起来，难以快速进入相应的研究工作。

基于此，考虑到博弈论在企业管理和供应链管理等研究领域的重要性，倘若能够将两者结合起来，必将为读者提供更加全面和系统的学习和研究体验。在上述目标的驱动下，程晋石老师、张云丰老师、龚本刚老师决定开展本书的编著工作。在分析很多学者的学术著作和成果的基础上，最终确定了整体架构和编著内容。经过不懈的编著和修改工作，这本书终于成型问世。本书试图将博弈论知识与企业案例和论文思想灵感相融合，使读者能够在更快速地掌握相关知识的同时，直接将理论知识运用到论文写作中去。可以相信，本书将帮助研究生和高年级本科生在学习博弈论理论的同时，更好地理解决策过程、提升论文思考及写作能力，从而在学术研究和职业发展中取得更大的成就。

本书是安徽省哲学社会科学规划项目"再生资源回收活动奖惩政策下的成员冲突分析"（项目编号 AHSKY2022D114）、"不同参与主体视角下典型畜禽资产供应链融资运作决策研究"（项目编号 AHSKY2022D113）的研究成果。本书的编写工作还得到安徽省研究生教育质量工程项目"《管理科学研究方法》研究生一流课程"（项目编号 2021yljc013）、安徽省新时代育人质量工程项目（研究生教育）"《管理经济学》线下示范课程"（项目编号2022xxsfkc030）、安徽省高校省级质量工程项目"《仓储与库存管理》线下一流课程"（项目编号2023xxkc206）、2022年安徽省高等学校省级质量工程项目"安徽工程大学芜湖旷云产业园管理有限公司合作实践教育基地"（项目编号2022xqhz005）的支持。

这里特别感谢硕士研究生高吉祥、孙硕硕、居玲玲和陈子文，她们在前期资料收集、整理工作中付出了很多时间和精力。同时，也要感谢编著者的同行和家人，没有你们的支持和鼓励，本书也无法问世。最后，我们衷心感谢本书的编辑于晓菲老师和彭喜英老师。她们在本书的修改和出版过程中付出了大量心血，提供了宝贵的修改意见，确保了本书顺利出版。

最后，鉴于作者们的水平有限，本书尚存在一些不足之处和有待改进的空间，期待读者能够给予本书宝贵的反馈意见和建议，以帮助本书实现完善和提升。可以相信，只有与广大读者的共同努力和改进，才能使本书真正成为有价值的学习资源。

目　录

导　论

0.1　博弈论的基本概念

博弈论研究的核心在于决策者的行为，这是因为决策者意识到其行为会与其他决策者产生相互影响。例如，在某一城市中，仅有两家酒店老板为各自的菜品定价时，他们意识到这是由双方共同决定的，因此他们是彼此博弈的参与者。在这种情况下，酒店老板并非与购买菜品的顾客进行博弈，因为每个顾客都忽略了其行为对酒店的影响。显然，当决策者忽视了他人的反应，或将其视为客观的市场力量时，博弈现象便不复存在。

博弈论是研究决策制定者如何在互动中选择策略的数学模型。它探讨多个决策制定者之间的利益冲突与合作，并通过形式化模型来分析他们的选择及其可能的结果。博弈论的核心概念包括参与者、策略选择、支付结构和解决，旨在寻找在不同情境下最优的策略或决策模式。

若想理解哪些情境可用博弈的方法实施建模，可参考以下例子：

（1）欧佩克成员国选择年度产量；

（2）奇瑞汽车从供应商采购钢材；

（3）两个制造商，一个生产螺母，一个生产螺栓，决定使用公制标准还是美制标准；

（4）董事会为首席执行官制订股票期权计划；

（5）美国空军雇佣喷气式战斗机飞行员。

显然，前4个例子是博弈，最后一个不是。在例子（1）中，欧佩克成员国正在玩一种博弈，因为沙特阿拉伯知道科威特的石油产量是基于科威特对沙特产量的预测，而两国的石油产量对世界价格都很重要。在例子（2）中，奇瑞公司意识到其与供应链的交易量会影响价格。一方希望价格低，另一方希望价格高，所以这是一种双方存在冲突的博弈。在例子（3）中，螺母和螺栓制造商并不冲突，但一方的行为确实会影响另一方的期望行为，因此这种情况仍然是一种博弈。在例子（4）中，董事会预期对 CEO 行为的影响，选择了股票期权计划。第 5 个例子，美国空军目标非常明确，只是雇佣喷气式战斗机飞行员，并没有任何他方对其策略产生影响。

博弈的基本元素包括参与者、行动、回报和信息等。这些统称为博弈规则，建模者的目标是根据博弈规则来描述一种情况，从而解释在这种情况下会发生什么。为了最大化他们的收益，参与者会根据每个时刻的信息设计出选择行动的策略。每个参与者选择的策略组合被称为均衡。给定一个均衡，建模者可以看到所有参与者的计划结合会产生什么行动，这告诉其博弈的结果。

（1）**参与者**（Player）：博弈的主体，指在博弈中做决策的行为者（Agent）。

参与者是做决定的个体。每个参与者的目标都是通过选择行动最大化自己的效益。

有时，模型中明确包含一些个体是很有用的，这些个体被称为"伪参与者"，他们的行为是以纯机械的方式进行的，所以，自然是一个在博弈中以特定概率在特定点采取随机行动的伪参与者。

（2）**行动**（Action）：参与者的决策变量。

参与者 i 的一个动作或行动，记作 i，是其可以作出的一个选择。参与者 i 的行动集 $A_i = \{a_i\}$ 是其可采取的全部行动集。行动组合是有序集合 $A = \{a_i\}$（$i = 1, 2, \cdots, n$）博弈中 n 个参与者每方的一个行动。

（3）**结果**（Outcome）：指博弈分析者感兴趣的要素集合。

（4）**策略**（Strategy）：在静态博弈（Static Game）中，一个策略是参与者的一个给定的可能行动；在动态博弈（Dynamic Game）中，一个策略是参与者在每个决策点选择的一个完整计划，它告诉参与者在什么时候选择什么行动。

（5）**均衡**（Equilibrium）：是所有参与者的最优策略的组合。

（6）**均衡结果**（Equilibrium Outcome）：指所有参与者的最优行动的组合。

（7）**支付**（Payoff）：也被称为**效用**（Utility），是反映参与者对一个结果渴望程度的数字。如果结果是随机的，支付通常用概率来加权平均，即**预期支付**（Expected Payoff），它结合了参与者对风险的态度。

（8）**共同知识**（Common Knowledge）：指"所有参与者知道，所有参与者知道所有参与者知道，所有参与者知道所有参与者知道所有参与者知道……"的知识，博弈的结构经常被假定为共同知识。

（9）**理性**（Rationality）：如果一个参与者寻求以一种最大化自己支付的方式进行博弈，那么，这个参与者就是理性的。针对很多问题的研究经常假设所有参与者的理性是共同知识。

（10）**信息**（Information）：是参与者有关博弈的知识，特别是有关"自然"的选择、其他参与者的特征和行动的知识。

在博弈论中，"自然"通常指的是博弈方无法控制或影响的外部环境或因素。这些因素可能包括其他博弈方的行为、随机事件的发生、市场条件等。"自然"的存在会对博弈方的决策和结果产生影响，因此在博弈论中考虑自然因素是很重要的。

举例来说，考虑一个简单的博弈场景：两个商家在一个新兴市场中竞争销售相似的产品。除了彼此的竞争行为外，还存在自然因素，如市场需求的波动、原材料价格的变化、政府政策的调整等。这些自然因素会影响到两个商家的销售情况和利润水平，因此在制定策略时，他们需要考虑这些因素的存在和可能的影响。

（1）**完全信息**（Complete Information）：是指每个参与者的特征、支付函数（参与者选择的行动组合，借助它决定参与者的支付）以及策略空间在所有参与者中是共同知识。

（2）**完美信息**（Perfect Information）：在任何时间点，当只有一个参与者行动并且他知道所有先前的行动时，此博弈有完美的信息。

上面这些名词解释看上去可能让你感觉厌烦，但这些名词是理解一些博弈问题的关键。这里以一个供应链中的制造商、批发商和零售商之间的定价决策为例进一步说明这些基本元素。

参与者：制造商、批发商和零售商是供应链中的参与者。

行动：制造商可以决定生产多少产品，批发商可以决定从制造商购买多少产品，零售商可以决定从批发商购买多少产品。

结果：如果制造商生产过多，可能会导致库存积压；如果批发商采购过多，可能会导致库存积压或资金周转困难；如果零售商采购过多，可能会导致库存积压或促销折扣。

策略：制造商可以制订不同的产量计划和价格策略，批发商可以制定不同的采购量和定价策略，零售商可以制定不同的订购量和销售价格策略。

均衡：当制造商、批发商和零售商的策略互相协调时，可能会达到供应链的均衡状态，使各方都能够最大化利润或效益。

均衡结果：在均衡状态下，可能会出现生产量、采购量和销售量的稳定状态，使供应链各方都能够获得满意的收益。

支付：制造商向批发商销售产品，批发商向零售商销售产品，零售商向最终消费者销售产品，各方之间都涉及货款支付和收入获取。

共同知识：制造商、批发商和零售商通常会分享关于市场需求、产品供应和价格变动等方面的信息，以便更好地协调行动。

理性：各方在决策时通常会考虑自身利益最大化，如制造商会考虑成本和利润、批发商会考虑库存和资金流动、零售商会考虑销售量和利润率。

信息：供应链中的各方需要获取和分析市场需求、竞争对手的行动、产品价格等信息，以支持决策和调整策略。

完全信息：如果供应链中的各方拥有对市场、产品和竞争对手的完全了解，那么他们将能够作出更理性和准确的决策。

完美信息：如果供应链中的各方能够实时获取关于市场、产品和竞争对手的完美信息，那么他们将能够作出最优的决策，以最大化自身利益。

通过这个例子，可以看到供应链中涉及各种博弈元素，以及各方的相互作用和影响，包括信息的完整性和完美性对决策的影响。

在本书构思阶段如何能够敏感地发现博弈问题，以及识别博弈问题的参与者、行动、回报和信息，是至关重要的。一个有意思的博弈问题是引起研究者研究和读者阅读兴趣的基础。下面再通过下述论文的引言了解如何发现博弈问题。

案例 0-1

随着汽车产销量和保有量的逐年增加，我国目前年报废汽车总量已突破 1000 万辆，由此带来的一些报废汽车处理问题也受到广泛关注。例如，一些报废汽车处理企业随意处理从废车本体上拆解下来的不易回收或拆解的材料（如掩埋和焚烧），导致汽车废料的二次处理成本支出且加剧了环境污染。据此，国务院已开始实施修订《国务院 2016 年立法工作计划》中列出的《报废机动车回收拆解管理条例》（以下简称《条例》），旨在规范汽车行业内报废汽车回收拆解活动。

从逆向供应链的角度看，对报废汽车实施有效的回收拆解是为了更好地完成后续相关活动，如汽车再制造。汽车再制造是将退役的汽车经过专业拆解后，分选出可再利用和再制造的非易损零部件，并按制造技术标准恢复其部分零部件原功能，使其达到甚至超过原件的功效与标准的生产过程。另据 2016 年 9 月发布的《国务院关于修改〈报废汽车回收管理办法〉的决定（征求意见稿）》，针对报废车辆的"五大总成"再制造将全面解禁，意味着报废汽车整车再制造已成为现实，然而再制造活动能否顺利实施，受到政府补贴、碳排放约束和生产成本等内外部因素的影响。作为汽车逆向供应链有效运营的前期环节，报废汽车的回收拆解活动的实施效果决定了汽车再制造的材料质量和再制造效果，这更凸显回收拆解的重要性。

根据国外相关法规的规定，报废汽车的回收、拆解及再制造等活动及其相关责任主要由制造商主导并实施履行。为降低闭环供应链的运营风险，制造商会将部分逆向责任分摊给供应链上的其他企业，例如以外包等合作形式予以实施。当前，国内市场大量汽车回收拆解企业的出现满足了业内对报废汽车回收拆解的迫切需要，同时为汽车制造商分担了部分回收拆解责任。鉴于拆解技术和拆解成本等问题的考量，汽车回收拆解企业与汽车制造商如何实施合作也是各方需要考虑的问题。《条例》也明确鼓励汽车制造商与回收拆解企业建立长期合作关系，希望回收拆解企业考虑按有利于再制造要求对报废汽车实施拆解，进而提高报废汽车回收利用率，同时建议汽车制造商应通过各种渠道公布拆解技术相关信息，为回收拆解企业提供必要的技术支持。显然，这些建议可促进回收拆解与再制造活动的有效衔接，同时会导致这两方处于决策的两难境地。从拆解商的角度看，其较高的拆解水平和努力程度可增加汽车再制造企业的订单量，但也意味着其必须付出较高的拆解成本；从汽车制造商方面看，其为拆解企业提供相关技术支持会提高拆解效果，但可能使拆解企业利用此技术将拆解后的零部件高价销售到黑市，对其再制造汽车甚至新汽车产品的产销量造成不良影响。可见，选择恰当的回收拆解合作模式是《条例》有效实施的重要前提。

由此可见，汽车回收拆解供应链上成员间的合作模式、责任归属和利益分配等问题较之于汽车正向供应链更复杂。汽车闭环供应链有效运行必然基于供应链成员企业间的长期合作，但同时存在因上下游的交易关系引发企业间的博弈行为。为此，本文将依据《条例》中针对拆解过程考虑再制造的要求，以及汽车制造商对拆解过程给予拆解商技术指导等建议，研究汽车制造商和拆解商之间的四种合作模式（决策组合）问题，具体如下：

（1）由《条例》衍生出的四种拆解合作模式下各方利润和环境绩效如何？

（2）制造商给予拆解商技术支持能否达到《条例》实施的预期目的？

（3）双方最优的拆解合作模式是什么？

（文献来源：龚本刚，程晋石，程明宝，等．考虑再制造的报废汽车回收拆解合作决策研究［J］．管理科学学报，2019，22（2）：77-91.）

案例0-1提出《条例》鼓励汽车制造商与回收拆解企业建立长期合作关系，希望回收拆解企业考虑按有利于再制造要求对报废汽车实施拆解，进而提高报废汽车回收利用率，同时建议汽车制造商应通过各种渠道公布拆解技术相关信息，为回收拆解企业提供必要的技术支持。这里，关键在于提出两个主体决策的两个难点，由此引出相应的博弈问题。

案例0-2

为应对气候变化、工业污染、能源危机等一系列环境问题，低碳经济这一可持续发展理念在世界各国逐步得到认可与推广。再制造是发展低碳经济的重要途径之一。在采用一系列高端技术对废旧产品修复改造后，再制造产品（以下简称再制品）可获得与新产品近乎相同的质量与绩效水平。再制造能为企业节能降耗，使其获得良好的环保声誉。目前中国的再制造产业尚处于襁褓阶段，如何推进再制造业快速、健康发展是我国学界、企业界及政府正在考虑的问题。在此背景下，本文尝试研究以下问题：（1）制造商为产品设置专利保护并向再制造商收取许可费是否有利于提升再制造绩效水平（例如产量利润的增加）？（2）在实施专利许可制度的情况下，政府如何基于生产者责任延伸原则制定财政手段以推进再制造产业可持续发展？

（文献来源：曹柬，赵韵雯，吴思思，等．考虑专利许可及政府规制的再制造博弈［J］．管理科学学报，2020，23（3）：1-23.）

案例0-2提出两个主题，环境保护和再制造活动的节能成本。基于此，笔者发现（提出）了研究问题：专利保护（收取许可费）是否可以提高再制造水平。无论哪种决策都有其好处或者坏处，这也是研究的激发点。

0.2　博弈的表达式

博弈论是研究多方决策者在相互关联的环境中作出策略选择的数学理论。在博弈论中，通常使用一些数学工具和符号描述各个参与者、他们的策略及他们的收益或效用。以下是一些基本的博弈论表达式概念。

（1）参与者（Players）：n表示参与博弈的博弈方数量。博弈方的集合可以表示为

$\{1,2,\cdots,N\}$。

（2）策略（Strategies）：对于每个博弈方 i，其策略集合可以表示为 S_i。例如，如果博弈方有两个可能的策略选择，那么 $S_i = \{s_{i1}, s_{i2}\}$。

（3）策略组合（Strategy Profiles）：策略组合是所有博弈方策略的组合。对于所有博弈方，策略组合可以表示为 $s = \{s_1, s_2, \cdots, s_N\}$。

（4）效用函数（Utility Functions）：对于每个博弈方 i，其效用函数 U_i 可以表示为每个博弈方在给定策略组合下的收益或效用。

（5）纳什均衡（Nash Equilibrium）：是一个策略组合，其中没有博弈方有动机单独改变其策略，假设其他博弈方的策略不变。

（6）合作博弈与非合作博弈：在合作博弈中，博弈方可以通过合作达到更好的结果。在非合作博弈中，博弈方独立作出决策。

以上只是博弈论的一些基本表达式和概念。在实际应用中，可能会有更复杂的模型、约束和考虑因素。博弈论中的扩展形式主要用于描述带有时间序列、不完全信息或重复博弈等特征的博弈模型。以下是一些常见的扩展博弈的表达式和概念。

（1）重复博弈（Repeated Games）：在时间序列中重复进行相同博弈的情况。博弈方在每一轮博弈中可以观察到之前轮次的行为，并根据之前的经验调整策略。

（2）不完全信息博弈（Incomplete Information Games）：描述博弈方对其他博弈方的信息不完全的情况。通常使用信息集（Information Sets）和信念（Beliefs）来描述这种情况。信息集表示博弈方的信息，信念表示博弈方对其他博弈方可能策略的概率分布。

（3）随机博弈（Stochastic Games）：在博弈进行中存在随机因素的情况。随机博弈可以用转移概率描述，即描述在给定一组策略下，状态转移到其他状态的概率。

（4）动态博弈（Dynamic Games）：描述博弈在时间上的动态变化。动态博弈通常用于描述不同博弈方在不同时间点作出决策的情况，如顺序博弈（Sequential Games）。

（5）演化博弈论（Evolutionary Game Theory）：用于研究群体中个体策略演化的博弈模型。这种模型涉及个体策略的复制、变异和选择，通常用于描述生物学中的群体行为。

（6）博弈树（Game Trees）：用于描述博弈的序贯性和信息不对称性。博弈树可以清楚地展示博弈方的行动选择和不同信息集下的决策路径。

扩展博弈模型通常会涉及更多复杂的数学表达和概念，如序贯均衡、子博弈完美均衡、观察到的策略等。这些模型通常需要更深入的数学和计算方法来分析和解决。

当涉及复杂的博弈情景时，深入的数学和计算方法在建模和求解过程中起到了关键的作用。以下是一个具体的例子，说明为什么需要更深入的数学和计算方法。

假设有两家公司 A 和 B 竞争销售同一种产品。它们面临一个定价决策问题，即选择一个价格来最大化自己的利润，但是，价格的选择不仅会影响自己的利润，还会影响对方公司的销售和利润。

在这种情况下，通过简单的数学方法很难得出准确的结论。因此，需要使用更深入的数学和计算方法，如博弈论中的博弈模型。

首先，可以使用博弈论中的纳什均衡概念来分析这个问题。纳什均衡是指在给定其他参与者的策略时，没有任何一个参与者能够通过改变自己的策略来获得更高的收益。在这个例子中，可以建立一个竞争定价的博弈模型。

然后，可以使用数学方法来描述公司 A 和公司 B 的策略和利润之间的关系。假设公司 A 选择价格为 p_1，公司 B 选择价格为 p_2，两家公司的销售量分别为 q_1 和 q_2。可以建立一个收益函数来描述公司 A 和公司 B 的利润：

$$\text{Profit } A = (p_1 - c)q_1$$

$$\text{Profit } B = (p_2 - c)q_2$$

其中，c 表示单位产品的成本。

接下来，可使用最优化方法来求解纳什均衡。可以将问题转化为找到使得两家公司的利润最大化的价格组合。这涉及求解一个多变量的非线性优化问题，即最大化 Profit A 和 Profit B。

最后，求解这个最优化问题，并找到纳什均衡策略和对应的利润。

通过以上的例子可以看到，在复杂的博弈情景中，深入的数学和计算方法是必要的。它们帮助读者建立准确的模型、分析策略和利润之间的关系，并通过求解最优化问题找到最佳的决策。这样，可以更好地理解和优化在竞争环境中的决策制定过程，以及如何采用博弈论解决现实问题的思路构建及解决所提问题的过程。

0.3　本书的阅读对象

本书的阅读对象为高等院校经济与管理相关专业研究生或者高年级本科生。他们在本科学习微观经济学、运筹学等课程过程中已接触到博弈论的基础知识。本书共有 7 章。通过广泛资料查阅，发现肖条军教授的《博弈论及其应用》的章节及内容分布更科学规范，符合博弈论知识的学习过程。所以，本书大体借鉴肖条军教授这本著作的结构安排，具体如下：第 1 章和第 2 章分别介绍完全信息下的静态博弈和动态博弈；第 3 章和第 4 章分别介绍不完全信息下的静态博弈和动态博弈；第 5 章介绍委托–代理理论；第 6 章和第 7 章介绍合作博弈和演化博弈。

但与其他相关书籍不同的是，本书作者们努力简化一些概念性的阐述，通过对知识进行阐述，引出其在论文写作过程中的使用点及思考过程，并通过论文举例的方式确保读者学习时相关知识点具有针对性。

第1章　完全信息静态博弈

完全信息静态博弈是博弈论中的一个重要概念，指的是所有参与者都了解博弈的所有相关信息，并且在作出决策时，每个参与者都能够清楚地评估其他参与者的行动和可能的结果。在完全信息静态博弈中，参与者一次性作出决策，没有时间上的先后顺序，也没有机会重新评估决策。这种类型的博弈常见于经济学、政治学和其他社会科学领域，用于分析决策者在完全了解情况的情况下如何作出最优决策。本章分为 4 节：第 1.1 节严格占优策略均衡和一般均衡；第 1.2 节纳什均衡；第 1.3 节混合策略纳什均衡；第 1.4 节纳什均衡的存在性。其间，给出一些例子来理解相关概念。

1.1　严格占优策略均衡和一般均衡

在博弈论中，严格占优策略均衡（Strictly Dominant Strategy Equilibrium）和一般均衡（General Equilibrium）是描述博弈中不同状态的概念。它们涉及博弈参与者所采取的策略，并且每种均衡概念存在不同的特点和影响。这里深入探讨这两种均衡概念。

1.1.1　严格占优策略均衡

严格占优策略均衡是博弈论中的一个关键概念，强调在博弈中存在一种策略选择，无论其他博弈方选择什么策略，该策略都能够给自己带来更好的结果。这一概念主要应用于单次博弈中，其中每个参与者都有明确的最佳策略。

在博弈中，一个策略能够严格占优，意味着在对手采取任何可能的策略时，该策略都能够为博弈方提供更高的收益。如果每个博弈方都有至少一种严格占优策略，并且他们都选择了这些策略，那么就形成了一个严格占优策略均衡。在这种均衡状态下，每个博弈方都没有更好的选择，无论其他人如何决策。

案例 1-1

商家 A 和商家 B 竞争销售同一种产品。每位商家都有两种策略：定价高 (H) 和定价低 (L)。如果商家 A 选择高价，而商家 B 选择低价，那么 A 会获得更高的利润。类似地，如果 A 选择低价，而 B 选择高价，那么 B 会获得更高的利润。如果两者都选择高价或都选择低价，那么它们的利润将相对较低。在这种情况下，如果商家 A 有一种策略，无论商家 B 怎么选择，商家 A 都能够获得最高利润，那么这个策略就是商家 A 的严格占优策略。如果商家 B 也有类似的策略，它们选择了这些严格占优策略，那么就形成了严格占优策略均衡。

当谈论严格占优策略均衡时，指的是博弈论中的概念，即在博弈中的参与者选择行动的情况下，不存在任何参与者可以通过单方面改变策略而获得更好结果的情形。以下是两个严格占优策略均衡的例子。

案例 1-2

考虑经典的囚徒困境 (Prisoner's Dilemma)：两个罪犯被分开审讯，如果两人都合作不说话，那么对双方都有利（每个人只需服刑 1 年）。但是，如果其中一个人选择供出另一个人而后者保持沉默，则那个供出的人将被释放（作为交易的一部分），而另一个将被判长刑（10 年）。如果两个人都选择供出对方，则两人都会被判较长的刑期（5年）。在这种情况下，合作是最优选择，但是无论对方选择什么，单方供出对方都能够带来更好的结果，因此没有占优策略。

案例 1-3

假设一对夫妇想要在周末共度时光，丈夫更倾向于看篮球比赛，而妻子更喜欢去看歌剧。两人更愿意一起出去，但如果他们无法达成一致，分开行动会比待在一起更好。如果丈夫去看篮球而妻子去看歌剧，或者反之，他们会比较不开心，但任何一人改变选择都无法让对方满意。在这种情况下，两种选择（篮球或歌剧）都没有明显优势。

显然，在以上的例子中，不存在一种策略可以让某个参与者单方面改变选择而获得更好的结果。这种情况下的策略均衡被称为严格占优策略均衡。

严格占优策略均衡的优势在于其清晰性和直观性。它提供了在博弈中找到稳定状态的一种方法，使每个博弈方都能够明确知道最佳的决策路径。需要注意的是，在某些情况下，严格占优策略均衡可能不存在，特别是在复杂的博弈中。

1.1.2　一般均衡

一般均衡理论是经济学中的一个核心概念，它关注的是多个市场和各种资源之间的相互关系，以及在整个经济体系中达到的均衡状态。该理论最早由法国经济学家利昂·瓦尔拉斯在 19 世纪末提出，被认为是现代宏观经济学和微观经济学的基石之一。

在一般均衡理论中，经济体系被看作由多个市场组成，每个市场都存在供给和需求。这些市场可以包括商品市场、劳动市场、金融市场等。一般均衡的核心观点是，所有这些市场都能够同时达到均衡状态，即供给等于需求，没有过剩或短缺。这一均衡状态意味着整个经济体系在各个方面都达到了一种相对稳定的状态。

在一般均衡理论中，价格起着关键作用。价格被视为调节市场供给和需求的机制，以便每个市场都达到均衡。如果某个市场供大于求，价格将下降，促使消费者增加购买，生产者减少生产，从而最终实现市场均衡。相反，如果存在需求大于供给的情况，价格将上升，推动生产增加，消费者减少购买，也最终实现市场均衡。

一般均衡理论的优势在于它提供了一个综合的框架，能够同时考虑多个市场之间的相互作用。它允许经济学家和政策制定者更全面地理解各种政策和外部冲击对整个经济体系的影响，然而，一般均衡理论也面临挑战，因为在实际应用中，考虑到所有市场的相互关系可能变得非常复杂。当谈论一般均衡时，通常指的是经济学领域中的一般均衡理论，这个理论涉及市场中多个市场参与者和商品的供给和需求关系。以下是两个一般均衡的例子。

案例 1-4

货币供应和物价：在一个经济体中，考虑货币供应、物价和产出之间的关系。如果中央银行增加货币供应，会导致更多的货币在经济中流通。这可能导致消费者在市场上更多地支出，提高了需求，从而推动物价上涨，物价上涨也可能导致生产成本上升，最终影响到生产者的供给。一般均衡理论考虑了货币供应、物价水平和产出之间的复杂互动关系，以寻找在货币供应增加情况下可能出现的整体均衡状态。

案例 1-5

国际贸易：考虑两个国家之间的国际贸易。假设国家 A 生产大米，国家 B 生产小麦。如果国家 A 开始对外出口大米，而国家 B 开始对外出口小麦，两国之间会形成贸易关系。在一般均衡理论中，考虑到不同商品的相对比较优势和需求及国际市场上的价格变动，可以找到两国在贸易中达到一种均衡状态，使得两国的总体福利最大化。

这些例子展示了一般均衡理论如何考虑不同变量之间的复杂关系，以找到一个整体上供给和需求达到平衡的状态。这种均衡状态可以是通过市场调节自发形成的。

基于一般均衡理论的角度，可以提出以下论文想法来探讨人工智能市场竞争激烈的情况。

案例 1-6

论文想法：人工智能市场的竞争与均衡分析——基于一般均衡理论。本研究旨在利用一般均衡理论的框架，探讨当今人工智能市场的竞争情况及其对市场均衡的影响。通过建立一个包含多个参与者（公司、机构等）的人工智能市场模型，分析不同参与者之间的竞争策略、市场份额变化及价格调整等因素。通过数学建模和仿真实验，研究人工智能市场在竞争激烈条件下可能出现的均衡状态，并探讨市场调节机制和政策对市场竞争的影响。

思考过程：

1. 建立人工智能市场的一般均衡模型，包括不同类型的参与者、产品和服务的交易关系、价格形成机制等。

2. 分析不同竞争策略下参与者间的互动关系，探讨竞争对市场结构和均衡的影响。

3. 考虑外部因素，如技术进步、市场需求变化等对人工智能市场的影响，探讨市场的稳定性和可持续发展问题。

4. 总结研究结果，提出关于人工智能市场竞争与均衡的政策建议和方向。

1.2　纳什均衡

纳什均衡是博弈论中的一个重要概念，由数学家约翰·纳什于 1950 年提出。它描述了一种博弈中的状态，其中每个参与者都作出最优决策，考虑到其他参与者的决策。这种状态被称为均衡，因为在这种情况下，任何一名参与者都没有动机改变自己的策略，只要其他人的策略保持不变。

要理解纳什均衡，首先需要了解博弈论。博弈论是研究决策制定和资源分配的一门学科，关注的是多方参与者之间的相互作用。在博弈中，每个参与者都会根据自己的利益选择策略，而纳什均衡描述了一种状态，其中每个参与者都选择了最优的策略，考虑到其他人的策略。

纳什均衡的关键特征在于，每个参与者的策略组合构成一个均衡，即在给定其他人的策略时，没有人有动机改变自己的策略。换句话说，每个参与者在最好地响应其他人的同时，其他人也在最好地响应他。这种互相协调的状态是博弈中的一种稳定状态。为更具体地理解纳什均衡，可通过一个简单的例子来说明。

案例 1-7

考虑两个商家竞争定价的情况。每个商家都有两种定价策略：高价和低价。他们的目标是最大化利润，而利润取决于他们两者的定价策略。如果一个商家选择高价，而另一个选择低价，那么前者将获得更高的利润。如果两者都选择高价，那么他们的利润将受到竞争的影响，最终可能都不会获得最大化的利润。

在这种情景下，尝试构建商家之间的竞争模型。首先，可以定义两个商家的策略空间：

1. 商家 1 的策略空间：{高价，低价}

2. 商家 2 的策略空间：{高价，低价}

接下来，需要确定每个商家选择不同定价策略时的利润情况。假设商家 1 选择高价定价策略，而商家 2 选择低价定价策略，那么商家 1 将获得较高利润；反之亦然。如果两家商家选择相同的定价策略，他们的利润将会受到市场竞争的影响，最终可能导致利润降低。接下来，给出利润矩阵（请读者试着给出）。

接下来，需要确定商家对于不同策略组合的偏好。这可以通过对利润矩阵中的各个参数进行比较来完成。例如，商家 1 会偏好选择高价还是低价？商家 2 又会如何选择？

最后，使用博弈理论中的均衡概念来找到纳什均衡。纳什均衡是一种策略组合，其中每个商家都选择了最优的策略，并考虑到其他商家的选择。在这种均衡状态下，没有商家可以通过单方面改变他们的策略来获得更高的利润。

　　在上述例子中，纳什均衡可能是两个商家都选择低价，因为在给定对方选择低价的情况下，任何一方都不会有动机改变自己的策略。如果其中一个商家改变策略，选择高价，那么他的利润将减少，因此，选择低价是最优的响应。

　　纳什均衡的概念可以进一步推广到更复杂的博弈，包括多个参与者和多种策略。在这些情况下，纳什均衡仍然描述了一种状态，其中每个参与者都在最优地响应其他人的同时，其他人也在最优地响应他。这种互相协调的均衡状态在博弈理论中具有重要的应用，不仅用于经济学领域，还在政治学、生物学等领域有着广泛的应用。

　　下面给出一个采用纳什均衡实施闭环供应链研究的想法和研究步骤示范。

案例 1-8

　　论文想法：闭环供应链中的竞争与合作——基于博弈论的纳什均衡分析。本研究旨在运用博弈论的纳什均衡理论，探讨闭环供应链中各参与者之间的竞争与合作关系，以及在竞争与合作之间寻求均衡的策略。通过构建闭环供应链的博弈模型，考虑制造商、零售商和回收商等不同参与者之间的博弈关系，分析他们的最优决策和可能达到的纳什均衡状态。进一步探讨在不同竞争与合作策略下，闭环供应链中的效益分配、资源利用和市场均衡状态。

　　思考过程：

　　1. 构建闭环供应链的博弈模型，明确参与者、决策变量和收益函数。考虑制造商、零售商和回收商之间的定价、采购和合作等策略选择。

　　2. 分析各参与者的最优决策条件，推导各参与者的收益函数，并建立闭环供应链的博弈均衡方程。

　　3. 求解博弈模型，得到可能的纳什均衡状态，探讨在这些状态下各参与者的策略选择和效益分配情况。

　　4. 通过数值仿真实验，验证模型有效性并对不同情境下的均衡状态进行比较分析。

　　5. 总结研究结果，提出闭环供应链中竞争与合作的管理建议和决策支持。

　　模型构建数学过程（简化示例）：

　　假设闭环供应链包括制造商（M）、零售商（R）和回收商（C），各自面临定价和采购决策。制造商的效用函数可以表示为 $U_M = f(p_M, q_R, q_C)$，其中 p_M 是制造商的定价；q_R 和 q_C 分别是零售商和回收商的采购量。类似地，零售商和回收商的效用函数也可表示出来。

　　根据各参与者的效用函数和策略选择，可以建立闭环供应链的博弈均衡方程组，并通过求解这个方程组，得到可能的纳什均衡解。在求解过程中需要考虑各参与者的最优响应策略和均衡状态下的效益分配情况。

以上是一个简化的模型示例，在实际研究中可能需要考虑更多的因素和参与者行为，但通过这样的模型构建和分析，可以深入理解供应链中竞争与合作的博弈关系及其对市场均衡的影响，为相关决策提供理论支持和实践指导。

1.3　混合策略纳什均衡

混合策略纳什均衡是博弈论中一个关键的概念，它涉及博弈方选择策略的随机性和确定性的结合。为了理解混合策略纳什均衡，首先要理解两种策略：纯策略和混合策略。

1.3.1　纯策略与混合策略

1.3.1.1　纯策略

在纯策略中，博弈方选择一个特定的策略来应对博弈中的其他博弈方。这意味着博弈方作出确定性的选择，不涉及任何随机性。例如，在"石头、剪刀、布"的游戏中，选择石头、剪刀或布就是纯策略。

再以一个企业竞争决策案例来详细说明纯策略的概念。

案例 1-9

假设有两家电子产品公司（A 公司和 B 公司）同时推出一种新型智能手机。这两家公司需要决策自己的定价策略，以争夺市场份额。他们可以选择两个纯策略：高价策略和低价策略。

高价策略：A 公司和 B 公司都选择将手机定价较高。

低价策略：A 公司和 B 公司都选择将手机定价较低。

在这个案例中，每家公司都是一个参与者，它们的决策是通过选择高价或低价策略来进行。假设他们的目标是最大化利润。

以下是可能的案例结果：

1. 如果 A 公司和 B 公司都选择高价策略，市场需求可能会下降，因为消费者可能会寻找更便宜的替代品。这可能导致两家公司的销售额下降，但它们可能会获得更高的利润率。

2. 如果 A 公司和 B 公司都选择低价策略，市场需求可能会增加，因为消费者可能更容易接受价格较低的产品。这可能导致两家公司的销售额增加，但它们的利润率可能会受到压缩。

3. 如果 A 公司选择低价策略，而 B 公司选择高价策略，A 公司可能会吸引更多的消费者，并在市场上占据较大份额，但其利润率可能会受到压缩。相反，B 公司可能会获得较高的利润率，但市场份额可能较少。

通过这个案例可以看到企业在竞争市场中面临的地策略选择。它们需要考虑其他参与者的行动，并选择自己的最优策略，以追求最大化的利益。研究可帮助企业理解竞争对手的策略选择，并制定出适应市场竞争环境的决策策略。

1.3.1.2　混合策略

与纯策略不同，混合策略允许博弈方以某种概率分布选择不同的纯策略。博弈方以一定的概率选择每个纯策略，使其他博弈方在预期的收益上没有办法利用这种随机性。使用前面的例子，一个博弈方可能以 1/3 的概率选择石头、1/3 的概率选择剪刀和 1/3 的概率选择布。同样，以一个企业竞争决策案例来详细说明混合策略的概念。

案例 1-10

假设有两家咖啡连锁店（店铺 A 和店铺 B）在同一地区开业，它们需要决定每个星期的促销活动。他们可以选择两种纯策略：提供打折优惠和提供赠送礼品。

店铺 A 和店铺 B 可以采取以下混合策略：

店铺 A 以 60% 的概率提供打折优惠，以 40% 的概率提供赠送礼品。

店铺 B 以 70% 的概率提供打折优惠，以 30% 的概率提供赠送礼品。

在这个案例中，每家店铺都以一定的概率选择不同的纯策略，以吸引更多的顾客并提高销售额。他们根据市场反馈和竞争对手的行动，调整混合策略的概率分布。

以下是可能的案例结果：

如果店铺 A 选择提供打折优惠的概率较高，而店铺 B 选择提供赠送礼品的概率较高，可能会导致消费者更倾向于选择店铺 A，从而增加店铺 A 的销售额。

如果店铺 A 和店铺 B 的混合策略选择相似，可能会出现竞争激烈的情况，消费者可能会在两家店铺之间进行选择，从而使得销售额相对平均。

通过采用混合策略，企业可以更灵活地应对竞争环境中的变化，同时在不同纯策略之间找到平衡，以实现长期利益最大化的目标。混合策略的运用需要参与者对自身情况和竞争对手的行动有一定了解和预判能力，以达到最佳决策效果。

1.3.2　混合策略纳什均衡

在混合策略纳什均衡中，每个博弈方的混合策略都被设定得那样精确，使得在其他博弈方选择其混合策略的情况下，没有博弈方有动机改变自己的概率分布。

具体来说，对于每个博弈方而言，其混合策略须满足以下条件。

（1）期望收益相等：在纳什均衡中，博弈方无法通过改变自己的概率分布来获得更高的期望收益。这意味着对于博弈方来说，他在任何纯策略下的期望收益都是相等的。

（2）其他博弈方的最佳应对策略：在纳什均衡下，当一个博弈方采取其混合策略时，其他博弈方应该选择他们的混合策略来应对，使他们无法通过改变概率分布获得更高的期望收益。下面举例解释。

案例 1-11

考虑一个简单的博弈，称为"二人零和博弈"。两个博弈方有两种策略：策略 A 和策略 B。他们可以选择纯策略 A 或策略 B。收益矩阵如表 1-1 所示。

表 1-1　二人零和博弈收益矩阵

	A	B
A	1, −1	−1, 1
B	−1, 1	1, −1

在这种情况下，没有纯策略纳什均衡，因为如果一个博弈方选择策略 A，另一个博弈方会选择策略 B，反之亦然。但是存在一个混合策略纳什均衡，在这个均衡中，每个博弈方选择策略 A 的概率为 1/2，选择策略 B 的概率也为 1/2。

混合策略纳什均衡提供了一个框架，使得在博弈中博弈方可以通过随机化其策略来达到均衡状态。这种概念允许更深入地分析博弈，考虑博弈方的不确定性和随机性选择对策略和结果的影响。通过纳什均衡，可以了解博弈方如何在互相竞争的环境中通过混合策略达到一种稳定的状态。

现在通过一个企业竞争决策案例来详细说明混合策略纳什均衡的概念。

案例 1-12

假设有两家汽车制造商（公司 A 和公司 B）竞争推出电动汽车产品，并且它们需要决定提供的保修时长。它们可以选择两种纯策略：提供较长的保修时长和提供较短的保修时长。

假设经济学家分析后得出结论，市场对长保修时长的需求为 60%，对短保修时长的需求为 40%。那么公司 A 和公司 B 可以采取以下混合策略：

公司 A 以 75% 的概率提供长保修时长，以 25% 的概率提供短保修时长。

公司 B 以 80% 的概率提供长保修时长，以 20% 的概率提供短保修时长。

在这个案例中，两家公司通过以一定的概率选择不同的纯策略，即保修时长，来吸引不同比例的消费者。假设在这种混合策略下，每家公司都无法通过改变自己的保修时长策略获得更大的利益。

混合策略纳什均衡的情况可能如下：

如果公司 A 改变其保修时长策略分布，公司 B 的最优响应也会相应调整，以便最大化自己的利益。在这种情况下，任何一家公司都无法通过单方面改变其策略获得更大的利益，从而达到了纳什均衡。

通过混合策略纳什均衡的理论框架，企业可以在竞争市场中找到一种平衡状态，以最大化自身利益并预测竞争对手的行为。混合策略纳什均衡要求企业具有对市场和竞争环境的准确认识，并能够根据不同情况灵活调整自己的策略分布，以实现长期的利益最大化。

1.4　纳什均衡的存在性

纳什均衡是博弈论中的一个概念，指的是在博弈中每个参与者都选择了最优策略，考虑其他参与者的策略已经确定的情况下，没有动机单独改变自己的策略。关于纳什均衡的存在性如下。

（1）纳什定理（Nash's Theorem）：纳什在 1950 年证明了在有限参与者和有限策略的零和博弈中，至少存在一个混合策略纳什均衡。这个定理保证了在一定条件下至少存在一个纳什均衡。

（2）纳什均衡的存在性：在许多博弈论模型中，存在多个纳什均衡或者可能不存在纳什均衡。存在多个均衡的情况称为多重均衡，而不存在纳什均衡的情况则被称为非合作博弈中的某种形式的失效。

（3）纳什均衡的唯一性：在某些特定的博弈中，可能存在唯一一个纳什均衡。这种情况通常发生在某些简化的博弈模型中，或者是特定策略和参与者数量的组合下。

总的来说，纳什均衡在一些情况下可以确保至少存在一个均衡点，但并不保证均衡点的唯一性，也可能存在博弈中不存在纳什均衡的情况。

博弈论中的纳什均衡存在性是指在一个博弈中，至少存在一种策略组合，使得每个参与者选择的策略都是最优的，且没有任何一名参与者有动机单独改变自己的策略。换言之，纳什均衡是一种稳定状态，其中每位参与者的策略是其他参与者策略的最佳响应。

同样，通过两个企业竞争案例来详细说明纳什均衡的存在性概念。

案例 1-13

假设有两家快餐连锁店（店铺 A 和店铺 B）在同一地区竞争，它们需要决定每份汉堡的售价。它们可以选择两种纯策略：高价销售和低价销售。

假设店铺 A 和店铺 B 的利润情况如下：

如果两家店铺都选择高价销售，它们的利润分别为 100 万元和 80 万元。

如果店铺 A 选择高价销售而店铺 B 选择低价销售，店铺 A 的利润为 60 万元，店铺 B 的利润为 120 万元。

如果店铺 A 选择低价销售而店铺 B 选择高价销售，店铺 A 的利润为 120 万元，店铺 B 的利润为 60 万元。

如果两家店铺都选择低价销售，它们的利润分别为 90 万元和 90 万元。

在这个案例中，可以通过分析得出以下结论：

如果店铺 A 选择高价销售，店铺 B 的最佳响应是选择低价销售，因为这样店铺 B 可以获得更高的利润。

同样地，如果店铺 B 选择高价销售，店铺 A 的最佳响应也是选择低价销售。

因此，在这个案例中存在一个纳什均衡：店铺 A 选择低价销售，店铺 B 选择低价销售。在这种情况下，任何一家店铺都没有动机单独改变自己的策略，因为这将导致其利润减少。

通过分析企业竞争决策案例，可以看到纳什均衡存在性是指在某些情况下，参与者的策略选择会达到一种平衡状态，使得每个参与者都无法通过单方面改变自己的策略而获得更大的利益。纳什均衡的存在性帮助读者理解在博弈中可能出现的稳定状态。

本章主要针对完全信息静态博弈模型进行简单介绍，其他问题这里不再赘述（其他相关内容请参考肖条军的《博弈论及其应用》）。完全信息静态博弈常用的模型包括 Cournot 模型、Bertrand 模型、博弈树模型。

（1）Cournot 模型：描述少数竞争者在市场上决定产量的情况。每个企业选择自己的产量以最大化利润，但假设它们无法直接影响其他企业的决策。

（2）Bertrand 模型：描述两个或多个企业在市场上决定价格的情况。企业可以同时设定价格，消费者会购买价格更低的产品。

（3）博弈树模型：通过树形结构描述参与者在不同决策结点上的选择，以及每种选择的结果。常用于分析博弈中的策略选择和最优决策路径。

在论文写作中，Cournot 模型和 Bertrand 模型的应用比较广泛，因为其可很好地描述市场竞争中的典型情况，并提供简单但有效的分析框架。下面是对这两个模型的举例说明。

案例 1-14

Cournot 模型在市场竞争中的应用。

假设有两家石油公司（公司 A 和公司 B），它们在市场上销售相似的产品。每家公司都可以独立地选择自己的产量来最大化利润。市场的总需求函数为 $p = a - b(Q_1 + Q_2)$，其中 p 是价格，Q_1 和 Q_2 分别是公司 A 和公司 B 的销量，a 和 b 是正常数。

公司 A 和公司 B 的成本函数分别为 $c_1(Q_1)$ 和 $c_2(Q_2)$。根据 Cournot 模型，公司 A 和公司 B 将根据对手的产量选择自己的最优产量，以最大化利润。利润函数为 $\pi_1(Q_1, Q_2) = p_1(Q_1, Q_2)Q_1 - c_1(Q_1)$，$\pi_2(Q_1, Q_2) = p_2(Q_1, Q_2)Q_2 - c_2(Q_2)$。

通过求解每家公司的利润最大化问题，可以得到它们的最优产量水平，进而分析市场上的价格和产量分布。这种分析方法能够帮助理解市场竞争中各参与者的策略选择和最终的市场结果。

案例 1-15

Bertrand 模型在零售市场上的应用。

假设有两家零售商（零售商 A 和零售商 B），它们在同一地区销售相同的商品，并可以独立设定价格，但消费者会购买价格更低的商品。市场的总需求函数为 $p = a - b(Q_1 + Q_2)$，其中 p 是价格，Q_1 和 Q_2 分别是零售商 A 和零售商 B 的销量，a 和 b 是正常数。

零售商 A 和零售商 B 的成本函数分别为 $c_1(Q_1)$ 和 $c_2(Q_2)$。根据 Bertrand 模型，零售商 A 和零售商 B 将根据对手的价格设定自己的价格以最大化利润。利润函数为 $\pi_1(Q_1,Q_2) = (p_1(Q_1,Q_2) - c_1(Q_1))Q_1$，$\pi_2(Q_1,Q_2) = (p_2(Q_1,Q_2) - c_2(Q_2))Q_2$。

通过求解每家零售商的利润最大化问题，可得到它们的最优价格水平，进而分析市场上的价格竞争情况。这种分析方法能够帮助理解价格竞争中的策略选择和市场结果。

最后，给出几个完全信息静态博弈下涉及企业决策方面的论文想法。

（1）定价决策下的竞争策略分析。

模型构建思路如下：

参与者：市场中的两个竞争对手企业。

变量：定价策略是主要的决策变量，可以考虑产品定价、促销策略等。

利润函数：每家企业的利润取决于其自身的定价决策，以及市场需求、成本等因素。

静态博弈模型：采用 Cournot 模型，企业根据对手的定价策略进行最优决策。

参数设置：市场需求函数、成本函数、竞争对手的定价策略等参数根据实际情况设定。

函数设置：利润函数可以基于市场需求和定价之间的关系建立，成本函数可以考虑生产成本和固定成本等因素。

（2）产品特性竞争下的定价决策分析。

模型构建思路如下：

参与者：市场中的两个企业，竞争的不仅是价格，还包括产品特性。

变量：定价和产品特性是主要的决策变量，可以考虑产品设计、品质、功能等。

利润函数：企业的利润取决于其定价和产品特性的组合，以及市场需求、成本等因素。

静态博弈模型：两家企业同时定价和设计产品特性。

参数设置：市场需求函数、成本函数、竞争对手的定价和产品特性等参数根据实际情况设定。

函数设置：利润函数可以考虑价格和产品特性之间的相互影响，以及成本和市场需求的关系。

（3）市场份额争夺下的广告支出决策分析。

模型构建思路如下：

参与者：市场中的多个企业，通过广告竞争来争夺市场份额。

变量：广告支出是主要的决策变量，可以考虑广告内容、媒体选择等。

利润函数：企业的利润取决于其广告支出及市场份额的变化，同时受到市场需求、成本等因素的影响。

静态博弈模型：可以采用 Bertrand 模型，企业根据对手的广告支出进行最优决策。

参数设置：市场需求函数、成本函数、竞争对手的广告支出等参数根据实际情况设定。

函数设置：利润函数可以考虑广告支出和市场份额之间的关系，以及成本和市场需求的影响。

这些论文想法将探讨在完全信息静态博弈下企业决策的各种方面，从定价策略到产品特性竞争再到广告支出决策，为相关领域的研究和实践提供新的视角和方法。

本章思考题

1. 对于完全信息静态博弈中的纳什均衡概念，请解释为什么在该概念下每个博弈方都做了最好的选择？

2. 在一个完全信息静态博弈中，如果存在多个纳什均衡点，如何确定最终的均衡解？

3. 假设一家公司正在考虑是否向员工提供额外的培训机会以提高员工的技能水平和绩效。公司知道提供培训将增加员工的生产力，但培训成本很高。员工也知道培训将提高他们的市场价值，但他们可能会考虑未来是否会在公司工作足够长的时间来回报这项投资。在这种情况下，公司和员工之间应如何进行决策，才能实现最佳的博弈结果？

4. 思考如何通过博弈论的方法来解决企业内部部门之间的资源分配问题，以实现整体利益最大化。

5. 基于完全信息静态博弈，探讨在供应链管理中不同环节之间的博弈与合作策略，以优化整个供应链的效率和利润。

6. 如何利用博弈论概念中的混合策略来解决企业竞争市场中的定价策略问题？

7. 基于完全信息静态博弈理论，讨论在市场竞争中企业之间的策略选择和反应机制，以及可能导致的结果。

8. 利用完全信息静态博弈模型，探讨企业在市场竞争中如何制定有效的广告策略，以吸引更多消费者并提升市场份额。

9. 分析在供应链管理中，如何通过完全信息静态博弈模型解决库存管理、订单处理等方面的决策问题，以提高供应链运作效率。

第 2 章　完全信息动态博弈

人际互动和企业交易通常涉及时间先后顺序。各方在博弈中的策略和行动不仅有次序，而且后续参与者在选择前能观察博弈过程，称为"动态博弈"。

2.1　扩展式表述

在策略式博弈中，参与者在没有考虑其他人选择的情况下同时选择策略，且不涉及时间因素。相反，扩展式博弈注重事件发生的次序，每位参与者在博弈开始时考虑策略，随后在需要作出决策时可以根据新信息更新策略选择。每个博弈方的一次行动被称为一个"阶段"，动态博弈中每个博弈方可能有多次行动，因此存在多个博弈阶段。一般而言，动态博弈以扩展形式表示。

以"田忌赛马"为例，田忌巧用谋略以弱胜强战胜了齐威王，这个故事中蕴含着典型的博弈问题。在田忌赛马博弈中，已知前两次是齐威王先选择马匹，田忌则根据齐威王的行动进行选择。由于前两次的马匹选定时，第三次的马匹已经确定，因此只要考虑前两个时期的行动。此博弈的扩展形式如图 2-1 所示（该图省略了支付和部分行动，具体见肖条军的《博弈论及其应用》）。

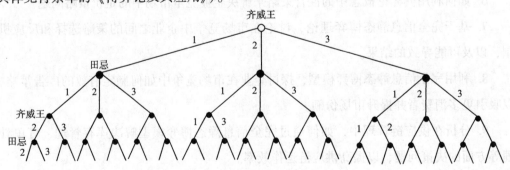

图 2-1　田忌赛马

博弈的扩展形式（Extensive Form），也被称为博弈树（Game Tree），它清晰地描述了整个博弈在时间维度上的进展，包括参与者行动的顺序、他们在行动时所拥有的信息及在此情形下不确定性解决的时间。博弈树包括结点（Node）、枝（Branch）和信息集（Information Set），其中结点分为决策结点（Decision Node）和终点结点（Terminal Node），决策结点是参与者作出选择的时点，终点结点是博弈行动结束的点。在本书中，博弈树的开始结点用"○"表示，终点结点只标支付向量，其他结点用实心"●"表示。树枝代表参与者的可能行动选择，如图 2-1 所示，齐威王首次行动的三个行动选择"1""2"和"3"。信息集是指参与者在进行选择时所知道的信息。如果信息集中只包含一个决策结点，则称其为单结点信息集，在这种情况下，参与者知道自己的博弈历史状态，图 2-1 中都是单结点信息集；若博弈树的所有信息集都是单结点信息集，则该博弈为完美信息博弈（Perfect Information Game），即博弈中参与者行动有次序且后行动的参与者能够观察到前者的行动。

动态博弈是一种博弈形式，其特点是博弈方的策略和行动不仅有先后顺序，而且后行动者在作出决策前能够观察到前者行动的过程。在动态博弈中，如果一个参与者能清晰地观察到其行动之前的其他参与者的行为，则称为"拥有完美信息"的人。若所有参与者都具有完美信息，则博弈被称为"完美信息动态博弈"；反之，若存在不具有完美信息的参与者，则被称为"不完美信息动态博弈"。

动态博弈是博弈论的一个分支，它研究的是在时间序列中，参与者根据其他参与者的行动和信息进行策略选择和决策的过程。在动态博弈中，行动的选择不仅有先后顺序，而且后续行动者能在选择前观察到之前的博弈过程。根据信息完备性的不同，动态博弈可以分为完美信息动态博弈和不对称信息动态博弈。

在完美信息动态博弈中，所有参与者都能观察到在他们行动之前其他参与者的行为。在这种情况下，参与者可以根据已知信息进行决策，从而避免了同时行动的不确定性。这种博弈过程的透明度为研究者提供了理解现实世界中复杂决策过程的有力工具。

相对之下，在不对称信息动态博弈中，部分参与者无法获取完整的博弈历史信息。这使得他们在作出决策时，无法准确了解其他参与者的行动轨迹，从而增加了决策的不确定性和复杂性。

总体来说，动态博弈的理论研究旨在深入探究参与者如何在时间序列中进行策略选择和信息交流，以期更好地理解现实生活中的决策行为。

需要注意的是，动态博弈不仅可以用扩展式表示，也可以用策略式来描述（具体可参照第1章，这里不做赘述）；同样，静态博弈不仅可以用策略式描述，也可以用扩展式表示。

一般来说，动态博弈用扩展式更方便，静态博弈用策略式更方便。策略式博弈常用矩阵形式表现，而扩展式博弈常用博弈树表现。

以性别战博弈为例，考虑静态博弈是如何表示成扩展式的。该博弈的策略式见表2-1。

表 2-1　性别博弈策略式

弟弟	姐姐	
	电影	足球
电影	1, 2	0, 0
足球	0, 0	2, 1

在静态博弈中，由于参与者同时作出决策，因此，博弈树的构建可以从任何一个参与者的决策结点开始。在该博弈中，假设从弟弟的决策结点开始，支付向量的第一个为弟弟的支付，第二个为姐姐的支付，则该博弈的扩展式如图2-2所示。

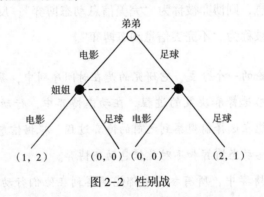

图 2-2　性别战

这里引入虚线连接同一信息集内的决策结点。信息集包含满足以下条件的决策结点：①同一条虚线上的决策结点属于同一个参与者；②当博弈进展到信息集中的某个结点时，应该行动的参与者不清楚已经达到的结点。在性别战博弈中，姐姐只知道信息进入了她的信息集，但不知道弟弟的选择，因此可以归为不完美信息博弈。在扩展式博弈中，有虚线连接的是不完美信息博弈，没有虚线连接的是完美信息博弈。

根据以上内容，可以正式地给出下面的定义。

定义 2.1.1　一个博弈的扩展式表述包括：（1）参与者；（2）行动顺序；（3）行动空间；（4）信息集；（5）支付函数；（6）可能还包括自然选择的概率分布。

定义 2.1.1 介绍了博弈论中博弈的扩展式表述，这是理解博弈过程和参与者决策行为的关键。博弈的扩展式表述主要包括六个核心要素，分别是参与者、行动顺序、行动空间、信息集、支付函数以及自然选择的概率分布。

第一，参与者是指参与博弈的个体或实体，他们在博弈过程中通过选择不同的行动影响结果。这是博弈的主体，对于理解博弈过程至关重要。

第二，行动顺序明确了参与者在何时采取行动，这是博弈中时间序列的关键部分，决定了各参与者行动的先后顺序。

第三，行动空间描述了参与者在每次行动时可以作出哪些选择。这涉及博弈参与者的可选策略或行动，共同构成了每一轮博弈的选择集合。

第四，信息集是指参与者在作出选择时所掌握的信息。这一要素强调了信息的不对称性，即在博弈的某一阶段，参与者所拥有的信息可能存在差异，进而影响其决策过程。

第五，支付函数表示参与者的支付与行动组合之间的关系。这是博弈中效用或收益的量化体现，反映了不同决策组合对参与者利益的得失关系。

第六，自然选择的概率分布是第六个关键要素，它反映了博弈中可能存在的随机性或不确定性，即参与者采取某种行动的成功概率分布。

以上六个要素共同构成了博弈的扩展式表述，为深入理解博弈过程和参与者决策行为提供了重要依据。

通过博弈论的扩展式表述，可以构思一个涉及企业管理领域的论文想法的思考过程。

在企业管理领域，可以探讨如何运用博弈论来分析和优化企业内部和外部的决策制定过程。以供给链与需求链的博弈为例，可以从以下几个方面展开思考。

1. 博弈中的参与者：企业内部的各个部门（生产、销售、市场等）可以被视为博弈中的参与者，他们在供给链与需求链中扮演不同的角色，有着不同的利益诉求。

2. 行动顺序：确定企业内部各部门在供给链与需求链中的行动顺序，例如生产部门何时启动生产、销售部门何时发布促销活动等，对整体业绩和效益具有重要影响。

3. 行动空间：企业内部各部门在供给链与需求链中可以进行的选择，包括生产规模、产品定价、市场推广策略等，这构成了他们的行动空间。

4. 信息集：企业内部各部门在制定决策时所知道的信息，包括市场需求预测、竞争对手动态、供应链延迟等，这些信息将影响他们的决策。

5. 支付函数：建立企业内部各部门之间的支付函数模型，分析不同决策组合下各部门的收益分配情况，以激励合作、协调内部决策。

2.2　扩展式博弈中的均衡问题

2.2.1　可信性问题

可信性问题是动态博弈的核心问题之一。可信性问题指的是先行动的参与者是否相信后行动的参与者会采取的行动。若后行动对先行动有益，则可视为"承诺"；反之，若后行动对先行动不利，则可视为"威胁"。因此，可信性问题可以分为"承诺的可信性"和"威胁的可信性"。在所有参与者都是理性的情况下，如果参与者认为选择一个威胁或承诺所付出的成本高于不选择它，那么这种威胁或承诺就是不可信的。

以下是一个关于威胁和承诺的例子（图2-3）。参与者A是一家售卖产品的企业，参与者B是消费者。在这个情景中，A企业若提供高质量产品，则B消费者愿意购买，支付2；反之，若A企业提供低质量产品，B消费者更愿意选择不购买，支付0大于-1。通过逆向归纳法，若B消费者选择购买，则A企业会提供高质量产品以获取支付3，因此（高，购买）成为纳什均衡。

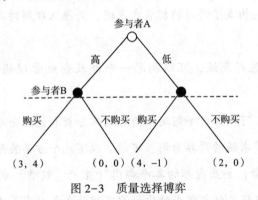

图2-3　质量选择博弈

在图2-3中，B消费者采取了威胁和承诺两种策略。当A企业提供低质量产品时，B消费者威胁不购买；相反，如果A企业提供高质量产品，B消费者承诺购买，这对双方都有好处。这些承诺和威胁都是可信的，但如果B消费者无论A企业提供何种产品都承诺购买，那么这种承诺就失去了可信度。

以市场进入博弈为例，探讨可信性问题。设想某地区有一家垄断型大超市A，此时另一家超市B计划加入市场竞争（图2-4）。超市A对超市B发出威胁："若你进入市场，我将采取降价等措施阻止你。"那么，这一威胁的可信度究竟如何呢？答案显然是不具备可信度。当超市 B 选择进入时，超市 A 选择"不阻碍"策略的收益为 4，选择"阻碍"策略的收益则降到 2。所以，一旦超市 B 进入，超市 A 最好的策略是"不阻碍"，所以超市 A 的威胁是不可信的。

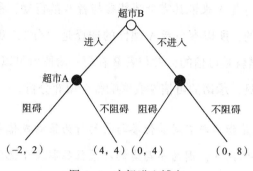

图 2-4　市场进入博弈

为理解可信性问题，再来看一个借贷博弈的例子。如图 2-5 所示，参与者 B 是借方，参与者 A 是贷方。在该博弈中，参与者 A 向参与者 B 借 2 万元，用于项目投资，并答应获利后和参与者 B 分成。参与者 B 可以采取"借"或者"不借"的策略，如果参与者 B 采取"不借"的策略，则博弈到此结束；如果参与者 B 采取"借"的策略，则参与者 A 遵守承诺平分利润或者违背承诺。此时，有一个纳什均衡（不借，不还）。

在完全信息动态博弈中，各博弈方都知道对方决策的收益情况，参与者 B 知道参与者 A 的可能行动，即知道参与者 A 的承诺是不可信的，且自己最好选择是"不借"。如何改变这种情况？如果要使参与者 A 的承诺可信，则需加入法律手段，当参与者 A 违约时，参与者 B 的利益受到法律保护，则参与者 A 的承诺是可信的，此时博弈加上了第三阶段，如图 2-5 所示。

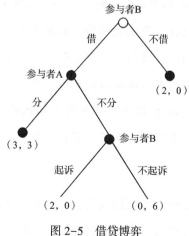

图 2-5　借贷博弈

第三阶段博弈是否存在，博弈的结果完全不同。在博弈的第三阶段，即当参与者 A 选择"不分"时，如果参与者 B 选择"不起诉"策略，则参与者 A 收益为 6 万元，B 收益为 0，当参与者 B 选择"起诉"时，则能收回自己的 2 万元，所以参与者 B 的最优策略是"起诉"。对参与者 A 来说其完全清楚参与者 B 的行动，参与者 A 知道参与者 B "起诉"的威胁是可信的，所以参与者 A 理性的选择是"分"，双方各得 3 万元。此时参与者 A 的"分"承诺就是可信的，参与者 B 在第一阶段就可以选择"借"，纳什均衡为（借，分）。由此可见，承诺的可信性会影响整个博弈分析。

博弈论中的可信性是指参与者对其他参与者的行为策略或信息的信任程度。在博弈中，可信性是一个重要的因素，因为参与者的决策往往取决于他们对其他参与者的行为的理解和信任程度。

具体来说，可信性可以分为两个方面：信息可信性和行为可信性。

1. 信息可信性：信息可信性是指参与者对其他参与者信息的真实性和准确性的信任程度。当参与者相信其他参与者提供的信息是真实的时，他们会更倾向于根据这些信息作出决策。如果一个参与者怀疑其他参与者提供的信息不准确或有误导性，他可能会调整自己的策略以降低风险。

2. 行为可信性：行为可信性是指参与者对其他参与者行为策略的信任程度。当参与者相信其他参与者会按照他们声明的行为策略行动时，他们会更倾向于根据这种信念制定自己的策略。如果一个参与者怀疑其他参与者可能会违背他们所宣称的行为策略，他可能会采取更保守的策略以应对潜在的风险。

举个例子来说明可信性在博弈中的重要性：

假设有两个参与者，Alice 和 Bob，他们参与一个拍卖博弈。在这个博弈中，Alice 可以选择出价，而 Bob 可以选择是否继续出价。如果 Bob 相信 Alice 会按照她所宣称的最高价出价，那么他可以根据这一信息作出自己的决策；如果 Bob 怀疑 Alice 的出价信息不可信，他可能会根据自己对市场情况的判断来作出决策，而不是依赖 Alice 的信息。

在这个例子中，Bob 对 Alice 的信息和行为的可信性将直接影响他的决策和最终的结果。因此，在博弈中，参与者之间的互相信任和信誉建立是非常重要的，可信性对于博弈过程和结果具有重要影响。

在博弈论中可信性问题是一个关键的议题，涉及参与者之间的信任、合作和信息共享。在博弈中，每个博弈方往往需要根据对其他博弈方行为的信任来制定策略，而可信性问题就是这一信任的基础。

首先，博弈中的参与者通常面临信息不对称的情况，即每个博弈方对于其他博弈方的信息了解程度不同，这导致了一个重要的可信性问题：博弈方是否能够相信其他博弈方提供的信息。在博弈中，信息的真实性对于制定最优策略至关重要，而参与者需要谨慎地评估其他博弈方的信息可信度，以避免受到误导。

其次，博弈中存在合作与背叛的问题，这直接关系到博弈方之间的信任。合作可能带来共同利益，但如果一方不能相信其他博弈方会遵守协议，就会面临背叛的风险。可信性问题在这种情境下显得尤为重要，因为建立起对其他博弈方的信任是实现合作的关键。

最后，博弈中的时间因素也增加了可信性的挑战。博弈方可能在不同时间点作出决策，而其他博弈方需要相信对方在整个博弈过程中会遵守之前的承诺。时间的不确定性使可信性问题更复杂，需要考虑到长期和短期的信任建立。

2.2.2　纳什均衡问题

在借贷博弈中，各方的策略虽然事先设定但非强制执行，可随时调整，引发了动态博弈的核心问题——可信性。这对纳什均衡的适用性提出了挑战。在静态博弈中，纳什均衡表现出固有稳定性，各方不改变最优策略组合，且能预测均衡形式，仿佛博弈前共同拟定详尽行动计划。在动态博弈中，不可信问题使纳什均衡可能不稳定。需要更有效的概念和方法，满足基本要求，排除不可信威胁和承诺，保留合理或稳定的纳什均衡，确保在动态博弈中具备真正稳定性，进行有效分析和预测。

要引入更有效的分析动态博弈的概念和方法，需要结合纳什均衡的基本要求，并确保满足排除博弈方策略中各种不可信的威胁和承诺的要求，以保留"合理"或稳定的纳什均衡，同时排除"不合理"或不稳定的纳什均衡。以下是一些建议的方法。

1. 重视信息的不对称性：在动态博弈中，信息的不对称性是常见的情况。引入信息经济学的概念，例如不完全信息博弈理论，以更好地理解博弈参与者之间的信息流动和信息不对称性（此内容在下一章有所涉及）。

例如，新产品开发过程中的信息不对称性情况。假设一家公司正在开发一种全新的智能手机，并计划在市场上推出。在这个过程中，可能存在以下情况。

（1）内部团队之间的信息不对称：在新产品开发过程中，不同部门可能拥有不同的信息，比如研发团队可能了解到产品的技术特点，而营销团队则可能更了解市场需求和竞争对手情况。这种内部信息不对称性可能会影响决策的协调和一致性。

（2）外部供应商和合作伙伴的信息不对称：公司与外部供应商或合作伙伴之间也可

能存在信息不对称，比如供应商可能了解产品成本和生产周期等关键信息，而公司可能并不完全了解供应链上的情况。这种信息不对称性可能导致谈判过程中的不确定性和风险。

（3）市场竞争中的信息不对称：在产品推出市场后，公司与竞争对手也可能存在信息不对称，比如竞争对手可能采取不透明的定价策略或宣传手段，从而影响消费者对产品的认知和购买决策。这种信息不对称性可能影响市场份额和利润率。

2. 考虑时间因素：动态博弈强调决策的时间序列，因此需要引入时间一致性的概念。使用序贯博弈理论或强调博弈过程中策略的连续调整的方法，以更好地捕捉动态变化。

这里举一个电子产品市场的定价策略例子。假设有一家电子产品公司，其竞争对手也在同一市场上销售类似的产品。这家公司需要制定一个定价策略，以最大化自己的利润。在这种情况下，动态博弈理论可以被用来捕捉定价策略的时间序列变化。公司需要考虑竞争对手的定价行为，并且在不同时间点作出反应。例如，公司可以采用序贯博弈理论分析在不同时间点调整产品定价的最佳时机，以及如何根据竞争对手的定价行为作出反应。此外，公司可能会根据市场反馈和销售数据连续调整定价策略，以适应市场需求的变化。这种连续调整的策略可以通过强调博弈过程中策略的连续调整的方法进行分析，以更好地捕捉动态变化。

3. 建立可信度和可验证性：要排除不可信的威胁和承诺，引入可信度理论和可验证性的概念。这有助于确定博弈参与者是否真正能够履行其威胁或承诺，从而筛选出不合理或不可信的纳什均衡。例如，两家竞争对手之间的价格战策略。假设有两家手机制造公司（公司A和公司B），它们在同一市场上销售类似的产品。在这种情况下，两家公司可能会通过降低价格争夺市场份额。

可信度理论和可验证性的概念可以帮助确定每家公司是否能够履行其降价威胁。如果一家公司声称将大幅度降低产品价格以获取更多市场份额，但其历史记录显示并没有按照承诺行事，那么其他公司可能会对其承诺的可信度产生怀疑。举例来说，公司A声称如果公司B不降低价格，它将降低自己的产品价格。在这种情况下，公司B可以通过分析公司A过去的定价策略和市场行为来评估公司A的可信度。如果公司A过去并没有兑现类似的威胁，那么公司B可能会认为公司A的威胁缺乏可信度，从而调整自己的策略。

4. 考虑重复博弈和声誉建设：在动态博弈中，重复博弈和声誉建设对于维持合理的纳什均衡非常重要。通过引入对过去行为的奖惩机制，可以鼓励合作和减少不合理的策略。例如，电商平台上的卖家信誉建设。在电商领域，卖家的声誉对于吸引买家、提高销量和建立长期合作关系非常重要。通过建立信誉评价系统，电商平台可以引入奖励和惩罚机制，鼓励卖家提供优质的产品和服务，同时惩罚那些有不良行为的卖家。假设在一个电商平台上，买家可以对每一次交易的卖家进行评价，并留下评论。如果一个卖家频繁提供劣质产品或服务，买家可以通过给予负面评价表达不满。这些负面评价会降低卖家的信誉分数，影响其在平台上的排名和销量。

通过重复博弈和声誉建设，卖家有动力提供高质量的产品和服务，以维持其良好的声誉和吸引更多买家。同时，买家也会更倾向于选择那些信誉良好的卖家进行交易。并且，奖惩机制可以有效减少不良行为，促进合作，并维持一个相对稳定和公平的市场环境。通过重复博弈和声誉建设，电商平台可以激励卖家和买家遵守规则，提高整体市场效率和信任度。

5. 引入演化博弈：演化博弈理论考虑博弈参与者的策略是如何随着时间演化的。引入演化博弈的概念可以更好地理解博弈中合理和稳定的策略选择。

假设两家相互竞争的公司在同一市场上销售相似的产品，这两家公司可以选择定价策略来争夺市场份额。通过演化博弈理论，它们可以更好地理解参与者的策略如何随着时间演化，并最终达到合理和稳定的状态。

初始阶段，两家公司可能采取激烈的价格竞争策略，试图通过降价吸引更多客户。随着时间的推移，它们可能会逐渐意识到这种策略并不可持续，因为价格战可能导致利润下降和市场混乱。

在演化博弈的过程中，这两家公司可能会逐渐调整策略，从纯粹的价格竞争转向差异化竞争或价值创造。通过提升产品质量、改进售后服务、加强品牌建设等方式，它们可以尝试区别化自己的产品，并寻求在市场中建立稳固的地位。

最终，随着演化博弈的进行，这两家公司可能会找到一个相对稳定的定价策略，使双方能够在市场上共存并各自获得一定份额和利润。通过逐步演化和调整策略，这些公司可以在竞争中寻求更长期和可持续的优势，同时避免陷入恶性的价格竞争循环。

关于纳什均衡的问题，这里再举例加以说明。

案例 2-1

假设 Alice 和 Bob 参与一个拍卖博弈。在这个博弈中，Alice 可以选择出价，而 Bob 可以选择是否继续出价。如果 Bob 相信 Alice 会按照她所宣称的最高价出价，那么他可以根据这一信息作出自己的决策。然而，如果 Bob 怀疑 Alice 的出价信息不可信，他可能会根据自己对市场情况的判断来作出决策，而不是依赖 Alice 的信息。

在这个例子中，如果 Bob 不相信 Alice 的出价信息，他可能会采用一些"不合理"的策略或威胁影响 Alice 的决策，比如说，他可能会假装自己要出高价来吓唬 Alice 放弃出价。如果 Alice 对此不作出反应，那么 Bob 就可能得到更高的利润。在这种情况下，如果 Alice 一开始没有考虑到这种可能性，或者并没有相应的策略来回应 Bob 的威胁，那么这种纳什均衡就是"不合理"的或者是不稳定的。

在博弈中，为了避免出现这样不合理或不稳定的纳什均衡，需要引入更有效的分析动态博弈的概念和方法，并结合纳什均衡的基本要求，确保满足排除博弈方策略中各种不可信的威胁和承诺的要求。这样可以保留"合理"或稳定的纳什均衡，同时排除"不合理"或不稳定的纳什均衡。例如，可以引入可观察性、可重复性、时间一致性等概念分析动态博弈，并引入威胁和承诺的机制避免出现不可信的行为。

因此，引入更有效的分析动态博弈的概念和方法可以更好地理解博弈中可信性的重要性，并确保满足排除博弈方策略中各种不可信的威胁和承诺的要求，从而得到合理或稳定的纳什均衡。所以，综合运用以上方法，可以建立一个更全面和有效的框架分析动态博弈，确保在考虑纳什均衡的基本要求的同时，排除不可信的威胁和承诺，从而维持合理和稳定的纳什均衡。

2.2.3　顺向归纳法

在正式了解逆向归纳法之前，可先了解一下顺向归纳法。顺向归纳法是根据参与者前面选择的行为，去推断他们的思路并为后阶段的博弈提供依据的分析方法。接下来看一个行动选择博弈的例子，如图 2-6 所示。在该博弈中，参与者 I 首先行动，选择在家看书或者去看电影。如果参与者 I 选择在家里看书，则博弈结束；如果参与者 I 选择去看电影，则他与参与者 II 进行博弈（在参与者 I 选择看电影之后，两个参与者同时选择行动 a、b，而 a、b 分别代表不同的电影），每个参与者偏好对方选择自己喜欢的电影。（具体见肖条军的《博弈论及其应用》）

图 2-6 所示的扩展式博弈可以表示为策略式，其策略式见表 2-2。

观察参与者 I 的策略，发现策略 b 劣于策略"书"；剔除策略 b 后，参与者 II 的策略 b 又弱于策略 a。剔除后，参与者 I 的策略书劣于策略 a。最终结果为 (a,a)。这个剔除序列与扩展博弈的论证一致：如果参与者 II 必须决策，他知道参与者 I 不选"书"，只选策略 a。因此，参与者 II 也应选择策略 a。这种逻辑推理称为顺向归纳法。

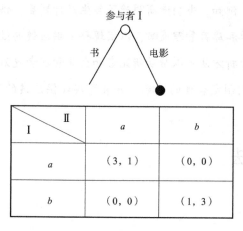

图 2-6　行动选择博弈

表 2-2　行动选择博弈

I	II	
	a	b
在家看书	(2, 2)	(2, 2)
a	(3, 1)	(0, 0)
b	(0, 0)	(1, 3)

这个结果与关于扩展博弈的论证一致。如果参与者 II 必须作出决策，他知道参与者 I 已经排除了选择"书"，且只会选择策略 a。在这种情况下，参与者 II 理性地应该选择策略 a。这种博弈的论证逻辑在经典文献中被称为顺向归纳法，即通过逐步剔除不利策略，最终得到一致的、合理的结果。

这个博弈的精妙之处在于参与者在信息有限的情况下，通过逐步推导和排除，最终达到一种均衡状态，即 (a,a)。这展示了博弈论中一种重要的论证方法，通过逐步推断每个参与者的最优决策，最终达到整体协调。

例如，假设有一个包括供应商、制造商和零售商的供应链系统，它们需要共同决定生产和库存水平以最大化整个供应链的利润。通过类似于以上提到的顺向归纳法，可以引入信息不对称的情况，分析参与者在缺乏完全信息的情况下如何作出最优决策。

在这样的博弈模型中，制造商可能拥有更多的信息，能够更准确地预测市场需求，并据此调整生产计划，而供应商和零售商可能只能根据现有的订单和库存水平来作出决策。如果制造商采取某种策略（如增加产量或降低价格），其他参与者必须根据这个决策作出相应调整。

通过逐步推导和排除不利的策略，参与者可以逐渐达成一致的最优决策，从而实现供应链整体利益的最大化。例如，当制造商明确了其生产计划后，供应商和零售商可以根据这些信息调整他们的订单和库存管理策略，以实现整个供应链的效率和利润最大化。这种基于顺向归纳法的博弈分析方法可以帮助研究者和企业管理者更好地理解供应链中各参与者的相互作用，指导他们制定合理的策略，并最终实现供应链的优化和协调。

2.3　逆向归纳法

2.3.1　基本概念

在动态博弈分析中，使用逆向归纳法评估"威胁"或"承诺"的可信度。这是一种自下而上的方法，从最后阶段开始逆向推导，找出每个阶段的最优行动。首先分析最后一个阶段的最优选择，然后逆推至倒数第二个阶段，直至第一阶段。这种方法有助于理解先行动者如何权衡后续阶段的选择。在最后一个阶段，博弈方可以直接作出选择；而在前一阶段，后行动者可以根据后续阶段的选择推断先前行为的可信度。

逆向归纳法的核心是先行动者预测其决策可能引发的后续反应及其二次效应，然后逐步倒推找出每个阶段的最优行动。完成后，得到一条路径，为每个博弈方指定了一种特定策略，构成纳什均衡。

以图 2-5 所示借贷博弈为例，采用逆向归纳法求解该博弈。首先，从第三阶段开始，参与者 B 在该阶段的最优行动是起诉。给定此选择，参与者 A 在第二阶段比较分钱与不分钱的收益，选择分钱获得 3 万元。因为若不分钱，博弈进入第三阶段，参与者 B 会选择起诉，导致参与者 A 的收益为 0 元。所以参与者 A 会选择分钱策略。考虑参与者 A 会选择分钱，分析第一阶段的参与者 B，最优行动是借钱，收益为 3 万元，而不借的收益为 2 万元。因此，该动态博弈的均衡解是：参与者 B 在第一阶段借钱，参与者 A 在第二阶段分钱，参与者 B 在第三阶段起诉。

在动态博弈中，逆向归纳法是将多阶段动态博弈简化为一系列单人决策问题的分析方法。通过从最终阶段开始向前逆推，分析每个阶段的最优选择，对动态博弈的路径和各方收益进行准确判断，归纳各方在各阶段的选择，得出整个动态博弈中的策略。这种方法清晰展现了博弈的逻辑结构，提供了理解和预测复杂互动的强有力工具。

逆向归纳法从最终阶段逐步推导回博弈的初始阶段，以确定每个博弈方在每个决策结点上的最佳策略。其思路如下。

1. 确定最终阶段的支付（Payoff）：首先，确定博弈的最终阶段，并为每个可能的最终结果分配支付值，表示每个博弈方在博弈结束时的效用或收益。

2. 逐步回推：从最终阶段开始，逐步回推到博弈的初始阶段。在每个决策结点上，计算每个博弈方在当前结点上的最佳策略，使其在最终阶段获得最大化的支付。

3. 考虑对手的最佳反应：在递推的过程中，考虑每个博弈方都假设其对手会采取最佳的策略。因此，在每个决策结点上，要考虑对手的最佳反应，以确保自己的策略是对手策略的最佳应对。

4. 确定子博弈的最优策略：在回推的过程中，可能会涉及多个子博弈。对每个子博弈都采用递推法，确定其最优策略，然后将这些最优策略整合成整个博弈的最优策略。

5. 分析结果：一旦递推到博弈的初始阶段，就可以得到每个博弈方在每个决策结点上的最优策略以及博弈的最终结果。

递归归纳法是博弈论中的一种重要方法，可以在企业管理类论文的写作过程中得到应用。以下是使用递向归纳法的步骤。

1. 定义问题：首先，明确定义要研究的企业管理问题。例如，你可能想研究企业如何在市场竞争中作出最优决策。

2. 递向思考：接下来，采用递向思考的方式从最终目标开始逐步递向推导。考虑你的研究问题，问自己："在企业作出最优决策之前，都有哪些因素需要考虑？"

3. 递归分析：针对每个递向推导的因素进行递归分析。思考每个因素对决策的影响以及与其他因素的关系。这将帮助你构建一个完整的逻辑链，从最终目标递向到问题的起点。

4. 形成结论：最后，根据递向归纳法的推导结果，形成结论并总结你的研究发现。说明哪些因素对企业决策至关重要，并提供实际操作建议。

举例来说，如果你想研究企业在市场竞争中的定价策略，首先你可以使用递向归纳法来推导最优定价策略的关键因素。递向思考可能会引导你思考市场需求、成本结构、竞争对手反应等因素。然后，通过递归分析每个因素的影响和相互关系，你可以形成一个完整的逻辑链，从最终的最优定价策略递向到起点问题。最后，基于递向归纳法的推导结果，你可以得出结论，并提供关于企业定价策略的实际操作建议。

2.3.2 子博弈完美纳什均衡

在动态博弈中，学者们提出了子博弈完美纳什均衡，以排除不稳定的纳什均衡。该概念要求每个子博弈中参与者的策略选择都构成纳什均衡，消除了不合理和不稳定的行为。接下来看具体定义。

定义 2.3.1　由一个动态博弈第一阶段以外的某个阶段开始的后续博弈阶段构成，必须有初始信息集，具备进行博弈所需要的各种信息，能够自成一个博弈的原博弈的一部分，称为原动态博弈的一个"子博弈"。

理解定义 2.3.1 的思路如下：

1. 理解动态博弈的概念：首先要明确动态博弈是指在一个时间序列上进行的博弈，每个参与者的决策会影响未来的决策和结果。

2. 注意第一阶段以外的某个阶段：文中提到子博弈是从原动态博弈的第一阶段之外的某个阶段开始的后续博弈。

3. 确定子博弈的特征：根据文字描述，子博弈必须满足以下特征：

有初始信息集：子博弈开始时，各博弈方已经获得了一些关键信息，这些信息包含在初始信息集中。

具备进行博弈所需的各种信息：在子博弈中，各博弈方拥有进行决策所需的所有信息，包括其他博弈方的策略和可能的行动结果等。

能够自成一个独立的博弈：子博弈可以被视为原动态博弈的一部分，并且在自身范围内形成一个完整的博弈过程。

举例说明：假设有一个动态博弈是关于两个公司竞争定价的问题。在原动态博弈中，首先有一个阶段是两家公司同时选择定价策略。然后，在第一阶段之后的某个阶段开始了一个子博弈，其中只有一家公司可以调整定价，而另一家公司保持不变。这个子博弈具备以下特征。

初始信息集：在子博弈开始时，两家公司已经知道了彼此在第一阶段选择的定价策略和市场反应情况。

进行博弈所需的信息：在子博弈中，两家公司拥有关于对手定价策略和可能的市场结果的全部信息。

自成一个独立的博弈：该子博弈可以被视为原动态博弈的一部分，并且在调整定价的范围内形成一个完整的博弈过程。

再以借贷博弈为例（图 2-7）：

如果参与者 B 选择"借"，则进入两阶段动态博弈，参与者 A 首先面临是否分成的决策，然后参与者 B 决定是否起诉，构成一个子博弈，如图 2-7（a）所示。若参与者

A 不分成，进入子博弈的子博弈，即参与者 B 选择起诉或不起诉的阶段，被称为原博弈的"二级子博弈"，如图 2-7（a）中的小虚线框所示。

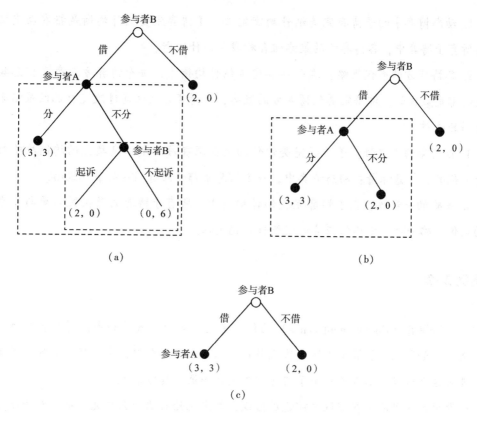

图 2-7　借贷博弈

接下来采用逆向归纳法进行分析。逆向归纳法分析得出，在子博弈中，参与者 B 选择"起诉"，因为其收益为 2>0；参与者 A 随后选择"分"，因为收益为 3>0。逆推至原博弈的第一阶段，参与者 B 选择"借"，因为收益为 3>2。因此，整个博弈结果为（借，分），由各阶段需要行动的博弈方的选择依次构成。需要注意的是，虽然第三阶段可能无须进行，但参与者 B 的策略中必须包含此选择，以确保参与者 A 的行动。

动态博弈中普遍存在子博弈，但并非所有部分都能构成子博弈。子博弈不包括原博弈的第一个阶段，且动态博弈本身不是其子博弈。子博弈必须有明确的初始信息集，包含初始阶段之后的所有博弈阶段，不得分割信息集。在不完美信息博弈中可能不存在子博弈，因为子博弈必须拥有所有博弈要素，如博弈方、策略、支付等。

定义 2.3.2　**在**动态博弈中，如果各博弈方的策略在该博弈及其所有的子博弈中都构成一个纳什均衡，那么这个策略组合被称为一个"子博弈完美纳什均衡"。子博弈完美纳什均衡要求在每一个信息集上的均衡战略行动都是最优的。

定义 2.3.2 主要解释什么是子博弈完美纳什均衡以及它的要求。可以通过以下思路来理解。

1. 动态博弈中的子博弈完美纳什均衡定义：子博弈完美纳什均衡是指在动态博弈及其所有子博弈中，各博弈方的策略组合构成了纳什均衡。

2. 各博弈方的最优策略：在子博弈完美纳什均衡中，每个博弈方在每个信息集上的策略都是最优的，即给定其他博弈方的策略，该博弈方无法通过改变自己的策略来获得更高的收益。

3. 信息集的重要性：子博弈完美纳什均衡要求在每一个信息集上的均衡战略行动都是最优的，这意味着在动态博弈中，每个信息集都必须有确定的最优策略。

4. 策略的一致性：在子博弈完美纳什均衡中，所有子博弈的最优策略要与整个博弈的最优策略一致，以确保博弈的连续性和稳定性。

案例 2-2

以承诺博弈（Commitment Game）为例，考虑两名囚犯被单独审讯并面临合作或背叛的选择。如果他们能够事先达成协议并作出承诺，即使在单独审讯时也会按照约定行动，那么这个协议就形成了一个子博弈完美纳什均衡。具体来说：

假设两名囚犯能够在审讯之前达成协议，约定无论面临什么情况，都会选择合作。

在单独审讯时，每名囚犯都知道对方会按照协议行动，因此他们会选择合作，以获得最好的结果。

这种策略组合构成了一个子博弈完美纳什均衡，因为在每个信息集上，每名囚犯的选择都是最优的，无论是在原博弈中还是在子博弈中。

所以，子博弈完美纳什均衡要求每阶段各方选择最大利益策略，排除不可信威胁，只能采纳纳什均衡策略。对完美信息动态博弈分析至关重要，逆向归纳法是寻找其关键方法。以下是两个子博弈完美纳什均衡的例子展示。

案例 2-3

囚徒困境（Prisoner's Dilemma）：

博弈描述：两名嫌疑犯被关押，警察缺乏足够证据判定罪名，但有足够的证据定罪会使两人都受到较长的刑期。每个嫌疑犯都面临合作与背叛的决策。

完美纳什均衡：在这个博弈中，如果两名嫌疑犯都选择背叛对方，那么结果对双方都不利。对于每个嫌疑犯而言，即使对方选择合作，选择背叛会使自己受益更多。因此，完美纳什均衡是两名嫌疑犯都选择背叛，尽管这导致了较差的结果。

案例 2-4

定价博弈（Pricing Game）：

博弈描述：假设两家公司同时决定定价它们的产品。每家公司的目标是最大化利润。如果两家公司定价相同，它们的利润将在中间水平；如果一家公司定价高于另一家，高价者将获得更高的利润。

完美纳什均衡：完美纳什均衡可能是两家公司都选择定价相同的策略。如果一家公司选择调高价格，对手的最佳应对是也提高价格，从而使它们的利润均衡。如果一方降低价格，对手也会降低价格以保持均衡。因此，完美纳什均衡是两家公司都选择相同的价格水平，即它们相互协调以达到均衡。

2.3.3　实例展示

在动态博弈的应用领域，以下是两个著名的博弈模型。

2.3.3.1　斯坦克尔伯格（Stackelberg）双寡头竞争模型

斯坦克尔伯格双寡头竞争模型是一种动态的寡头市场博弈模型，涉及两家厂商以产量为核心的决策。其中一家具有领导地位，先行确定产量；另一家处于追随地位，在领导厂商确定产量后作出选择。这是一个动态博弈，因为决策顺序有先后之分，追随者根据领导者的选择作出决策。模型中的产量选择无数可能，因此是无限策略博弈。与古诺模型相比，斯坦克尔伯格模型涉及选择顺序问题，但在其他方面相似。现今许多文献使用斯坦克尔伯格模型来描述寡头市场竞争。

价格函数：$P = P(Q) = 8 - Q$；产品完全相同（没有固定成本，边际成本相等）$c_1 = c_2 = 2$；总产量（连续产量）$Q = q_1 + q_2$；总成本分别为 $2q_1$ 和 $2q_2$。

收益函数：

$$u_1 = q_1 P(Q) - c_1 q_1 = q_1[8 - (q_1 + q_2)] - 2q_1 = 6q_1 - q_1 q_2 - q_1^2 \qquad (2-1)$$

$$u_2 = q_2 P(Q) - c_2 q_2 = q_2[8 - (q_1 + q_2)] - 2q_2 = 6q_2 - q_1 q_2 - q_2^2 \qquad (2-2)$$

根据逆向归纳法的思路，首先分析第二阶段厂商 2 的决策。为此，假设厂商 1 的选

择为 q_1 是已经确定的。这实际上就是在 q_1 已定的情况下，求使 u_2 实现最大值的 q_2，它必须满足：

$$6 - q_1 - 2q_2 = 0 \tag{2-3}$$

$$q_2 = \frac{1}{2}(6 - q_1) = 3 - \frac{q_1}{2} \tag{2-4}$$

实际上，它就是厂商 2 对厂商 1 的策略的一个反应函数。厂商 1 知道厂商 2 的这种决策思路，因此厂商 1 在选择 q_1 时就知道 q_2^* 是根据式（2-4）来确定的，因此可将式（2-4）代入它自己的收益函数，然后再求其最大值。

$$
\begin{aligned}
u_1 = (q_1, q_2^*) &= 6q_1 - q_1 q_2^* - q_1^2 \\
&= 6q_1 - q_1\left(3 - \frac{q_1}{2}\right) - q_1^2 \\
&= 3q_1 - \frac{1}{2}q_1^2 \\
&= u_1(q_1)
\end{aligned}
\tag{2-5}
$$

令（2-5）式对 q_1 的求偏导数为 0，可得 $3 - q_1^* = 0$，$q_1^* = 3$，厂商 1 的最佳产量是生产 3 个单位。厂商 2 的最佳产量是 $q_2^* = 3 - 1.5 = 1.5$ 个单位。此时双方的收益分别为 4.5 和 2.25。

斯坦克尔伯格模型与古诺模型相比具有显著差异。斯坦克尔伯格模型中的产量大、价格低，总利润低于古诺模型。然而，厂商 1 的收益却较高，因为它具有先行地位，利用了厂商 2 会根据其选择而作出合理抉择的心理。

斯坦克尔伯格博弈揭示这样一个事实：在信息不对称的博弈中，信息较多的博弈方（如本博弈中的厂商 2，它在行动前知道厂商 1 的行动）不一定能得到较多的收益。这正是多人博弈与单人博弈的不同之处。对这段话的解析如下。

1. 信息管理的重要性：在博弈中，管理者需要认识到信息的重要性。在信息不对称的情况下，有助于制定更有效的策略，因此管理者应该致力于收集、分析和利用有关对手、市场或环境的信息。

2. 协同决策的价值：博弈中存在多方的情况，因此管理者需要考虑协同决策的价值。与单人博弈不同，多人博弈涉及不同参与者之间的信息交流和合作，通过建立合作关系，管理者可以更好地应对信息不对称的挑战。

3. 信息不对称的影响：在斯坦克尔伯格博弈中，强调了信息不对称对博弈结果的影响。一方拥有更多信息可能并不总是能够在博弈中占据优势，这是因为其他参与者可能采取相应的策略来应对信息的不对称性。

4. 多人博弈的特点：这里表达了多人博弈与单人博弈的不同之处，强调了合作与竞争的复杂性。在多人博弈中，参与者之间存在更多的相互影响和战略选择，因此需要考虑更广泛的因素来取得更好的结果。

5. 决策顺序的影响：这里提到厂商 2 在决策之前可以先知道厂商 1 的选择，这强调了决策顺序对博弈结果的影响。在多人博弈中，决策的顺序可能影响参与者的决策策略，需要谨慎考虑决策的时序性。

斯坦克尔伯格博弈模型可适用于多种市场博弈情形的论文撰写，这里给出常见的情形。

案例 2-5

价格竞争市场：

石油产量决策：在国际石油市场上，一些主要的产油国可以通过调整产量来影响市场供应与价格，而其他国家则根据这些产量变化作出反应。

航空公司定价策略：航空公司之间存在激烈的价格竞争，一些大型航空公司可能会领先于其他公司制定价格策略，而其他公司则会根据领先者的定价策略作出反应。

电子产品零售市场：在电子产品市场上，一些领先的企业可能会制定价格策略，而其他企业则会根据领先者的价格变化作出调整。

案例 2-6

生产竞争市场：

汽车制造商生产规模决策：在汽车制造行业，一些主要的汽车制造商可能会根据市场需求和竞争对手的生产规模作出生产决策，而其他制造商则会根据领先者的行动作出反应。

钢铁生产市场：钢铁产业中的一些大型生产商可能会通过调整产量来影响市场供应与价格，而其他生产商则会根据领先者的产量变化作出调整。

全球食品加工行业：一些主要的食品加工企业可能会通过生产规模的调整来影响市场供应与价格，而其他企业则会根据领先者的行动作出反应。

案例 2-7

资源开发市场：

煤炭产量决策：在国际煤炭市场中，一些主要的煤炭生产国可以通过调整产量来影响市场供应与价格，而其他国家则根据这些产量变化作出反应。

农产品供应链：在某些农产品市场中，种植者或生产者可能会根据市场需求和价格走势制定种植计划和产量，而其他参与者则根据领先者的行动作出调整。

太阳能发电产能规划：在太阳能产业中，一些领先的太阳能企业可能会通过产能规划来影响市场供应与价格，而其他企业则会根据领先者的行动作出反应。

2.3.3.2　讨价还价博弈

讨价还价博弈是博弈论领域最早研究的核心问题之一，它是典型的序贯博弈，涉及的是一个连续"出价"和"还价"的过程。在博弈过程中，参与者按照特定的顺序进行交涉和决策，通常包括提议、反应和最终达成协议三个阶段。这种讨价还价的模式有助参与者更有效地进行交流、形成共识，并最终达成可接受的协议。

下面通过一个简单的例子来说明三阶段讨价还价的概念。

案例 2-8

假设两位商人（商人 A 和商人 B）正在就一批商品的价格展开讨价还价。

1. 提议阶段：

首先，商人 A 提出初始价格，比如 1000 元。

商人 B 对此提议作出反应，可能认为价格太高，提出 950 元。

2. 反应阶段：

商人 A 再次回应，或同意降低价格至 975 元，或坚持 1000 元价格不变。

商人 B 可以再次作出反应，进一步降价或提出其他条件。

3. 最终达成协议：

在经过一系列提议和反应后，双方最终达成协议，比如商人 A 同意以 980 元的价格出售商品，商人 B 接受这个价格。

在这个例子中，商人 A 和商人 B 之间的讨价还价过程就体现了博弈论中的三阶段讨价还价模型。通过逐步的提议、反应和最终达成协议，双方在交涉中逐渐接近彼此的理想结果，最终找到一个双方都可以接受的解决方案。接下来，将详细探讨这类博弈。

参考郎怀艳《博弈论及其应用》中的案例。博弈假设有两个参与者，谈判内容为如何分配 5 万元的收益。分配的规则如下：首先，参与者 A 提出一个分配方案，参与者可以选择接受或者拒绝；如果参与者 B 接受则博弈停止，如果参与者 B 拒绝，则参与者 B 需要提出一个方案，此时由参与者 A 选择接受或者拒绝。如此循环进行，只要有一方接受对方的方案，则博弈结束。需要注意的是，被拒绝的方案不再与后续的讨价还价博弈过程有关。考虑到谈判费用和利息损失等，双方的收益都要打一次折扣，折扣率为 $\delta(0 < \delta < 1)$，称其为消耗系数。设一个人提出方案，另一个人选择接受或者拒绝该方案为一个阶段的博弈，如果限制讨价还价最多只能进行三个阶段，即到第三阶段，参与者 B 必须接受参与者 A 提出的方案，那么这就是一个三阶段的讨价还价博弈。

在该博弈中，有两个关键点：首先，两个参与者都明确知道，在第三博弈阶段时，参与者 A 提出的分配比例双方必须接受。其次，当博弈每多进行一个阶段，总收益就会减少一定比例，因此对双方来说，对方必须得到的数额尽快得到比较好，因为谈判拖得太久，对自己也是不利的。该博弈扩展式如图 2-8 所示。

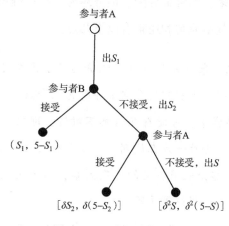

图 2-8　三阶段讨价还价

接下来对图 2-8 所示的三阶段讨价还价进行分析：在第一阶段开始时，参与者 A 的分配方案为：自己分得 5 万元中的 S_1，参与者 B 分得 $5 - S_1$；参与者 B 选择接受这个方案，则博弈结束，或者选择拒绝这个方案，则博弈继续进行，进入第二阶段。从第二阶段开始，参与者 B 提出的分配方案为：参与者 A 分得 5 万元中的 S_2，参与者 B 分得 $5 - S_2$；参与者 A 选择接受该方案，则博弈结束，或者选择拒绝该方案，则博弈继续进行，进入第三阶段。在第三阶段开始，参与者 A 得到 5 万元的 S，参与者 B 得到 $5 - S$，这里 $0 < S < 5$。

下面用逆向归纳法求解此博弈。首先分析博弈的第三阶段。根据理性人条件，参与者 A 提出的条件，参与者 B 必须接受，通常参与者 A 会独得 5 万元，但暂不考虑这一极端行为。考虑参与者 A 做一般出价分配，假定参与者 A 得到 S，参与者 B 得到 $5-S$，这时的收益分别为 $\delta^2 S$，$\delta^2(5-S)$。逆推到博弈的第二阶段，如果参与者 B 提出的条件使参与者 A 的收益小于第三阶段的收益，那么参与者 A 一定会选择拒绝，之后博弈进行到第三阶段。参与者 B 如何提出最优条件？既要满足参与者 A 接受，又要使自己的收益比在第三阶段的收益大，才是最优的条件。S_2 应满足参与者 A 的收益为 $\delta S_2 = \delta^2 S$，即 $S_2 = \delta S$。此时，参与者 B 的收益为 $\delta(5-S_2) = 5\delta - \delta^2 S$。因为 $0 < \delta < 1$，该收益比第三阶段的收益 $\delta^2(5-S)$ 要大一些。

紧接着，逆推到第一阶段参与者 A 的情况，他在一开始就知道第三阶段的收益是 $\delta^2 S$，也知道第二阶段参与者 B 的策略。所以，参与者 A 在第一阶段的最优条件就是 $5 - S_1 = 5\delta - \delta^2 S$，即 $S_1 = 5 - 5\delta + \delta^2 S$。此时，参与者 A 在第一阶段得益为 $S_1 = 5 - 5\delta + \delta^2 S$，参与者 B 的得益为 $5\delta - \delta^2 S$ 是这个博弈的子博弈完美纳什均衡。此类型的博弈问题在生活中还有很多，如资金分配、债务纠纷、财产继承权的争执等。

讨价还价博弈的一些基本原则和逻辑有以下几点。

1. *目标与利益最大化*：每一方参与讨价还价的目标是在交涉中取得最大收益。他们可能试图争取更好的价格、更有利的合同条件或其他资源。

2. *信息不对称*：在博弈中，可能存在信息不对称，即双方对于交易对象或市场条件的信息水平不同。这可能导致一方在谈判中占据更有利的位置。

3. *谈判策略*：每一方都会采用特定的谈判策略，试图影响对方接受自己提出的条件，这可能包括威胁、让步、提议等手段。

4. *时间因素*：时间可能是一种谈判策略，其中一方可能试图通过延迟或加速协议达成来获得更有利的条件。

5. *妥协与合作*：有时，讨价还价涉及双方寻求妥协，共同达成可接受的协议。合作和相互理解也可能在博弈中发挥关键作用。

6. *权力和影响*：谈判双方的相对权力和影响力也是讨价还价博弈中的重要考虑因素。一方可能通过拥有更多资源、信息或市场地位来增加其谈判力量。

以下是两个基于冲突管理的讨价还价博弈模型的论文想法阐述。

案例 2-9

基于博弈论的冲突管理讨价还价模型：

模型建立过程：

问题定义：研究在冲突管理场景中，利用讨价还价博弈模型来解决各方之间的利益冲突和矛盾，达成共赢的解决方案。

模型设计：选择适当的博弈模型（如合作博弈或非合作博弈），将冲突管理中各方的利益、目标和限制条件进行建模。同时，定义每个参与者的策略空间和支付函数。

博弈分析：通过博弈论理论方法，如寻找纳什均衡、合作稳定集等概念，分析参与者的最佳讨价还价策略，以达到最优解或稳定解。

模型求解：借助数学建模或计算仿真技术，求解模型得出具体的讨价还价策略，并验证其有效性和鲁棒性。

案例 2-10

基于机器学习的冲突管理讨价还价优化模型：

模型建立过程：

问题定义：利用机器学习技术，从数据驱动的角度探索冲突管理中的讨价还价优化问题，实现更智能化的冲突解决方案。

模型设计：建立基于机器学习算法的讨价还价模型，结合历史案例数据、冲突类型、解决方案等特征，构建冲突管理的预测模型和优化模型。

数据处理与特征工程：对冲突管理相关数据进行清洗、转换和特征提取，以便输入机器学习模型进行训练和预测。

模型训练与评估：利用机器学习算法（如神经网络、决策树等）对讨价还价模型进行训练，并通过交叉验证等技术评估模型的性能和泛化能力。

2.4　重复博弈

在先前的动态博弈中，各个博弈阶段的选择将决定后续子博弈的架构和结果。因此，具有相同结构的子博弈只会出现一次，而这些博弈又被称为"序贯博弈"。本节将探讨动态博弈的另一类型——重复博弈，即相同结构的博弈重复进行多次，每一次博弈被称为"阶段博弈"。在重复博弈中，博弈者每次面临相同的"阶段博弈"。尽管重复博弈在形式上是原博弈的反复进行，但博弈方的行为和博弈结果未必是原博弈的简单重复。重复博弈是一种特殊的动态博弈，它的每个阶段都是独立存在的，后一阶段博弈不受前面博弈的影响。以市场中的回头客为例，回头客受到卖家信誉的影响，这些因素同样鼓励卖家注重长期合作而非只注重单次博弈的即时利益，在回头客与卖家的重复博弈中，信誉因素影响着两者是否再次参与博弈。因此，在重复博弈中，博弈方通常会权衡短期收益与长期合作带来的潜在累积收益。

2.4.1　重复博弈的概念

重复博弈分为有限次和无限次，前者重复两次以上，后者重复无限次。也有一种特殊情况，重复次数有限但停止时间不确定。

2.4.1.1　重复博弈的定义

重复博弈是在基本博弈的基础上重复两次或两次以上的有限次数的一种博弈。这种具有有限长度和有结束期限的博弈，称为有限重复博弈。

定义 2.4.1　给定一个博弈 G，重复进行 T 次，并且每次重复之前各博弈方都能观察到以前博弈的结果，这样的博弈过程称为 G 的一个"T 次重复博弈"，记为 $G(T)$；而 G 则称为 $G(T)$ 的原博弈。$G(T)$ 的每次重复称为 $G(T)$ 的一个阶段。

案例 2-11

一个企业中的供应链合作可以用来解释这个定义。假设有两家公司 A 和 B，它们之间存在长期的供应链合作关系。

在每一次协商中，公司 A 和公司 B 需要决定如何分配成本、利润等资源。如果这个供应链合作被看作一个 T 次重复博弈，那么每一轮的合作可以看作一个阶段，而整个供应链合作过程可以看作一个 $G(T)$ 的重复博弈。

在这种情况下，公司 A 和公司 B 可观察到以前的合作结果，比如对方是否遵守承诺、是否按时交付货物等。它们的决策可能会受到之前协商结果的影响。如果它们能够建立起信任和稳定的合作关系，那么它们可能会更倾向于合作、分享资源，从而实现双赢的局面。

而如果这个供应链合作是一个无限次重复博弈，那么公司 A 和公司 B 将面临更长远的考量。它们需要考虑到长期合作所带来的效益、维护合作关系的重要性等因素。在这种情况下，双方可能会更加注重互惠互利、持续合作，以确保长期的合作关系稳定和可持续发展。

定义 2.4.2　给定一个博弈 G，如果将 G 无限次地重复进行下去，且博弈方的贴现因子都为 δ，在每次重复 G 之前，以前阶段的博弈结果各博弈方都能观察到，这样的博弈过程称为 G 的"无限次重复博弈"，记为 (∞, δ)；而 G 则称为 $G(\infty, \delta)$ 的原博弈。

基于上述定义，通过两个现实例子来详细解释重复博弈的概念。

案例 2-12

劳资关系中的谈判

假设在一家公司，工会代表和公司管理层之间存在劳资关系谈判。双方需要就工资、福利、工作条件等进行协商。这种谈判可以看作一个重复博弈的过程。

单次博弈情景：如果每次谈判都被视为一次性博弈，每方都可能采取极端立场，争取最大的利益。这可能导致紧张关系、罢工等不利后果。

重复博弈情景：如果谈判被视为一系列连续的回合，双方将考虑到未来的谈判。在前几轮谈判中，双方可能选择合作，达成妥协，以维护和改善劳资关系。通过建立信任和合作，他们可以在未来的谈判中获得更好的结果。

在这个例子中，重复博弈带来了长期的影响，使得双方更倾向于建立合作关系，而不仅是为了短期的个体利益。

案例 2-13

贸易谈判

考虑两个企业进行贸易谈判的情景。每个企业都希望在贸易协定中获得最大的经济利益。这也可以看作一个重复博弈的例子。

单次博弈情景：如果每次交易谈判都是独立的，企业可能会采取保守措施，试图在短期内获取最大的交易优势。这可能导致不稳定的经济关系。

重复博弈情景：如果两个企业将谈判视为连续的过程，它们可能会选择建立互惠性的交易协定。通过保持稳定的交易关系，它们可以长期实现更稳健的利润增长。

在这个例子中，重复博弈促使企业考虑到未来的合作潜力，以建立更加可持续和互惠的交易体系。

2.4.1.2 重复博弈的均衡路径和策略

（1）重复博弈的均衡路径：在重复博弈中，每个阶段的参与者都必须采取行动，形成整个博弈路径。每阶段的收益结果对应下一阶段的策略组合数目，导致博弈路径呈指数级增长。问题是找到稳定的纳什均衡路径。

（2）重复博弈的策略：在重复博弈中，各方参与者在每个阶段均需作出策略选择。他们的一个策略涉及如何针对前述阶段的所有可能性制定行动方案。换句话说，参与者根据具体情况、对手性格和收益状况等因素综合判断并选择最有利的策略。

重复博弈可被视为特殊动态博弈的一种。在动态博弈中，各方的行动顺序有别，后续参与者可依据前述情况选择有利于自己的下一步策略。以囚徒困境博弈为例，参与者根据前述阶段的博弈结果，判断对手的选择，并据此决定自己在下一阶段是采取合作还是背叛策略，这种策略被称为依赖策略或相机策略。在重复博弈中，首次博弈的参与者通常会先互相试探，采取合作策略，并观察对方的策略。一旦发现对方不合作，便会采取报复性不合作策略，这种策略被称为触发策略（Trigger Strategy）。如果一个参与者采用触发策略，这就意味着只要对方一直保持合作，那么他也会一直保持合作；反之，当对方在某阶段突然选择背叛，便会激怒该参与者，触发策略将会被激活，导致该参与者后续阶段都采用不合作策略。触发策略包含威胁、惩罚和报复等元素，具有可信性问题，是重复博弈中的关键机制。至于惩罚和报复的力度，则是重复博弈需要探讨和分析的问题。

这里，重复博弈中的触发策略是指参与者在重复博弈过程中如何根据对方的行为作出反应的策略。触发策略可以用来激励合作或惩罚背叛，从而影响参与者的行为选择。

案例 2-14

触发策略：假设有两家竞争对手（公司 A 和公司 B），在同一个市场上销售类似的产品。它们之间存在长期的价格竞争和市场份额争夺。

如果这个竞争被看作一个重复博弈过程，那么公司 A 和公司 B 可以使用触发策略来影响彼此的定价决策。例如，如果其中一家公司（如公司 A）采取了低价策略，而另一家公司（公司 B）选择了高价策略，那么公司 A 可以通过其触发策略作出反应。公司 A 的触发策略可以是："如果公司 B 选择高价策略，我将以更低的价格来回应。"

这样，公司 A 的触发策略实际上在威胁着公司 B，如果公司 B 选择了不利于公司 A 的策略，公司 A 将作出相应的反击，这种触发策略可以激励公司 B 遵守合作规则或者选择更有利于双方的策略。

通过设定有效的触发策略，企业在竞争中可以更好地引导对手的行为，并最大限度地实现自身利益。触发策略在企业竞争中扮演着重要的角色，能够帮助企业维护竞争优势、促进合作，并最终实现长期稳定的市场地位。

2.4.1.3　重复博弈的收益

在重复博弈中，博弈方要考虑整个重复博弈过程的收益情况，而不是只考虑本阶段的收益。总收益有两种计算方法：一种是每次博弈的收益相加，称为"总收益"；另一种是总收益除以重复次数，计算各阶段的平均收益，称为各阶段的"平均收益"。需要注意的是，不同阶段的平均收益有时间顺序问题，需要考虑时间价值因素，可以借助贴现系数来解决这个问题。贴现系数由利率计算公式求得：$\delta = 1/(1 + \gamma)$，其中 γ 是一个阶段的市场利率。

在 T 次重复博弈中，某个博弈方在某个均衡路径上各阶段的收益分别为 $\pi_1, \pi_2, \cdots, \pi_T$ 那么重复博弈的总收益的现值为

$$\pi = \pi_1 + \delta\pi_2 + \delta^2\pi_3 + \cdots + \delta^{T-1}\pi_T = \sum_{t=1}^{T} \delta^{t-1}\pi_t \qquad (2-6)$$

如果是有限次重复博弈，重复次数较少，时间间隔不长，利率和通货膨胀情况变化不大，可以用算术和近似地代替该博弈的总收益。

如果是无限次重复博弈，在某一个路径上的某个博弈方的各阶段收益分别为 $\pi_1, \pi_2, \cdots$，那么无限次重复博弈的总收益的现值为

$$\pi = \pi_1 + \delta\pi_2 + \delta^2\pi_3 + \cdots = \sum_{t=1}^{\infty} \delta^{t-1}\pi_t \qquad (2-7)$$

如果不考虑贴现的情况，那么平均收益的定义如下。

定义 2.4.3　常数 $\bar{\pi}$ 是重复博弈中各个阶段的收益，可以产生与收益序 $\pi_1, \pi_2, \cdots$ 相同的现值，称 $\bar{\pi}$ 为 $\pi_1, \pi_2, \cdots$ 的"平均收益"。

对于无限次重复博弈，贴现问题必须考虑。如果无限次重复博弈每阶段的得益都是 $\bar{\pi}$，现值为 $\bar{\pi}/(1-\delta)$。设每阶段的收益为 $\pi_1, \pi_2, \cdots$，现值为 $\sum_{t=1}^{\infty} \delta^{t-1}\pi_t$，那么就得到计算无限次重复博弈的平均收益的公式：$\bar{\pi} = (1-\delta)\sum_{t=1}^{\infty} \delta^{t-1}\pi_t$。

重复博弈的收益计算方法主要有两种：平均收益法和折现收益法。下面分别举例说

明这两种方法。

（1）平均收益法：在平均收益法中，每个参与者在重复博弈中获得的总收益会被平均化，以便进行比较和分析。具体计算方法如下：

首先，确定每个参与者在每次博弈中的收益或利润。

其次，在多次重复博弈后，计算每个参与者在整个过程中获得的总收益。

最后，将每个参与者的总收益除以重复次数，得到每次博弈的平均收益。

举例：考虑两家竞争性的公司进行价格竞争的重复博弈。它们每轮博弈可以选择降价或保持价格不变。通过多次重复博弈，可以计算每家公司在整个过程中的总收益，并将其平均化，以得出每次博弈的平均收益，从而评估不同策略的效果。

（2）折现收益法：在折现收益法中，重复博弈中的收益会按照时间进行折现，以考虑未来收益的时间价值。具体计算方法如下：

首先，确定每个参与者在每次博弈中的收益或利润。

其次，将未来每次博弈的收益按照一定的折现率进行折现，以考虑时间价值的影响。

最后，计算折现后的总收益，以便进行比较和分析。

举例：假设两家公司在一个市场上进行广告投入的重复博弈。每个公司每次可以选择投入广告费用或不投入。使用折现收益法可以计算每次投入广告的收益，并考虑未来收益的时间价值，从而评估广告投入策略的长期效果。

这里，可以总结一下。重复博弈即参与者在每个博弈回合中通过权衡即时效用和未来回合的折扣影响，来决定他们的行动，以最大化他们在整个重复博弈过程中的累计收益。这种考虑未来回合的折扣因子以及即时效用的权衡，是重复博弈中策略选择和长期合作的基础。

2.4.1.4　重复次数不确定的情况

重复博弈中除了重复次数有限和无限的情况，还有一种重复博弈，虽然其重复博弈的次数是有限的，但是重复次数或者博弈结果的时间是不确定的。在这类博弈中，博弈方虽然不确定博弈持续的时间，但他们知道一定的概率去判断博弈是否会再重复一次，这称为随机结束重复博弈。例如，市场上有两家同类型企业，只要消费者有需求，那么二者之间的博弈就一直继续，但是随着时代的变化，当消费者不再需要该类型的产品时，二者的博弈可能就结束了。

随机结束的重复博弈可以进一步这样理解：假定每次通过抽签来决定该重复博弈是否继续，若抽到停止重复的概率为 p，那么继续重复的概率为 $1-p$，若博弈方的阶段

收益为 π_t ，利率为 γ ，博弈在第一阶段博弈后重复博弈的概率是 $1-p$ ，博弈在第二阶段的期望收益为 $\pi_2(1-p)/(1+\gamma)$ ，第三阶段的期望收益为 $\dfrac{\pi_3(1-p)^2}{(1+\gamma)^2}$ ，…… 博弈方总期望收益的现值为

$$\pi = \pi_1 + \frac{\pi_2(1-p)}{1+\gamma} + \frac{\pi_3(1-p)^2}{(1+\gamma)^2} + \cdots$$

$$= \sum_{t=1}^{\infty} \pi_t \frac{(1-p)^{t-1}}{(1+\gamma)^{t-1}} = \sum_{t=1}^{\infty} \pi_t \left(\frac{1-p}{1+\gamma}\right)^{t-1} = \sum_{t=1}^{\infty} \pi_t \delta^{t-1} \quad (2-8)$$

其中， $\delta = (1-p)/(1+\gamma)$ 。

综上所述，重复次数不确定的博弈就可以归结到无限次重复博弈的情况里。

2.4.2　有限次重复博弈

在生活中，常遇到有限次重复博弈，如下棋的三局两胜等。对于重复次数较少的情况，不需考虑收益的贴现问题。假定重复次数不多，时间间隔有限，有限次重复博弈讨论不考虑贴现因素。

2.4.2.1　没有纯策略纳什均衡的零和博弈

在零和博弈中，博弈双方的利益是严格对立的，不存在双方合作的可能。零和博弈没有纯策略纳什均衡，无论重复博弈多少次，博弈结果都不会偏离原博弈的纳什均衡，而且博弈的结果是双方总收益为 0 ，重复博弈的收益也为 0 。例如，重复猜硬币博弈，无论两个博弈方如何选择，他们每次重复的结果都是一方赢一方输，且总收益为零。因此，在零和博弈或者它们的重复博弈中，二者是不可能合作的。总的来说，所有基于零和博弈的有限次重复博弈都类似猜硬币博弈情形，博弈方的策略选择是重复一次性博弈中的纳什均衡策略。

再如，两家公司之间采购谈判的例子。假设公司 A 是一家制造商，而公司 B 是其供应商，它们之间存在一定的议价空间。双方需要就采购数量、价格、交付时间等条件进行谈判。

在这种情况下，如果双方无法达成纯策略纳什均衡，即无法找到一种最佳的策略组合使双方收益最大化，可能会导致零和博弈。例如，如果公司 A 希望以更低的价格购买产品，而公司 B 希望以更高的价格售出，双方在谈判中无法妥协，最终可能导致僵局或损失双方利益的情况。

在这种情况下，双方需要寻找其他策略，如合作、谈判技巧、权衡利益等方式来打

破僵局，实现双方利益的最大化。可能需要通过多次博弈和尝试不同的策略，才能找到一种对双方都有利的合作模式，从而解决供应链管理中的谈判问题。

2.4.2.2 有唯一纯策略纳什均衡的囚徒困境博弈

在囚徒困境博弈中，存在唯一的纯策略纳什均衡，博弈方的利益关系可能呈现合作一致性。在这个博弈中，"坦白"是严格优势策略，导致双方最终都入狱 5 年，选择"不坦白"则每人只需入狱 1 年，如图 2-9 所示。

		囚徒B	
		不坦白	坦白
囚徒A	不坦白	-2, 2	-8, 0
	坦白	0, -8	-5, -5

图 2-9 囚徒困境

在囚徒困境博弈中，把博弈方都采用的使双方的收益情况较好的策略称为合作策略，这里的合作策略是"不坦白"；博弈双方出卖对方而自己获得较大的收益的不合作策略称为背叛策略，这里的背叛策略是"坦白"。这称为选择合作策略和背叛策略的博弈方分别为合作者或背叛者。

案例 2-15

假设公司 A 和公司 B 是供应链中的销售商和供应商，他们需要共同决定各自的库存水平以确保供需匹配，并最大化整个供应链的效益。假设公司 A 和公司 B 都有两种选择：高库存和低库存。他们面临的囚徒困境是：

如果两家公司都选择高库存，可能会导致库存积压、资金占用增加，造成供应链效率降低。

如果一家公司选择高库存而另一家选择低库存，选择高库存的公司可能会面临库存过剩的风险，而选择低库存的公司则可能因缺货而影响客户满意度。

如果两家公司都选择低库存，可能导致供应链无法应对突发需求变化，影响供应链的稳定性。

在这种情况下，唯一纯策略纳什均衡是双方都选择低库存。尽管这样可能会增加一定的风险，但可以减少资金占用、提高供应链效率，使整个供应链更具竞争力和灵活性。

重复囚徒困境博弈最适用于合作机制。两次重复博弈可视为两次选择机会，总收益为各自阶段收益总和。通过逆向归纳法分析，第二阶段纳什均衡仍是（坦白，坦白），收益均为入狱 5 年。逆推至第一阶段，因第二阶段纳什均衡为（坦白，坦白），收益均为入狱 5 年。根据重复博弈公式，两次重复博弈总收益是各减去 5 年。两次重复的囚徒困境博弈如图 2-10 所示。

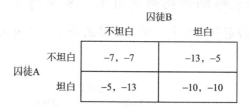

图 2-10　重复囚徒困境的等价博弈

此类囚徒困境博弈的纳什均衡是（坦白，坦白），双方收益为（-10，-10），两次重复博弈结果与单次博弈相同。原博弈的纯策略纳什均衡也是唯一子博弈纳什均衡。在此均衡下，双方排除了不可信的威胁和承诺。尽管存在合作策略，但有限次重复博弈受时间限制，双方趋向于背叛策略，难以摆脱困境。在有限次多阶段囚徒困境的重复博弈中，理性人倾向于短期利益，即选择背叛。这可归纳为以下一般化定理。

定理 2.4.1　设原博弈 G 有唯一的纯策略纳什均衡，则对任意整数 T，重复博弈 $G(T)$ 有唯一的子博弈完美纳什均衡，即各博弈方在每个阶段都采用 G 的纳什均衡策略。各博弈方在 $G(T)$ 中的总收益是在 G 中收益的 T 倍，即是平均收益与原博弈 G 中的收益。

定理 2.4.1 描述了一个关于博弈论中重复博弈和纳什均衡的理论结果。为了更好地理解，下面给出一个论文想法例子加以说明。

案例 2-16

假设有两家手机厂商 A 和 B，它们面临一个重复博弈的情境。每一轮博弈代表一个市场周期，在每个市场周期内，它们可以选择降低手机价格以吸引更多的消费者，或者保持价格不变。假设它们的收益取决于市场份额和价格决策。原始博弈 G 中存在唯一的纳什均衡，即双方都选择降价以争夺更多市场份额。

现在考虑对博弈 G 进行 T 次重复（记为 $G(T)$）。根据上述理论，重复进行的子博弈会有唯一的子博弈完美纳什均衡，即每次都选择降价。在这种情况下，双方在重复博弈中的总收益将是原始博弈中收益的 T 倍，即通过长期降价来争夺市场份额可以获得更高的总收益。

　　基于这个例子，可进一步探讨在重复博弈中，手机厂商如何通过长期策略调整来获得更高的市场收益，以及在不同 T 值下的收益变化情况。同时可以将这个模型应用到其他行业的竞争策略研究中，从而得出更加深入的结论和启发。

2.4.2.3　有多个纯策略纳什均衡的有限次重复博弈

　　以市场博弈为例，假定有两家生产同类产品的企业去竞争 A 和 B 两个市场，得益情况如图 2-11 所示。

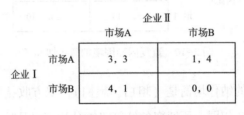

图 2-11　市场博弈

　　从静态的一次性博弈分析，该博弈存在两个纳什均衡（A，B）和（B，A），以及一个混合策略的纳什均衡，即企业 I 和企业 II 都以同样的概率在市场 A 和市场 B 之间随机选择，即（1/2，1/2），（1/2，1/2）。双方的期望收益均为 $\frac{1}{4}(3 + 4 + 1 + 0) = 2$。

　　把博弈作为基本博弈进行两次重复博弈，共有 9 条重复博弈的均衡路径，都是子博弈纳什均衡。其中，博弈双方轮流去两个不同市场的策略称为"轮换策略"。

　　采用不同的均衡路径，博弈双方的期望收益差异很大。在两次重复博弈中，如果双方都采用同一个纯策略纳什均衡，那么它们的平均收益分别为（1.0，4.0）和（4.0，1.0）（图 2-12）；如果双方都采用混合策略纳什均衡，那么它们的平均收益为（2.0，2.0）；如果采用轮换策略，则双方的平均收益为（2.5，2.5）；如果在两次重复博弈中，一次采用纯策略纳什均衡，另一次采用混合策略纳什均衡，那么双方的平均收益为（1.5，3.0）和（3.0，1.5）。从博弈结果来看，最佳的策略选择应该为（A，A），这时双方收益为（3.0，3.0）。

　　在图 2-12 所示的平面坐标中，可以观察到重复博弈和原博弈双方的收益情况。从图中了解到，重复博弈使博弈的情况变得更为复杂，可能性的结果也更多，然而与最佳博弈结果（A，A），即双方收益为（3.0，3.0）的情况，还有一定距离。

　　通过对具体的重复博弈进行分析而得到的结论，可以由"民间定理"给出，也被称为"无名氏定理"。

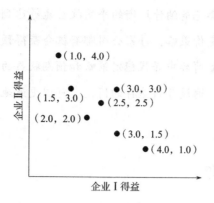

图 2-12　两次重复博弈的平均收益

定理 2.4.2　设原博弈的一次性博弈有均衡收益数组优于 X，那么在该博弈的多次重复中所有不小于个体理性收益的可实现收益，都至少有一个子博弈完美纳什均衡的极限的平均收益来实现它们（图 2-13）。

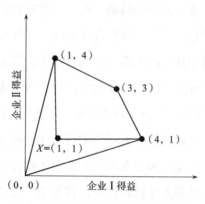

图 2-13　两次重复博弈的民间定理

定理 2.4.2 中的个体理性收益是指不管其他博弈方的行为如何，一个博弈方在某个博弈中只要自己采取某种特定的策略，就能最大限度保证获得的收益。博弈中所有纯策略组合收益的加权平均数组称为可实现收益。这段话的深层次解释是在讨论一个博弈理论中的重要结论，即在原始博弈的多次重复中，所有不低于个体理性收益的可实现收益，都至少有一个子博弈完美纳什均衡的极限的平均收益来实现它们。这个结论对于理解重复博弈的稳定策略和可能的收益具有重要意义。

在重复博弈中，如果某个个体可以通过合适的策略获得的收益不低于某个阈值，那么在重复博弈的极限情况下，至少存在一个子博弈完美纳什均衡的平均收益能够达到或超过这个阈值。例如，考虑两个公司进行定价竞争的重复博弈。如果在一次性的竞争中存在一个定价策略，使得每个公司的收益都优于某个预期值 X，那么在多次重复的情况下，至少会存在一个子博弈完美纳什均衡的平均收益能够达到或超过值 X。这意味着在长期竞争中，通过合理的定价策略，每家公司都有机会获得预期收益以上的利润。

这个结论强调了在重复博弈中寻找稳定策略和预期收益的重要性，以及在长期竞争中实现理想收益的可能性。通过分析这样的情景，可以更好地理解重复博弈中的稳定性和收益的关系。

2.4.3　无限次重复博弈

在有限次重复博弈中，虽然双方可能有合作意愿，但由于次数有限，无法实现最优结果，因此不太可能合作。当重复次数趋向于无限时，情况将会显著改变。

2.4.3.1　零和博弈的无限次重复博弈

在无限次重复的零和博弈中，双方不可能采用合作策略，而是持续使用原博弈的混合策略纳什均衡，与有限次重复博弈的结果一致。这意味着在零和博弈中，一个博弈方的获利必然导致另一个博弈方的损失，没有合作空间。即使重复次数趋向于无限，每个博弈方都会坚持选择最有利于自己的策略，因为合作不会带来额外的好处。因此，在无限次重复的零和博弈中，双方继续使用纳什均衡的混合策略无法实现合作。

举例来说，考虑两个围棋对手进行零和博弈。无论进行多少局对弈，每个对手都会竭尽全力采取最佳的策略来获取优势，而不会进行合作。即使进行无限次重复，他们之间也不会改变这种对抗性的态度，因为在零和博弈中不存在合作的可能性。因此，无限次重复零和博弈的结果仍然是双方坚持自己的最佳策略，无法实现合作

案例 2-17

两家竞争性零售商之间的价格竞争例子。假设公司 A 和公司 B 是市场上的竞争对手，它们可以选择降低价格以吸引更多客户。在有限次数的重复博弈中，这两家公司可能会考虑建立长期合作关系，通过维持相对稳定的价格水平来避免价格战，从而实现双方的长期利益最大化。

然而，当重复次数增加到无限时，这两家公司可能会认识到对手也会采取类似的策略，即使一方选择合作，对手也可能会选择背叛。因此，在无限次数的重复博弈中，双方都不太可能选择合作，而会持续使用混合策略纳什均衡，即采取一定的随机性来应对对手的行为。

在这种情况下，这两家零售商可能会持续进行价格战，努力争夺市场份额，而不再

考虑长期合作的可能性。他们会根据市场需求、对手的定价策略等因素来调整自己的价格，以最大化自己的利润。无限次数的重复博弈会导致双方最终采取类似于单次博弈中的竞争策略，而不再考虑合作带来的潜在利益。

2.4.3.2　囚徒困境式无限次重复博弈

囚徒困境博弈在有限次重复博弈中，博弈双方没有走出囚徒困境，博弈结果都采取不合作的背叛策略。下面，以寡头企业竞争为例来分析囚徒困境式无限次重复博弈问题。

如图 2-14 所示的寡头企业竞争博弈的无限次重复模型，市场中有两家寡头企业（企业 A 和企业 B），可采取高价和低价两种策略，博弈的唯一均衡是双方都选择低价。现在考虑采用无限次重复博弈的思路设计一个触发策略。第一阶段双方都采用合作策略（都采用高价策略），以此试探对方的合作意愿。如果对方表现出合作，那么自己也采取合作；反之，如果对方采用不合作的背叛策略，那么自己也就永远选择不合作策略。由于博弈是无限期重复的，因此必须考虑不同阶段的时间价值和贴现问题。

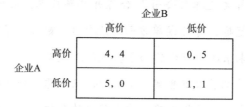

图 2-14　寡头企业竞争博弈

假设贴现因子为 δ ，如果在某一阶段，企业 B 采用低价策略，这将触发企业 A 在后面所有阶段都采用低价策略报复对方，使得收益固定为 1，因为在触发策略实施的前一个阶段的收益为 5，企业 A 总收益现值为

$$\pi = 5 + 1 \times \delta + 1 \times \delta^2 + \cdots = 5 + \frac{\delta}{1 - \delta} \tag{2-9}$$

如果企业 B 选择高价策略，下一阶段持续选择高价策略。用 V 表示企业 B 在每个阶段都选择高价策略的总收益现值，由于在第一阶段的收益为 4，所以企业 B 的总收益现值为 $V_{总} = 4 + V$ 。

因此，当 $\delta > \dfrac{1}{4}$ 时，企业 B 就会选择高价策略。面对企业 A 的触发策略，企业 B 的最优选择是采取高价策略。这个触发策略对博弈双方都是触发策略，而且当双方都采用触发策略时，这个策略组合便是纳什均衡。

案例 2-18

　　以一个技术创新案例来详细解释囚徒困境式无限次重复博弈，并考虑贴现因子的作用。假设有两家竞争性的科技公司，公司 X 和公司 Y，它们在市场上竞争推出新产品和技术。在这个案例中，将囚徒困境与贴现因子结合起来分析。

　　在有限次重复博弈中，如果一家公司拥有重要的专利或技术，另一家公司可能会请求合作或技术授权以获取许可使用。在这种情况下，公司 X 可能会考虑与公司 Y 共享技术或达成交叉许可协议，以实现双方的长期利益最大化。

　　现在，考虑到贴现因子的作用，即未来收益的贴现值。在囚徒困境式无限次重复博弈中，公司 X 和公司 Y 需要权衡当前行为对未来回报的影响。贴现因子使未来的回报相对当前投入具有较低的价值，这意味着双方更倾向于追求即时的利益而不太愿意为了长期合作作出牺牲。

　　举例来说，假设公司 X 拥有一项关键的技术，公司 Y 希望获得许可使用。根据囚徒困境的逻辑，即使公司 X 选择与公司 Y 合作并共享技术，公司 Y 可能会在未来继续寻求自己的利益，比如超越公司 X 或单方面终止合作。贴现因子的影响使双方更倾向于短期利益，不愿意为了未来的长期合作而承担风险或成本。

　　因此，在囚徒困境式无限次重复博弈中，即使双方意识到长期合作可能带来更大的收益，贴现因子的影响也使得他们更难以建立稳定的合作关系。他们更可能会优先考虑眼前的利益，而避免为了未来的合作机会而作出过多的让步。

　　在这种情况下，贴现因子可能加剧了囚徒困境的困难程度，使得双方更加倾向于保守的策略，避免过度信任对手而导致损失。他们可能会继续独立开发技术，同时采取保护措施以确保自己的利益，而不再考虑潜在的合作机会。困境可能会持续存在，双方难以摆脱囚徒困境的局面。

2.4.3.3　无限次重复博弈的"无名氏定理"

　　囚徒困境博弈作为一种经典的博弈论模型，博弈双方的合作倾向在单次进行的博弈和有限次重复博弈中往往无法实现，而在无限次重复博弈中可能会实现。对于存在唯一纯策略纳什均衡的囚徒困境型博弈，在无限次重复博弈中，有如下定理。

　　定理 2.4.3　设 G 是一个完全信息的静态博弈。用 $(e_1, \cdots, e_n)$ 表示 G 的纳什均衡的收益，用 $(x_1, \cdots, x_n)$ 表示 G 的任意的可实现收益。如果 $x_i > e_i$ 对任意博弈方 i 都成立，而 δ 足够接近 1，那么无限次重复博弈 $G(\infty, \delta)$ 中一定存在一个子博弈完美纳什均衡，各博弈方的平均收益就是 $(x_i, \cdots, x_n)$。

无名氏定理强调了在重复博弈中，如果参与者无法识别对方身份，将难以建立合作关系，实现理想的合作结果。信息的不确定性导致难以建立信任，参与者更倾向于追求短期利益而非长期合作，导致博弈结果偏向非合作。

举例来说，首先考虑两个陌生人之间进行的重复博弈，他们无法相互识别对方。因为彼此无法确定对方的信誉和行为倾向，他们很难建立起稳定的合作关系。每个人更倾向于追求短期内的利益最大化，而不会考虑到长期合作可能带来的共同利益。在这种情况下，双方很可能陷入非合作的境地，导致均衡结果偏向于非合作。

另一个例子是在商业合作中，如果两家企业在没有建立足够信任和了解的情况下进行持续的合作，那么由于彼此无法确定对方的诚意和行为准则，很难实现持久的合作关系。每个企业可能更倾向于单次交易中获取最大利益，而不会考虑到长期合作所带来的共同利益。因此，缺乏对对方身份的确定会使双方很难建立起稳定的合作关系，导致博弈结果偏向于非合作。

在论文撰写中可运用无限次重复博弈的"无名氏定理"作为一个理论基础或模型来解释特定的现象或问题。以下是两个论文写作的想法示例。

案例 2-19

无名氏定理在电子商务中的应用

研究目的：探讨无名氏定理在电子商务中的合作与非合作决策行为，并分析这种决策如何影响电子商务中的交易结果和合作关系。

方法：通过对电子商务平台上的多方交互数据进行分析，建立无限次重复博弈模型，模拟参与者的决策过程，并比较合作和非合作策略的结果。

预期结果：预计研究结果将展示在电子商务环境下，由于缺乏身份识别，参与者倾向于选择非合作策略，从而导致交易成本增加、信任减少、市场效率降低等。

案例 2-20

匿名性对线上协作的影响：以开源软件开发为例

研究目的：考察在无名氏条件下，开源软件开发社区中的参与者之间的合作和非合作行为，并分析匿名性对协作效率、贡献度和社区稳定性的影响。

方法：通过收集开源软件开发社区的相关数据，包括代码贡献、讨论交流等，建立无限次重复博弈模型，模拟参与者的决策过程，并分析合作和非合作策略的结果。

预期结果：预计研究将揭示匿名性对开源软件开发社区的影响，如匿名性可能导致参与者倾向于选择非合作策略，从而降低协作效率、贡献度和社区的稳定性。

这些例子展示了如何将"无名氏定理"作为一个理论框架，应用于不同领域的论文撰写中，以解释参与者在缺乏身份识别的情况下的决策行为和博弈结果。研究者可以基于具体领域的数据和实证分析，探索该定理在实际问题中的适用性和启示。

本章思考题

1. 在完全信息动态博弈中，解释随时间演变的信息对博弈方决策的影响，并讨论长期均衡与短期均衡的区别。

2. 如何利用完全信息动态博弈理论分析市场上企业之间的战略竞争和反应过程，以预测市场走势？

3. 通过动态博弈模型，探讨在供应链管理中如何优化生产计划和库存管理策略，以适应不断变化的市场需求。

4. 基于完全信息动态博弈理论，研究在企业收购兼并过程中各方的长期战略选择和谈判策略，以实现最大化利益。

5. 考虑在完全信息动态博弈中，如何分析企业之间的技术创新和研发竞争，以促进产业进步和竞争力提升。

6. 在动态博弈框架下，讨论企业在市场营销中的定价策略调整和产品推广策略的动态优化问题。

7. 通过完全信息动态博弈理论，探讨供应链中合作伙伴之间的长期关系建立和风险共担机制设计问题。

8. 分析在动态博弈场景下，企业如何制定有效的生产调度和物流运输计划，以应对市场波动和需求变化。

9. 研究在供应链管理中，利用动态博弈模型来优化供应商选择和合同谈判策略，以确保供应链稳定和效率。

10. 如何利用完全信息动态博弈理论分析企业在跨国市场扩张中的战略决策和风险管理策略，以实现全球化经营目标？

第 3 章　不完全信息静态博弈

从本章开始，将转向不完全信息博弈的研究。延续前两章的论述逻辑，本章将探讨不完全信息静态博弈。

3.1　不完全信息静态博弈概述

3.1.1　不完全信息

信息的不完整性可能导致博弈结果迥异，信息是影响博弈胜负的核心因素。前两章探讨了完全信息博弈，即假定每位参与者的特性、支付函数及策略空间均为所有参与者所共知。尽管完全信息在许多场景中是合理的假设，但现实中博弈不满足这条件。例如，在两公司价格谈判时，双方可能不清楚对方提出何种价格，不了解对方支付函数；日常生活中也会遇到类似情况，如乞丐是否需要帮助不确定。不完全信息博弈在现实生活中常见，若参与者行动同时进行，则为不完全信息静态博弈。至少有一方不知其他方支付函数。很明显，解决完全信息博弈问题的方法在这种情况下并不适用。那么，应该采取何种方法来分析这类博弈问题呢？

首先，分析一个市场进入阻挠博弈的例子。在这个博弈中，参与者 1 为潜在进入者，参与者 2 为在位者，假设在位者有两种类型，对应的成本函数分别为高成本和低成本，这是参与者 2 的私人信息，参与者 1 不知道，同时潜在进入者也不知道在位者决定默许还是斗争。当参与者 2 为高成本类型时，他们同时进行博弈的支付矩阵见表 3-1。

当参与者 2 为低成本类型时，他们同时进行博弈的支付矩阵见表 3-2。

表3-1　参与者2类型为高成本

1	2	
	默许	斗争
进入	30, 40	−10, 0
不进入	0, 200	0, 200

表3-2　参与者2类型为低成本

1	2	
	默许	斗争
进入	20, 70	−10, 100
不进入	0, 300	0, 300

这个实例展示了不完全信息静态博弈。参与者包括潜在进入者（参与者1）和在位者（参与者2）。在位者有两种类型：高成本和低成本，而这是在位者自己知道的私人信息，潜在进入者对此一无所知。潜在进入者也不了解在位者将选择默许还是斗争。潜在的市场进入者对在位者的成本信息掌握不全面，而在位者充分了解进入者的成本结构。分析表明：假设在位者是高成本类型，无论进入者是否加入，他们的最佳策略都是默认；反之，假设在位者是低成本类型，那么在位者的最佳策略则是抵抗。

在完全信息博弈中，如果进入者清楚在位者的成本类型和支付函数，他们会根据自己的利益选择行动。双方是理性的，会互相猜测对方的行为，并选择对自己最有利的方案。如果进入者自身成本较高，他们会选择默许，以最大化自己的收益，对方也会预料到这一点。因此，进入者的最佳选择是加入。同样，如果进入者知道在位者是低成本类型，他们的支付函数和策略空间在双方之间是共同知晓的，进入者的最佳选择是不加入。在不完全信息博弈中，由于进入者无法确切了解在位者的成本类型，他们的最佳选择取决于对在位者是高成本还是低成本的判断程度。

以下是两个不完全信息静态博弈的论文想法。

案例3-1

论文想法1：不完全信息静态博弈下的人工智能研发与技术竞争分析

构建一个人工智能领域的技术竞争模型，考虑多个研发团队或公司在市场上的竞争情况。考虑在人工智能算法、产品开发和专利申请等方面的决策过程中存在的信息不完全性。运用不完全信息静态博弈理论，分析研发团队在技术创新和市场竞争中的策略选择和博弈行为。通过博弈分析和数学建模，揭示在信息不完全情况下如何制定最佳的人工智能研发策略，以获得竞争优势和技术领先地位。

案例 3-2

论文想法 2：不完全信息静态博弈下的创业培育与风险管理策略研究

设计一个涉及创业企业、投资者和孵化器等参与者的创业生态系统模型。考虑在创业培育过程中信息不对称带来的挑战，探讨如何通过不完全信息静态博弈优化创业风险管理策略。分析投资者在选择投资项目时面临的信息不完全性，以及创业企业在融资和发展过程中的决策行为。通过博弈理论的分析和实证研究，评估不完全信息静态博弈下各方的决策效果，并提出改进创业培育和风险管理策略的建议。

3.1.2 海萨尼转换

不完全信息导致博弈分析的复杂性，信息包括参与者特征、策略空间和支付向量。支付向量反映了参与者在每个策略组合下的效用水平，是决策的主要依据。在市场进入阻碍的例子中，进入者似乎同时与高、低成本的在位者博弈。以前，博弈论无法有效处理这种情况，因为未知对手使规则无效。海萨尼提出了"海萨尼转换"来处理不完全信息的博弈。

海萨尼转换的核心思想是引入一个虚拟参与者——"自然"，其无须考虑自身得失，只需选择博弈中各参与者的类型。"自然"行动决定参与者的特征。被选择的参与者了解自己的特征，而其他参与者只知道特征的概率分布。被选择的参与者还了解其他参与者心目中的分布函数，即分布函数在参与者之间形成共识。这一过程称为海萨尼转换，是处理不完全信息博弈的标准方法。通过海萨尼转换可将复杂的不完全信息博弈转化为完全但不完美信息博弈。这里的不完美信息指"自然"作出了选择，而参与者在面临选择时缺乏对其他参与者具体选择的信息，只知道各种选择的概率分布。海萨尼转换的出现使不完全信息博弈的分析难题得以化解。经过转换后，可运用标准方法解析这类博弈问题。

案例 3-3

考虑一个简单的拍卖博弈，其中一个卖家希望出售一件物品给多个潜在买家。在不完全信息的情况下，每个买家可能具有不同的私人信息，如对物品的真实价值或竞争对手的意愿支付价格等方面的信息。

通过海萨尼转换，可以将这个不完全信息的拍卖博弈转化为一个完全信息的博弈，具体步骤如下。

1. 定义类型空间：引入一个类型空间，描述每个博弈方可能的私人信息状态，比如对物品价值的估计范围等。

2. 构建扩展形式博弈：将不完全信息博弈转化为一个扩展形式博弈，考虑每个博弈方在每个可能类型下的可行行动。

3. 解析策略和均衡：博弈方在完全信息博弈中选择最优策略，并找到博弈的纳什均衡来确定最佳行动。

4. 还原结果：根据博弈方的最佳策略和均衡，回溯到原始的不完全信息博弈情境下的最佳行动和结果。

通过海萨尼转换能够处理复杂的不完全信息博弈，并通过转化为完全信息博弈简化问题的分析和求解过程。这种方法在博弈理论和经济学中被广泛应用，有助于理解和预测在不完全信息环境下的博弈行为和结果。

在上述市场进入障碍示例中，假设自然选择仅涉及参与者 2 的类型。自然以概率 p 选择高成本类型，以概率 $1-p$ 选择低成本类型。此转换将不完全信息博弈转变为完全但不完美信息博弈。具体转换如图 3-1 所示，其中虚线表示参与者无法确定自然选择的具体类型。

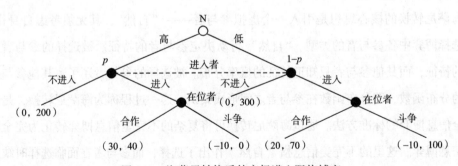

图 3-1　海萨尼转换后的市场进入阻挠博弈

经过转换即可用概率论知识对不完全信息博弈问题进行分析。这里参考相关文献（张维迎，《博弈论与信息经济学》）实施，具体如下。用 θ_i 表示参与者 i 的一个特定的类型，Θ_i 表示参与者 i 所有可能类型的集合 $\theta_i \in \Theta_i$。假设 $\{\theta_i\}_{i=1}^{n}$ 取自某个客观的分布函数 $p(\theta_1, \cdots, \theta_n)$。为了方便理解，假定只有参与者 i 可以观测到自己的类型，其他人都不能观测到。但根据海萨尼公理（Harsanyi Doctrine），假定分布函数 $p(\theta_1,\cdots,\theta_n)$ 是所有人的共同知识，这意味着在上述市场进入阻挠博弈中，如果进入者有一种类型，在位者有两种类型，p 是共同知识，也就是说进入者知道在位者是高成本类型的概率为 p，并且在位者知道进入者认为在位者是高成本的概率为 p，同样，进入者也知道在位者知道进入者认为在位者是高成本的概率是 p，按照这个逻辑理解，也就是说所有参与者有关自然行动的信念（Belief）是相同的，这里所说的信念是推断的意思，在不完全信息博弈中，不完全信息的参与者会有一个概率推断，那个推断的概率就是信念。

将 $\theta_{-i}=(\theta_1,\cdots,\theta_{i-1},\theta_{i+1},\cdots,\theta_n)$ 表示除 i 外的所有参与者的类型组合。这样 $\theta=(\theta_1,\cdots,\theta_n)=(\theta_i,\theta_{-i})$。称 $p_i(\theta_{-i}|\theta_i)$ 为参与者 i 的条件概率，即给定参与者 i 属于类型 θ_i 的条件下，他有关其他参与者属于 θ_{-i} 的概率。根据条件概率规则，

$$p_i(\theta_{-i}|\theta_i)=\frac{p(\theta_{-i},\theta_i)}{p(\theta_i)}=\frac{p(\theta_{-i},\theta_i)}{\sum\limits_{-i\in\Theta_{-i}}p(\theta_{-i},\theta_i)}，这里，p(\theta_i) 是边缘概率。如果类型的分布$$

是独立的，则 $p_i(\theta_{-i}|\theta_i)=p(\theta_{-i})$。

需要注意的是：贝叶斯法则是一种用于更新概率分布的方法，特别适用于处理不完全信息博弈中的信息更新。在这里，简要说明如何采用贝叶斯法则对不完全信息博弈问题进行分析。

1. 定义先验概率分布：在博弈开始之前，对参与者的类型和相关概率可能有一些初始猜测，这就是先验概率。根据文中的描述，可以使用先验概率表示自然选择参与者 2 为高成本类型和低成本类型的概率，即 p 和 $1-p$。

2. 观察到的信息：在博弈的过程中，参与者可能会获得新的信息。这个信息可以是其他参与者的行为、自然选择的结果等。在这个阶段，将观察到的信息考虑为似然性。

3. 应用贝叶斯法则进行更新：贝叶斯法则的核心是根据先验概率和观察到的信息计算后验概率。

4. 重复更新：随着博弈的进行，可以不断地观察到新的信息，并使用贝叶斯法则进行概率分布的更新。这个过程可以反复进行，概率分布逐渐趋近于真实情况。

5. 决策制定：基于更新后的概率分布，参与者可以进行决策制定。这可以涉及最优策略、博弈均衡等概念，具体取决于问题的性质。

通过以上步骤，贝叶斯法则允许在不完全信息的博弈中不断地更新对参与者类型和行为的概率分布，以更准确地反映实际情况。这种方法对于处理动态环境和不断变化的信息非常有用。

　　这里可参考胡吉亚在《软科学》上发表的一篇相关论文。文章介绍通过海萨尼转换将政府、银行和企业在信贷融资中存在的不完全信息博弈问题转化为完全但不完美信息博弈，然后再用标准的分析方法来解析这类博弈问题。

　　这里总结一下。海萨尼转换是一种博弈论中的数学变换方法，用于将不完全信息博弈（游戏中参与者并不了解对手的全部信息）转化为等价的完全信息博弈（游戏中参与者了解对手的全部信息）。这个转换的过程可以分为以下几个步骤。

　　（1）确定不完全信息博弈形式：需要确定原始的不完全信息博弈的形式，包括参与者、策略空间、信息集等。不完全信息博弈通常涉及每个参与者对其他参与者信息的不完全了解。

　　（2）转化为等价的完全信息博弈：通过海萨尼转换将不完全信息博弈转化为等价的完全信息博弈，这个转化的过程包括将不完全信息博弈的策略空间扩展，以充分揭示参与者可能的信息集和行为。

　　（3）信息集的定义：在转化过程中，需要明确定义每个参与者的信息集，即他们观察到的信息。这些信息集通常是基于原始不完全信息博弈中的信息集进行扩展和细化得到的。

　　（4）策略空间的扩展：对于每个信息集，需要扩展策略空间，使得在每个信息集中的每个行动都能够被观察到，并且能够得出相应的收益。

　　（5）构建等价完全信息博弈：最终得到的完全信息博弈包括所有参与者的策略选择和可能的观察信息以及相应的收益函数。这个完全信息博弈与原始的不完全信息博弈是等价的，即它们在参与者的策略选择和收益上是一致的。

　　通过海萨尼转换，原始的不完全信息博弈被转化为等价的完全信息博弈，使分析和求解博弈问题变得更加直观和方便。这种转换方法在博弈论和经济学领域中有着重要的应用，特别是在处理不完全信息和博弈策略选择问题时具有很强的实用性。

3.1.3　贝叶斯纳什均衡

　　由前文可知，一个完全信息 n 人博弈的策略式可表述为 $G = \{S_1, \cdots, S_n; u_1, \cdots, u_n\}$，其中，$S_i$ 为参与者 i 的策略空间，$u_i(S_1, \cdots, S_n)$ 表示当所有参与者的策略组合为 $(S_1, \cdots, S_n)$ 时，参与者 i 的效用。在完全信息静态博弈中，参与者的一个策略就是一个简单的行动，那么，博弈又可以写为 $G = \{A_1, \cdots, A_n; u_1, \cdots, u_n\}$，其中 A_i 为参与者 i 的行动空间，$u_i(a_1, \cdots, a_n)$ 为在所有参与者的策略组合为 $(a_1, \cdots, a_n)$ 时参与者 i 的效用。

在不完全信息的静态博弈中，关键在于每个参与者了解自己的效用函数，但可能无法准确了解其他参与者的效用函数。设参与者 i 的类型为 θ_i，其属于可能类型集合 Θ_i。参与者 i 的效用函数针对不同的 θ_i 类型而变化，记为 $u_i(a_1,\cdots,a_n;\theta_i)$。因此，在这种情况下，博弈方需要通过推测其他博弈方可能的行动和信息来选择最佳策略。

案例 3-4

不完全信息静态博弈的策略选择。假设有两家电信公司 A 和 B 在同一个市场上竞争。它们面临制定定价策略的决策，但是彼此对于对方的成本结构和市场需求都了解有限。这种情况下就可以看作一个不完全信息静态博弈。

公司 A 需要在不了解公司 B 的具体定价策略和成本情况下作出决策。它可能会根据自身的成本和市场情况来推测公司 B 的可能定价范围，并据此制定自己的定价策略。类似地，公司 B 也需要在不完全信息的情况下作出最优的定价决策。

在这种情况下，不完全信息静态博弈的策略选择可以涉及定价水平、促销活动、市场份额的分配等方面。每家公司需要根据自己对竞争对手的猜测和推断以及自身的情况，来选择最优的策略以最大化自己的利润或市场份额。

在现实生活中，类似的情况经常出现在各种竞争激烈的市场中，如电信、零售、金融等行业，企业需要在不完全信息的环境中分析竞争对手的行为，制定最佳的竞争策略。这也是博弈论在商业决策中的重要应用之一。

所以，参与者 i 知道自己的类型和效用函数。同理，参与者可能不确定其他参与者的效用函数。用 $\theta_{-i}=(\theta_1,\cdots,\theta_{i-1},\theta_{i+1},\cdots,\theta_n)$ 表示其他参与者的类型组合，并且用概率 $p_i(\theta_{-i}|\theta_i)$ 表示参与者 i 在知道自己类型是 θ_i 的情况下，对其他参与者 θ_{-i} 的推断。在一般的文献中参与者之间的类型是相互独立的。此时 $p_i(\theta_{-i}|\theta_i)$ 与 θ_i 无关。

遵从肖军条在《博弈论及其应用》中给出关于一个不完全信息 n 人静态博弈的策略式表述的总结：包括参与者的行动空间 $A_1,\cdots,A_n$，它们的类型空间 $\Theta_1,\cdots,\Theta_n$，它们的推断 $p_i,\cdots,p_2$ 以及它们的效用函数 $u_1,\cdots,u_n$。参与者 i 的类型作为参与者 i 的私人信息，决定了参与者 i 的效用函数 $u_i(a_1,\cdots,a_n;\theta_i)$，并且是可能的类型集 Θ_i 中的一个元素。参与者 i 的推断描述了参与者 i 在给定自己的类型 θ_i 时，对其他 $n-1$ 个参与者可能的类型 θ_{-i} 的不确定性。最后，用 $G=\{A_1,\cdots,A_n;\Theta_1,\cdots,\Theta_n;p_i,\cdots,p_2;u_1,\cdots,u_n\}$ 表示这个博弈。

n 人不完全信息静态博弈的时间顺序为：

（1）自然给定类型向量 $\boldsymbol{\theta}=(\theta_1,\cdots,\theta_n)$，其中，$\theta_i\in\Theta_i$，参与者 i 观测到 θ_i，但参

与者 $j(\neq i)$ 只知道 $p_i(\theta_{-i}|\theta_i)$ ，观测不到 θ_i ；

（2） n 个参与者同时选择行动 $a = (a_1, \cdots, a_n)$ ，其中 $a_i \in A_i(\theta_i)$ ；

（3）参与者 i 的得到 $u_i(a_1, \cdots, a_n; \theta_i)$ 。

注意，在给出的上述定义中，虽然参与者 i 的类型是私人信息，但是行动空间和效用函数的结构是共同知识。也就是说，尽管其他参与者不知道参与者 i 的类型 θ_i ，但是他们知道参与者 i 的行动空间和支付函数是如何依赖于参与者 i 的类型的。

贝叶斯纳什均衡（Bayesian Nash Equilibrium）是完全信息静态博弈纳什均衡概念在不完全信息静态博弈上的扩展，在学习上述概念的基础上，贝叶斯纳什均衡可以定义如下：在静态贝叶斯博弈 $G = \{A_1, \cdots, A_n; \Theta_1, \cdots, \Theta_n; p_i, \cdots, p_2; u_1, \cdots, u_n\}$ 中，纯策略贝叶斯纳什均衡是一个类型依存策略组合 $a^*(\theta) = (a_1^*(\theta_1), \cdots, a_n^*(\theta_n))$ ，其中，每个参与者 i 在给定自己的类型 θ_i 和其他参与者依存策略 $a_{-i}^*(\theta_{-i})$ 的情况下最大化自己的预期效用函数 $E_{\theta_{-i}} u_i$ 。也就是说，策略组合 $a^*(\theta) = (a_1^*(\theta_1), \cdots, a_n^*(\theta_n))$ 是一个贝叶斯纳什均衡。若对每一个参与者 i 及 i 的类型集 Θ_i 中的每个 θ_i ， $a_i^*(\theta_i)$ 需要满足

$$\max_{a_i \in A_i} \sum_{\theta_{-i} \in \Theta_{-i}} u_i(a_1^*(\theta_1), \cdots, a_{i-1}^*(\theta_{i-1}), a_i, a_{i+1}^*(\theta_{i+1}), \cdots, a_n^*(\theta_n); \theta) p_i(\theta_{-i}|\theta_i) 。$$

定义中虽然使用了复杂的符号，但核心思想实际上很简单：每个博弈方的策略必须是其他博弈方策略的最佳反应。换句话说，贝叶斯纳什均衡实际上就是贝叶斯博弈中的纳什均衡。与纳什均衡不同的是，在贝叶斯纳什均衡中，参与者 i 只知道类型为 θ_j 的参与者 j 将选择 $a_j(\theta_j)$ ，但不知道具体的 θ_j 类型。因此，即使是纯策略选择也必须考虑支付函数的期望值。就像纳什均衡一样，在有限的静态贝叶斯纳什均衡理论上是存在的，其中包括了混合策略的情况。定义中对 θ_{-i} 求和是针对其他参与者的各种可能类型的组合进行的。在这里，"纯策略"的含义与完全信息博弈相同，即参与者选择的策略是确定的。混合战略贝叶斯纳什均衡的概念可以类似地定义，这里不再详述。贝叶斯纳什均衡是静态贝叶斯博弈的核心概念，理解其含义是至关重要的。当参与者的一个策略组合是贝叶斯纳什均衡时，没有博弈方愿意改变自己的策略，即使这种改变只涉及某一类型下的一个行动。

贝叶斯纳什均衡是博弈论中的一个概念，描述了博弈参与者根据对其他参与者信息的估计来制定最优策略的状态。一个现实案例是商业竞争中的定价策略。

案例 3-5

假设有两家竞争对手（公司 A 和公司 B）在市场上销售相似的产品。这两家公司都

知道对方根据市场需求和成本制定产品价格。公司 A 通过市场调研和数据分析估计了公司 B 的定价策略，同时公司 B 也在进行相似的估计。

在这种情况下，贝叶斯纳什均衡发生在两家公司都基于对对方定价策略的估计作出最优的定价决策。如果其中一家公司试图偏离估计值，可能会导致损失市场份额或者降低利润。因此，两家公司会在一种平衡状态中，互相根据对方的可能策略作出最佳的定价决策，实现了贝叶斯纳什均衡。

在这种均衡状态下，公司 A 和公司 B 都考虑到对方的可能行为，通过不断调整自己的定价策略来最大化各自的利润。这体现了贝叶斯纳什均衡在商业竞争中的应用。

接下来，先给出两个采用贝叶斯纳什均衡来实施论文撰写思考过程的阐述。再通过某篇文献的引言了解一下贝叶斯纳什均衡在论文写作中是如何应用的。

案例 3-6

论文想法：企业 ChatGPT 产品定价决策中的贝叶斯纳什均衡方法应用

模型构建过程：

1. 问题陈述：研究人工智能公司在面临竞争市场环境下的产品定价决策问题，考虑不完全信息情况下各竞争对手的人工智能产品定价策略和市场需求变化。

2. 模型假设：假设企业及竞争对手具有不完全信息，每家企业对市场需求的认知存在一定的误差。假设市场需求满足特定分布，可以通过贝叶斯推断进行估计。

3. 贝叶斯纳什均衡建模：

基于贝叶斯博弈理论，建立企业与竞争对手之间的不完全信息博弈模型。

定义每个企业的策略集合，包括定价策略和信息更新策略。

利用贝叶斯推断方法，推断竞争对手的定价行为和市场需求情况，更新信息集。

构建贝叶斯纳什均衡模型，求解每个企业的最优定价策略。

4. 数学建模：

定义企业和竞争对手的收益函数，考虑定价策略、市场需求和成本因素。

建立贝叶斯博弈的概率模型，描述企业对竞争对手行为的概率估计和更新过程。

利用贝叶斯纳什均衡概念求解企业的最优定价策略，考虑信息更新和竞争对手的反应。

5. 案例分析与结论：

基于实际市场数据，进行企业产品定价决策案例分析。

比较贝叶斯纳什均衡方法与传统方法的优劣，分析其在不完全信息环境下的有效性和稳定性。

提出相关对策和建议，促进企业在竞争市场中的定价决策效果。

案例 3-7

论文想法：供应链合作协调中的贝叶斯纳什均衡方法应用

模型构建过程：

1. 问题陈述：研究供应链中多个合作方之间的协作与竞争关系，探讨在不完全信息情况下如何实现合作协调与利益最大化。

2. 模型假设：假设供应链中的各方存在信息不对称和潜在合作意愿，但缺乏对其他方真实行为的准确信息。假设合作方对市场需求和成本等信息的认知存在一定的误差。

3. 贝叶斯纳什均衡建模：

建立供应链中各参与者的合作博弈模型，考虑信息共享、价格制定、订单量决策等要素。

定义每个参与者的信息集合和策略集合，包括合作行为、信息更新策略等。

运用贝叶斯博弈理论，推断其他合作方的行为并更新信息集，实现合作协调与效率最大化。

4. 数学建模：

定义各参与者的效用函数，考虑合作行为对利润的影响、信息更新带来的效用提升等因素。

建立贝叶斯纳什均衡模型，描述在信息不完全情况下各方的策略选择和行为反应。

利用数学优化方法，求解供应链合作协调下的贝叶斯纳什均衡，并得出最优合作策略。

5. 案例分析与结论：

基于实际供应链数据，进行合作协调案例分析。

比较贝叶斯纳什均衡方法与传统合作协调方法的效果差异，评估其在提升供应链协同效率和利益最大化方面的优势。

提出相关管理建议，促进供应链各方合作协调与共赢发展。

3.2　重复剔除严格劣势策略

严格劣策略这一概念在博弈中指的是某个参与者的策略，在任何情况下都会让该参与者获得更少的收益，无论其他参与者选择什么策略。在寻找不完全信息静态博弈的均衡解时，可以采用一种称为重复剔除严格劣策略的方法。这种方法的步骤如下：首先，找出某个参与者的劣策略，并将其排除在外；其次，重新构建一个不包含该劣策略的全新博弈；最后，再次排除新博弈中的另一个参与者的劣策略；如此反复，直到找到唯一的战略组合。这个剩余的战略组合即为该博弈的均衡解。

在完全信息博弈中，这种方法可以用来找到纳什均衡。同样地，在不完全信息静态博弈中也可以使用，但在开始求解之前，需要使用前面提到的海萨尼转换将不完全信息博弈转化为完全信息博弈。

接下来，通过一个例子说明如何在不完全信息静态博弈中使用重复剔除严格劣策略的方法来找到均衡解。

案例 3-8

假设存在两个厂商 A 和 B，它们可以选择合作或者背叛对方。在完全信息博弈中，每个厂商都清楚地知道对方的策略和收益。如果使用重复剔除严格劣势策略法，它们可以找到一个纳什均衡状态，即在这种状态下，任何一方都没有动力去改变自己的策略。在不完全信息静态博弈中，每个厂商并不清楚对方的策略或收益，这增加了博弈的复杂性。

为了解决不完全信息博弈中的问题，可以利用海萨尼转换将不完全信息博弈转换为完全信息博弈。在这种情况下，可以引入一个中间变量，比如说一个观察者，他能够观察到所有相关的信息，并且将这些信息公开给参与博弈的双方。通过这种方式，原本的不完全信息博弈被转换成完全信息博弈，使双方可以基于完全信息作出最优的决策，从而求得纳什均衡状态。

在供应链的实际案例中，可以通过这种方法来解决供应链合作中的不完全信息问题。通过引入中间的信息交流机制或者信任第三方的介入，供应链中的各方可以更好地获取关于市场需求、竞争对手行为等方面的信息，从而转化为完全信息博弈，寻找最优的合作策略和达成纳什均衡状态。

再考虑一个野蛮人入侵的情景：参与者 1 是野蛮人，他可以选择入侵或观望；参与者 2 是守卫者，有两种可能的类型：一种是扩建需要高成本的类型，另一种是扩建需要低成本的类型。由于信息的不对称性，参与者 1 不知道参与者 2 是哪种类型，也不知道守卫者是否决定扩建。对于两种不同类型守卫者的不同策略组合的支付矩阵见表 3-2 和表 3-3。

当参与者 2 为扩建需要高成本类型时，双方同时进行博弈的支付矩阵见表 3-2。

表 3-2　参与者 2 类型为扩建需要高成本

1	2	
	扩建	不扩建
入侵	-1, -1	1, 1
观望	0, 0	0, 3

当参与者 2 为扩建需要低成本类型时，双方同时进行博弈的支付矩阵见表 3-3。

表 3-3　参与者 2 类型为扩建需要低成本

1	2	
	扩建	不扩建
入侵	-2, 2	1, 1
观望	0, 4	0, 3

现在假设野蛮人具有信念 $P(1/2, 1/2)$，即他认为守卫者是扩建需要高成本类型的概率为 $1/2$，是扩建需要低成本类型的概率为 $1/2$。

首先考虑守卫者是否存在严格劣势策略。在扩建成本高的情况下，守卫者选择扩建时，面对野蛮人入侵，收益为 -1；选择不扩建时，收益为 1。理性考虑下，他会选择不扩建。当野蛮人观望时，扩建收益为 0，不扩建收益为 3，同样会选择不扩建。因此，扩建成本高的守卫者的扩建策略为劣势策略，应剔除。考虑扩建成本低的情况，当野蛮人入侵时，扩建收益为 2，不扩建为 1，理性考虑下会选择扩建；当野蛮人观望时，扩建收益为 4，不扩建为 3，同样会选择扩建。不管野蛮人选择何种策略，扩建均为最优选择，因此（不扩建，成本低）的守卫者的不扩建策略为劣势策略，应剔除。这样，对守卫者的劣势策略进行了剔除。接下来，野蛮人需要在入侵和观望之间作出选择，通过比较两种策略的收益来决定。

若野蛮人选择入侵，那么他将获得的收益为 $\frac{1}{2} \times 1 + \frac{1}{2} \times (-2) = -\frac{1}{2}$；若野蛮人选择观望，那么他将获得的收益为 $\frac{1}{2} \times 0 + \frac{1}{2} \times 0 = 0$。由于 $0 > -\frac{1}{2}$，那么对于野蛮人

来说，在秉持着信念 $P(1/2,1/2)$ 的情况下，观望比入侵获得的收益高，因此他会选择观望策略。分析到这里，就求出了本次博弈的纯策略贝叶斯纳什均衡，即（观望，高成本不扩建，低成本扩建）。若是参与者 1 的先验概率发生了改变，也就是说信念发生了变化，那么，博弈的结果也可能发生变化，有兴趣的读者可以自己试一下。

剔除严格劣势策略是博弈论中用于简化博弈过程的一种概念，其涉及参与者对对手策略的理性判断，以及通过排除不利于自己的明显劣势策略来寻找最优行动。

首先，每个博弈参与者会对其他参与者的策略进行分析和估计。这包括了对于对手可能采取的各种行动的预期结果和概率的评估。基于这些估计，每个参与者能够构建对对手可能策略的理性判断。

其次，参与者会排除那些明显劣势的策略。这是通过淘汰那些无论对手选择什么策略都导致自己处于劣势的行动来实现的。在这个过程中，参与者选择保留那些在对手可能行动下仍能获得相对好的结果的策略。

一个实际案例是拍卖博弈中的剔除严格劣策略。考虑一个常见的第二价格（Vickrey）拍卖，参与者在这种拍卖中需要出价，最高的出价者赢得物品，但支付的价格是第二高的出价。在这个案例中，剔除严格劣势策略的底层逻辑如下：

1. 理性判断对手出价：拍卖参与者会对其他竞争者可能出价的情况进行理性判断。他们需要估计其他人对物品的价值以及可能的出价策略。

2. 排除明显劣势的出价：参与者会排除那些导致他们无论如何都不会赢得物品或者支付过高价格的明显劣势出价。如果一个出价明显低于自己对物品价值的估计，那么这个出价就是劣势的，因为它不会在竞争中取胜。

3. 保留竞争性的出价：通过剔除明显劣势的出价，参与者会保留那些在竞争中仍有可能取胜且支付相对较低价格的出价。这些出价更有可能接近其他竞争者对物品价值的估计。

通过这个过程，拍卖参与者可以在拍卖中选择出价，使他们在竞争中仍然有机会获胜，同时避免支付过高的价格。这符合剔除严格劣势策略的概念，使参与者能够更有效地参与拍卖并作出理性的决策。所以，通过剔除严格劣势策略，博弈参与者能够集中注意力和资源在对手可能策略中更有竞争力的部分。这有助于简化博弈模型，使参与者更容易作出理性的决策，并且为博弈过程中的均衡状态奠定基础。这一底层逻辑在博弈论的研究和实际应用中都起到了重要的作用。

以下是两个关于应用博弈论中的剔除严格劣势策略的论文想法。

案例 3-9

新能源汽车市场推广中的博弈分析

背景：新能源汽车作为未来发展方向，在市场推广过程中面临供需不平衡、技术成本高昂等挑战，各利益相关方之间的博弈影响着其发展路径。

论文思路：

1. 综述新能源汽车市场现状及推广难点，介绍博弈论在市场分析中的应用。

2. 构建新能源汽车市场推广博弈模型，考虑制造商、政府和消费者之间的利益关系和策略选择。

3. 运用剔除严格劣策略方法，简化博弈过程，找出各方最优策略组合，促进新能源汽车市场的健康发展。

4. 通过案例分析或数值模拟，验证剔除严格劣势策略的有效性，提出推广新能源汽车的策略建议和实践意义。

案例 3-10

网络安全环境下新能源汽车智能互联的博弈分析

背景：随着新能源汽车的普及和互联技术的发展，新能源汽车系统的网络安全问题愈发凸显，各方在保障安全的同时面临利益分配和合作难题。

论文思路：

1. 探讨新能源汽车智能互联下的网络安全挑战，引入博弈论分析多方博弈情景。

2. 建立新能源汽车网络安全博弈模型，包括汽车厂商、软件供应商和黑客等不同参与者，考虑其策略制定和相互影响。

3. 运用剔除严格劣势策略的方法，识别并剔除那些明显不利的策略，寻找各方的最优决策组合，提高系统整体安全性。

4. 通过仿真实验或案例分析，验证剔除严格劣势策略的效果，为新能源汽车智能互联安全合作提供理论支持和实践指导。

3.3　混合策略均衡

贝叶斯博弈，或称不完全信息博弈，涉及博弈者面对对方信息不全的情境。为解决这类博弈，美国经济学家海萨尼引入"海萨尼转换"和概率论，从而优化博弈者的预期收益。在此类静态博弈中，除了存在纯策略纳什均衡外，混合策略纳什均衡同样频繁出现，甚至可能是唯一的均衡点。混合策略增加了策略选择的随机性，使博弈者以某一概率采用特定策略。本节将探索混合策略在不完全信息静态博弈中的应用。

在混合策略的讨论中，有一种质疑声音基于贝叶斯主义。这种观点主张，博弈者应考虑对方的最佳反应来选择策略，即使是对方可能选择的策略，也都有其合理性。在非纯策略混合策略均衡中，当对方采取某一混合策略时，博弈者可以任意选择该混合策略中的一个纯策略，以确保获得相同的收益，从而视为最优反应。因此，博弈者并不需要通过随机方式决策，而是可以直接选择纯策略。同时，博弈者也无须严格遵循混合策略的规则，对混合策略的存在提出了疑问。

学者海萨尼重新解读了混合策略，其认为在完全信息下，混合策略可以看作由微小扰动引起的不完全信息下的纯策略贝叶斯均衡的极端情况。这意味着纯策略均衡实际上是混合策略均衡的特例，即以确定的概率选择某一策略。因此，在贝叶斯博弈中，博弈者在制定策略时需要考虑对手的类型分布，这与混合策略的博弈策略相似。也就是说，在混合策略纳什均衡中，博弈者无法准确预测对方将选择的纯策略，这种不确定性可能是由于对方类型的不明确造成的。

为加深理解，可采用一个抓钱博弈的例子来体现这一思路（张维迎的《博弈论与信息经济学》）。抓钱博弈的情形是：两个人坐在桌旁，桌上放着一枚硬币。他们知道，如果他们同时去抓硬币，两人都会被罚款一元。但如果只有一个人去抓，那个人将得到硬币，而另一个人则什么也得不到。如果两个人都不去抓，那么他们都将一事无成。在这种情况下，参与者面临权衡选择的挑战，类似于市场上两家企业争夺生存的情景。参与抓钱博弈的双方同时进行博弈的支付矩阵见表 3-3。

表 3-3   抓钱博弈

1	2	
	抓	不抓
抓	-1, -1	1, 0
不抓	0, 1	0, 0

很明显，这个游戏具有对称性。通过划线法，可以确定存在两个不对称的纯策略纳什均衡：一个博弈方选择抓，另一个选择不抓。同时，支付等值法可以轻松求解出一个对称的混合策略纳什均衡：双方以 0.5 的概率选择抓取。实际上，在现实生活中，对称的混合策略纳什均衡更常见。这是因为如果参与者 i 选择不抓，他的收益为 0；如果他

选择抓取，收益为 $\frac{1}{2} \times 1 + \frac{1}{2} \times (-1) = 0$。为了更好地解释混合型策略纳什均衡，现在考虑在信息不完全的情况下进行同样的游戏。博弈方无法确定对方抓取硬币的效用，θ_i 表示博弈方的类型，服从区间 $[-\varepsilon, \varepsilon]$ 上的均匀分布（ε 为正数）。参与者 i 知道自己的类型为 θ_i，但对方却不知道。双方在贝叶斯博弈中的支付矩阵见表 3-4。

表 3-4　不完全信息抓钱博弈

1	2	
	抓	不抓
抓	−1, −1	$1 + \theta_1$, 0
不抓	0, $1 + \theta_2$	0, 0

考虑博弈中的纯策略：（1）参与者 1：如果 $\theta_1 \geqslant \theta_1^*$，抓；如果 $\theta_1 < \theta_1^*$，不抓；（2）参与者 2：如果 $\theta_2 \geqslant \theta_2^*$，抓；如果 $\theta_2 < \theta_2^*$，不抓。给定参与者 j 的策略，参与者 i 选择抓（用 1 表示）的期望收益为 $u_i(1) = \left(1 - \frac{\theta_j^* + \varepsilon}{2\varepsilon}\right)(-1) + \left(\frac{\theta_j^* + \varepsilon}{2\varepsilon}\right)(1 + \theta_i)$，式中，$\left(1 - \frac{\theta_j^* + \varepsilon}{2\varepsilon}\right)$ 表示参与者 j 抓的概率，$\left(\frac{\theta_j^* + \varepsilon}{2\varepsilon}\right)$ 是参与者 j 不抓的概率。参与者选择不抓（用 0 表示）的收益为 $u_i(0) = 0$。因此，θ^* 满足以下等式关系：$\left(1 - \frac{\theta_j^* + \varepsilon}{2\varepsilon}\right)(-1) + \left(\frac{\theta_j^* + \varepsilon}{2\varepsilon}\right)(1 + \theta_i) = 0$。式子进一步化简为 $2\theta_j^* + \theta_j^* \theta_i^* + \varepsilon \times \theta_i^* = 0$。因为博弈是对称的，在均衡情况下，$\theta_j^* = \theta_i^*$，即可得到 $\theta_1 = \theta_2 = 0$。也就表明对于每一个参与者 i 来说，均衡情况下的最优选择是：如果 $\theta_i \geqslant 0$，选择抓；如果 $\theta_i < 0$，选择不抓。由于 $\theta_i \geqslant 0$ 和 $\theta_i < 0$ 的概率都为 $\frac{1}{2}$，每一个参与者在选择自己的行动时认为对方选择抓与不抓的概率都为 $\frac{1}{2}$，就像前面所说的，尽管每个参与者实际上选择的都是纯策略，但参与者 i 似乎是在与采用混合策略的对手进行博弈。因为完全信息只是一种理想化的状态，现实中不可能对其他人的信息做到了如指掌。当 $\varepsilon \to 0$ 时，不完全信息博弈就收敛为如表 3-3 所显示的完全信息博弈。上述纯策略贝叶斯纳什均衡就收敛为一个完全信息博弈的混合战略策略均衡。海萨尼认为完全信息博弈中的混合策略均衡，在某种意义上是不完全信息博弈贝叶斯均衡的极限。所以，海萨尼的观点就表明，很难根据选择的随机性就认为混合策略的存在是不合理的。

　　以上例子就是混合策略的纯化定理的特例。对于具有 n 个参与者和相应策略和相应

策略空间的 S_i 的策略性博弈，海萨尼利用以下方法使支付函数产生扰动，从而形成不完全信息博弈：令 θ_i^s 为某个闭区间（如 $[-1,1]$）上的随机变量，$\varepsilon > 0$ 为一个微小实数。参与者 i 的扰动支付函数 $\mathring{u}_i$ 为 $\mathring{u}_i(s,\theta_i) = u(s) + \varepsilon_i\theta_i^s$ 依赖参与者的类型 $\theta_i = \{\theta_i^s\}_{s\in S}$ 与扰动强度 ε。

假设每个参与者的类型的分布是相互独立的，以 $p_i(\cdot)$ 表示 θ_i 的概率密度函数，它是 θ_i 的连续可微函数。在此基础上可以证明，任意参与者 i 的最优反应基本上是唯一的纯策略。也就是说，对扰动博弈的任何均衡来说，对于所有的参与者的 i 与几乎所有的 $\theta = (\theta_1, \cdots, \theta_n)$，最优策略为唯一的纯策略。海萨尼证明了均衡的存在性，并得到了以下定理。

纯化定理（Purification Theorem）给定 n 个参与者和相应的策略空间 S_i，对于几乎所有的支付函数集合 $\{u_i(\theta_i)\}_{i\in\{1,\cdots,n\},s\in S}$ 以及所有定义在区间 $[-1,1]^{|s|}$ 上的相互独立的二次可微概率分布函数 p_i，支付函数为 u_i 的博弈的任何均衡是在扰动 $\varepsilon \to 0$ 时对应的扰动支付 $\tilde{u}_i$ 的纯策略均衡序列的极限，即通过扰动博弈中的纯策略均衡，最终产生的策略概率分布会逐渐趋向于稳定博弈中的均衡策略概率分布（此部分详细内容参见肖条军，《博弈论及其应用》等）。

以上定理的顺序是：在扰动博弈序列中，所有混合均衡都可以通过逐步逼近一系列扰动博弈的纯策略均衡实现，前提是支付函数必须是完全可测的。对于非正常的支付函数，可能存在两个问题：首先，某些混合均衡只能通过扰动博弈中的一个小子集的纯策略均衡来近似，而且不同的扰动博弈可能导致不同的均衡结果；其次，弱劣势均衡不一定是任何扰动博弈均衡的极限。

纯化定理的理解可以简化为：在实际博弈中，如果完全信息博弈存在非纯策略的混合均衡，那么参与者可能会表面上通过随机机制作出策略选择，但实际上，他们在微小扰动的影响下，在扰动博弈中采用与纯策略均衡对应的均衡策略。以下给出几个市场案例加以说明。

案例 3-11

股票市场交易：股票市场是一个典型的博弈环境，在这里投资者们根据自身信息和市场预期进行交易决策。即使在存在混合策略均衡的情况下，某些投资者可能会表面上采用随机性的交易策略应对市场波动。实际上他们可能会在微小的市场变动或其他投资者行为方面作出微调，以更好地适应市场情况，最终选择与纯策略均衡对应的最优策略。

案例 3-12

拍卖市场竞争：在各种类型的拍卖中，参与者通常会根据自己对物品价值的估计和市场需求来制定竞标策略。即使在存在非纯策略的混合策略均衡时，竞拍者可能看似随机地调整出价。在实际竞拍过程中，他们可能会留意其他竞拍者的行为、市场供需变化等微小扰动，并据此微调自己的出价策略，以更好地争取竞拍成功并最大化利润。

案例 3-13

电力市场定价策略：在电力市场中，发电企业需要制定价格和产能调整策略以最大化利润。如果存在多家发电企业，它们之间存在相互竞争和相互依赖的关系，那么它们可能会通过微小的产能调整和价格调整寻求自己的利益最大化，即使外部人看起来这些调整是随机的，实际上背后可能存在微小的扰动博弈，参与者在其中采用与纯策略均衡对应的均衡策略。

在这些实际例子中，参与者可能会通过微小的扰动来选择策略，以适应不确定性和对手行为的变化，从而在非纯策略均衡和混合策略均衡中找到最优的决策方案。下面通过文献来学习如何运用静态贝叶斯博弈及其相关理论的方法。

网络技术的不断发展给人们的生活带来了翻天覆地的变化，但由于其互联性、多样性、开放性，网络中的风险无处不在，使网络很容易受到来自各方攻击的威胁。网络遭受攻击会对网络中的用户产生巨大影响，使其蒙受巨大损失。若能够对风险进行评估，并根据评估结果在风险发生之前采取有效措施降低风险，使风险发生概率降低，则可以很好地提高网络的安全性。目前，博弈论在风险评估领域的应用大多数采用完全信息博弈模型。此类博弈模型只需根据策略进行策略收益量化形成收益矩阵即可计算纳什均衡，具有计算简单的优点。但是，网络的现实情况是攻击者和防御者不一定能互相清楚对方策略及收益，针对这样的情况，基于完全信息博弈模型的作用会十分有限。因此提出基于静态贝叶斯博弈模型的风险评估方法，对风险进行评估。

本文的模型假设如下：假设 1（理性假设）假设攻防双方在完全理性的前提下进行攻防对抗，无论是攻击者还是防御者，在行动时，都需要理性考虑成本与收益的关系，都不会采取不计代价的行动。假设 2（类型假设）假设攻击者和防御者将对另一方策略收益的不确定看作对另一方类型的不确定，但对另一方的类型的概率分布有一个判断。假设 3（收益假设）假设攻防双方收益基于信息资源的经济价值进行收益量化。当前，基于信息经济学的收益量化研究较多且较成熟。因此，基于信息资源经济价值进行收益量化有成熟理论作支撑，结果会更加科学、合理。

为了全面、主动地进行信息系统风险评估，本文基于静态贝叶斯博弈理论建立攻防博弈模型。根据攻防双方的不完全信息将攻击者和防御者划分为多种类型，对博弈的均衡情况进行了分析和证明。然后对混合策略均衡进行分析，将攻击者的混合策略均衡作为防御者对攻击行动的可信预测。在此基础上，结合威胁发生给系统造成的损失，给出信息系统风险计算公式。本文还提出了基于静态贝叶斯博弈的风险评估算法，可用于对信息系统存在的总风险进行评估。实例分析说明了本文提出模型和算法在攻击预测及风险评估方面的合理性和有效性。

基于静态贝叶斯博弈的风险评估算法中最关键的步骤为 SBGM 模型的建立和求解，包括应对攻击策略的特定防御策略集合的建立、策略成本和收益量化及静态贝叶斯博弈模型的求解。子算法 1 利用非线性规划求解 SBGM 模型的混合策略贝叶斯纳什均衡。本文给出了 SBGM 模型的通用模式为：静态贝叶斯博弈模型 SBGM（Static Bayesian Game Model）是一个五元组 $SBGM = (N, T, M, P, U)$。

其中：

（1）$N = (N_1, N_2, \cdots, N_n)$ 是博弈的参与者集合。参与者是参与博弈的独立决策、独立承担结果的个人或组织，在不同的场合中，参与者的定义是不同的。在本文中，参与者是攻击者和防御者。

（2）$T = (T_1, T_2, \cdots, T_n)$ 是参与者的类型集合。$\forall_i \in n, T_i \notin \varnothing, T_i = (t_1^i, t_2^i, \cdots, t_k^i)$ 表示参与者 P_i 的类型集合，每个参与者都应有一种以上的类型，即 $k \geq 1$。

（3）$M = (M_1, M_2, \cdots, M_n)$ 是参与者的行动集合。$\forall_i \in n, M_i \notin \varnothing, M_i = (m_1^i, m_2^i, \cdots, m_h^i)$ 表示参与者 N_i 的行动集合，每个参与者都应有一种以上的行动，即 $h \geq 1$。

（4）$P = (P_1, P_2, \cdots, P_n)$ 是参与者的先验信念集合。$P_i = P_i(t_{-i} | t_i)$ 表示参与者 i 在自己实际类型为 t_i 的前提下，对其他参与者类型（若有多个参与者时，为类型组合）t_{-i} 的判断。

（5）$U = (U_1, U_2, \cdots, U_n)$ 是参与者的收益函数集合。收益函数表示参与者从博弈中可以得到的收益水平，由所有参与者的策略共同决定，参与者不同的策略组合所得到的收益不同。

为了简化分析，本文只考虑 $n = 2$ 的情况：

SBG-ADM $= ((N_A, N_D), (T_A, T_D), (M_A, M_D), (P_A, P_D), (U_A, U_D))$。其中：

（1）N_A 表示攻击者，N_D 表示防御者，为信息安全攻防博弈的两个参与者。

（2）攻击者 N_A 类型 T_A 为 $t_A = (t_1^A, t_2^A, \cdots, t_{k_1}^A)$，防御者 N_D 类型 T_D 为 $t_D = (t_1^D, t_2^D, \cdots, t_{k_2}^D)$。通过海萨尼转换可将对某参与者的不确定转换成对其类型的不确定性。由上文可知，攻防成本对攻防双方来说是不完全信息。有文献认为防御者类型为攻击者和防御者的共有信息，即完全信息，这显然不符合实际，攻防双方可将自己对对方成本的不确定转换成对其类型的不确定。

（3）各类型攻击者的行动集合为其攻击行动集合 $M_A = (m_1^A, m_2^A, \cdots, m_{h_1}^A)$，各类型防御者的行动集合为其防御行动集合 $M_D = (m_1^D, m_2^D, \cdots, m_{h_2}^D)$。

（4）$P_A(t_D | t_A)$ 指攻击者的类型为 t_A 时，其对防御者类型 t_D 的一个概率判断，$P_D(t_A | t_D)$ 指防御者类型为 t_D 时，其对攻击者类型 t_A 的一个概率判断。

（5）$\forall m_A \in M_A, m_D \in M_D, t_A \in T_A, t_D \in T_D$，$U_A(m_A, m_D, t_A)$ 表示防御者采用行动 m_D 抵御攻击者的攻击行动 m_A 且攻击者类型为 t_A 时，攻击者的收益；$U_D(m_A, m_D, t_D)$ 表示防御者采用行动 m_D 抵御攻击者的攻击行动 m_A 且防御者类型为 t_D 时，防御者的收益。

来源：[1] 佘定坤，王晋东，张恒巍等．基于静态贝叶斯博弈的风险评估方法研究 [J]．计算机工程与科学，2015，37（6）：1079-1086.

这篇文献基于静态贝叶斯博弈理论建立攻防博弈模型，将攻击者和防御者分为多种类型，全面地分析了博弈的贝叶斯均衡及其存在性，并结合防御者反击行为、攻击成功率对已有的策略收益量化方法进行改进。

3.4　竞争市场应用分析

3.4.1　古诺（Cournot）博弈

古诺博弈是博弈论中用来描述寡头市场下企业之间竞争行为的一种模型，得名于法国经济学家奥古斯汀·古诺（Augustin Cournot）。在古诺博弈中，参与者是几家生产同种产品的企业，它们在市场上通过选择产量来竞争，而不是价格。每家企业都假设其他企业的产量是固定的，并据此确定自己的产量。在古诺博弈中，每家企业面临的目标是最大化自己的利润。企业会考虑其他企业的产量水平来决定自己的产量，企业假设其他企业的产量是固定的，即产量不会随着自己的产量变化而发生改变。

举例说明古诺博弈：假设有两家生产汽车的公司 A 和 B，它们在一个市场上竞争销售汽车。公司 A 和公司 B 都需要决定生产的汽车数量，以最大化各自的利润。假设市场需求是一个线性函数，价格为 P，总成本为 C，单位生产成本为 c。

公司 A 首先考虑公司 B 的产量，然后根据自己的收入和成本函数决定产量。同样，公司 B 也会考虑公司 A 的产量来确定自己的产量。

公司 A 和公司 B 的利润函数可以表示为

$$\pi_A = (P - c)Q_A - C(Q_A) \tag{3-1}$$

$$\pi_B = (P - c)Q_B - C(Q_B) \tag{3-2}$$

其中，Q_A 和 Q_B 分别是公司 A 和公司 B 的产量；P 为市场价格；c 为单位生产成本，C 为总成本。在古诺博弈中，每家公司试图最大化自己的利润，通过调整产量来达到这个目标。

古诺博弈模型能够帮助企业预测市场中的竞争策略，并制定最佳的生产决策。企业可以通过分析其他企业的策略和反应调整自己的产量，以在竞争激烈的市场中获得优势。

这里，考虑一个在不完全信息下的产量竞争——双寡头（Duopoly）库诺特博弈（肖条军，《博弈论及其应用》）。假定企业 i 的利润为 $u_i = q_i(\theta_i - q_i - q_j)(i = 1,2)$，这里 θ_i 是线性需求函数的截距与企业 i 的单位成本之差，q_i 是企业 i 选择的产量。

博弈的顺序如下：（1）"自然"将企业 1 的类型 $\theta_1 = a$ 公开，也就是说企业 2 关于企业 1 的信息是完全掌握的，或者说企业 1 只有一种类型。"自然"以相等的概率从企业 2 的类型集 $\{a_L, a_H\}$ 中选择类型，即 $\theta_2 = a_L$ 的概率为 1/2，$\theta_2 = a_H$ 的概率也为 1/2，且 $a_L \le a \le a_H \le 2a_L$，将企业 2 的类型告诉企业 2 自己，但不告诉企业 1，只将企业 2 的类型告诉企业 1；（2）两家企业同时选择产量。

在这个博弈中，企业 2 有 a_L 和 a_H 两种类型，类型的不同可能表现在需求上，也可能表现在单位生产成本的不对称上。下面讨论这个博弈的纯策略纳什均衡。记企业 2 在 $\theta_2 = a_L$ 时产量为 q_2^L，在 $\theta_2 = a_H$ 时的产量为 q_2^H。θ_2 类企业 2 的利润函数为

$$u_2(q_1, q_2; \theta_2) = q_2(\theta_2 - q_1 - q_2) \tag{3-3}$$

在式（3-3）中，对 u_2 关于 q_2 求一阶导数并令一阶导数为零，可得到 θ_2 类企业 2 对企业 1 产量的反应函数为

$$q_2(q_1, \theta_2) = \frac{\theta_2 - q_1}{2} \tag{3-4}$$

由于企业 1 并不知道企业 2 是哪种类型，因此，他在决策的时候，考虑的是期望效用：

$$Eu_1(q_1,q_2;\theta_2) = \frac{1}{2}q_1(a - q_1 - q_2^L) + \frac{1}{2}q_1(a - q_1 - q_2^H) \qquad (3-5)$$

在式（3-5）中对期望效用关于 q_1 求一阶导数，并令一阶导数为 0，可得到企业 1 对企业 2 产量的反应函数为

$$q_1(q_2^H,q_2^L) = \frac{2a - q_2^H - q_2^L}{4} \qquad (3-6)$$

将 $\theta_2 = a_L, a_H$ 代入式（3-4），将得到的 q_2^L 与 q_2^H 的表达式代入式（3-6）中，求出 q_1^*。此时再将 q_1^* 的表达式分别反代到 q_2^L 与 q_2^H 的表达式中，从而求出 q_2^L 与 q_2^H，具体结果如下：

$$q_1^* = \frac{4a - a_L - a_H}{6}, q_2^L = \frac{7a_L + a_H - 4a}{12}, q_2^H = \frac{7a_H + a_L - 4a}{12} \qquad (3-7)$$

以上只讨论了单边不完全信息下的双寡头库诺特博弈，即在上述模型中，只有企业 2 的信息不被对手知晓。以下用一个论文的想法加以说明。

案例 3-14

基于单边不完全信息的汽车市场双寡头博弈模型研究

模型建立过程：

步骤一，制定参与者策略集合：确定两家汽车制造商的策略集合，包括定价、产品创新、广告等方面的选择。

步骤二，建立利润函数：基于市场需求、成本结构等因素，建立双寡头企业的利润函数表达式。

步骤三，考虑信息不对称：引入信息不对称的因素，其中一家企业拥有额外的信息，考虑信息不对称对决策的影响。

步骤四，求解均衡策略：利用博弈论方法，求解在单边不完全信息情况下的双寡头均衡策略，分析不同情形下企业的最优行为。

为加深理解，有兴趣的读者可以选择比较一下具有单边不完全性信息与完全信息下的库诺特博弈的均衡产量等问题。

3.4.2 静态伯川德竞争

下面来考虑一个不完全信息下的价格竞争——伯川德竞争（Bertrand Competition）（肖条军，《博弈论及其应用》）。考虑一个双头垄断的市场情境，其中两家企业拥有不

同的产品差异。在这个博弈过程中，假设其中一家企业对于竞争对手的成本情况了解不完全，并假定其需求函数为 $D_i(p_i, p_j) = a - bp_i + dp_j$，式中，$0 < d < b$。如果每家企业都提价 1 美元，双方的销售量都会下降，这就要求 $d < b$。假定两种商品是替代品，而且是战略互补品（Strategic Complements，$d > 0$）。为了简化问题的描述，假设在双头垄断的市场中，只有一家企业拥有私人信息，其成本是固定的。不失一般性，假设企业 2 的常数单位成本 c_2 是共同知识，企业 1 的常数单位成本 c_1 是私人信息，企业 1 知道自己的成本，企业 2 只知道企业 1 的单位成本为 c_1^L 的概率为 x，为 c_1^H 的概率为 $1 - x$，其中 $c_1^L < c_1^H$，而不知道企业 1 的单位成本 c_1。令 $c_1^e = xc_1^L + (1 - x)c_1^H$ 表示对于企业 2 来说，企业 1 的预期单位成本。根据上面的描述，企业 i 的效用（利润）函数为

$$u_i(p_i, p_j) = (p_i - c_i)(a - bp_i + dp_j) \tag{3-8}$$

两个企业同时选择他们的价格，最大化自己的效用。企业 2 的定价为 $p_2 = p_2^*$。企业 1 的价格依赖于它的单位成本。令 p_1^L 和 p_1^H 分别表示企业 1 的成本为 c_1^L 和 c_1^H 时它选择的价格。

根据式（3-8），对于给定的 c_1 和对手的定价 p_2，由企业 1 的利润最大化目标将得出它对企业 2 价格的反应函数为

$$p_1(p_2) = \frac{a + dp_2 + bc_1}{2b} \tag{3-9}$$

从式（3-9）中可以看出企业 1 的定价是随着企业 2 定价的提高而提高的；高成本企业 1 的定价高于低成本企业的定价。由于企业 2 不知道企业 1 的成本 c_1，因此企业 1 的期望价格为

$$p_1^e \equiv xp_1^L + (1 - x)p_1^H = x\left(\frac{a + dp_2 + bc_1^L}{2b}\right) + (1 - x)\left(\frac{a + dp_2 + bc_1^H}{2b}\right) = \frac{a + dp_2 + bc_1^e}{2b}$$
$$\tag{3-10}$$

企业 2 是风险中性的，因此，它通过选择 p_2 来最大化它的预期利润为

$$Eu_2(p_1, p_2) = x(p_2 - c_2)(a - bp_2 + dp_1^L) + (1 - x)(p_2 - c_2)(a - bp_2 + dp_1^H)$$
$$= (p_2 - c_2)(a - bp_2 + dp_1^e) \tag{3-11}$$

由式（3.4.8）可以得出，企业 2 对企业 1 定价的反应函数为

$$p_2(p_1^e) = \frac{a + bc_2 + dp_1^e}{2b} \tag{3-12}$$

将 $c_1 = c_1^L, c_1^H$ 分别代入式（3-9），并联合式（3-12），可以求得贝叶斯纳什均衡为

$$p_2^* = \frac{2ab + 2b^2c_2 + ad + bdc_1^e}{4b^2 - d^2}, p_1^L = \frac{a + dp_2^* + bc_1^L}{2b}, \quad p_1^H = \frac{a + dp_2^* + bc_1^H}{2b}$$
$$\tag{3-13}$$

图 3-3 描述了这一均衡。图中表明：企业 1 的反应函数依赖于它的成本。当成本增加的时候，图像会向右移动。在完全信息的情况下，伯川德均衡在 c_1 是低成本时在 D 点达到，在 c_1 是高成本时在 G 点达到。在不完全信息的情况下，似乎企业 1 有一个"平均反应曲线" R_1^e。价格 p_1^e 和 p_2^* 由企业 2 的反应曲线和企业 1 的平均反应曲线的交点 F 决定。

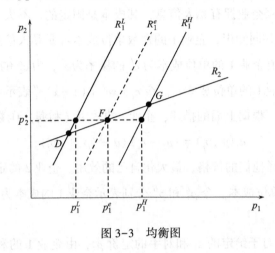

图 3-3　均衡图

在上述学习过程中，深入研究了经典的古诺模型和伯川德模型，探讨了在不完全信息条件下双寡头企业的产量竞争和价格竞争博弈过程。此外，还掌握了求解这两种模型在不完全信息条件下的贝叶斯纳什均衡的基本理论方法。

下面给出几个论文想法简要的示范。

案例 3-15

古诺博弈模型构建

问题描述：假设有两家竞争性企业 A 和 B，在定价决策上存在博弈情形。企业 A 可以选择高价或低价，企业 B 可以选择高价或低价。它们的利润取决于对方的定价策略。

模型构建步骤：

1. 策略集合：

企业 A 的策略集合为 {高价，低价}；企业 B 的策略集合为 {高价，低价}。

2. 利润函数：

企业 A 的利润取决于自身的定价策略和企业 B 的定价策略；

企业 B 的利润也取决于双方的定价策略。

3. 古诺均衡分析：

利用古诺博弈模型求解均衡策略组合，即确定双方在给定情况下的最优决策。

求解古诺模型的贝叶斯纳什均衡：

建立模型：制定参与者的策略集合、收益函数和信息分布概率等，并确认博弈的时间顺序。

定义参与者的策略空间：确定每个参与者的可选策略集合，例如企业 A 和企业 B 的定价策略。

设定信息集合：根据信息的不完全性，为每个参与者定义信息集合，包括参与者的类型以及他们的先验概率分布。

构建信念函数：对于每个参与者，在每个信息集合中定义一个信念函数，表示他们对其他参与者类型的概率估计。

计算期望收益：根据每个参与者的策略和信念函数，计算每个参与者的期望收益。

寻找最优策略：对于每个参与者，通过比较不同策略下的期望收益，找到使其期望收益最大化的最优策略。

验证纳什均衡：检查所有参与者的最优策略是否相互一致，即是否存在一组策略，使得每个参与者的策略都是对其他参与者策略的最佳应对。

计算贝叶斯纳什均衡：根据最优策略和信念函数，确定每个参与者在每个信息集合中的最优响应策略，并验证这些策略是否构成贝叶斯纳什均衡。

案例 3-16

伯川德模型博弈构建

问题描述：考虑两位合作者在一个项目中是否应该合作或者背叛对方，以获取最大化的收益。

模型构建步骤：

1. 策略集合：合作者的策略集合为 {合作，背叛}。

2. 收益函数：每位合作者的收益将取决于双方的合作或背叛选择。

3. 伯川德均衡分析：使用伯川德模型分析合作者的最优策略选择，考虑合作与背叛带来的不同收益和风险。

求解伯川德模型的贝叶斯纳什均衡：

建立模型：定义参与者的策略集合、收益函数和信息分布概率等，并确认博弈的时间顺序。

定义参与者的策略空间：确定每个参与者的可选策略集合，例如合作者可以选择合作或背叛。

设定信息集合和先验概率：为每个参与者定义信息集合以及他们的先验概率分布。

构建信念函数：对于每个参与者，在每个信息集合中定义一个信念函数，表示他们对其他参与者的类型的概率估计。

计算期望收益：根据每个参与者的策略和信念函数，计算每个参与者的期望收益。

寻找最优策略：对于每个参与者，通过比较不同策略下的期望收益，找到使其期望收益最大化的最优策略。

验证纳什均衡：检查所有参与者的最优策略是否相互一致，即是否存在一组策略，使得每个参与者的策略都是对其他参与者策略的最佳应对。

计算贝叶斯纳什均衡：根据最优策略和信念函数，确定每个参与者在每个信息集合中的最优响应策略，并验证这些策略是否构成贝叶斯纳什均衡。

以上过程涉及数学推导、优化求解和均衡验证等步骤，具体计算方法和技巧可根据具体问题和模型进行调整和应用。

通过这样的模型构建示范，研究者可以进一步扩展和深化模型，考虑更多影响因素，进行数值实验和模拟，从而得出更具体和实用的结论和决策建议。下面通过马国顺等在《管理评论》上发表的一篇文章，展示了不完全信息下的博弈模型。

随着社会经济的不断发展，企业之间的竞争变得越来越复杂。在现实的经济活动中，存在多家企业之间产品产量博弈或价格博弈的问题。针对这种多产品多领域的博弈问题，当企业对每一种产品博弈时，不仅要考虑自己生产的其他产品对本产品的影响，还要考虑竞争对手的产品带来的影响。本文在多维博弈的视角下研究社会福利，并比较多维博弈与单独博弈的收益情况对社会福利的影响。

企业之间产量-价格的竞争既可能是两家企业之间的，也可能是多家企业之间的。为了便于研究，本文将研究范围界定在两家企业之间，重点探讨两家企业之间 Cournot-伯川德博弈模型的均衡问题。

假设某地区有两家企业同时生产具有一定替代性的两种产品，又同时在该地区销售它们所生产的这两种产品。并且这两家企业垄断了该地区的这两种产品。针对这两种产品再作进一步假设：产品 1 在市场中处于未饱和状态，两企业对产品 1 进行产量博弈，产品 2 在市场中处于饱和状态，两企业对产品 2 进行价格博弈。下面在不完全信息条件下讨论这个静态多维 Cournot-伯川德博弈模型。

设企业 $i(i = 1,2)$ 选择这两种产品的产量-价格 $(q_{i1}, p_{i2}) \geqslant 0$，$(q_{i1}, p_{i2}) \in Q_{i1} \times P_{i2}$，

其中 Q_{i1} 和 P_{i2} 分别表示企业 i 的第 1 种产品的产量策略空间和第 2 种产品的价格策略空间。设两家企业对产品 1 的逆需求函数（价格）为

$$p_1(q_{11} + q_{21}, q_{12} + q_{22}) = \max\{0, a - (q_{11} + q_{21}) - k_1(q_{12} + q_{22})\}。 \tag{1}$$

其中，p_1 为两家企业第 1 种产品的价格；q_{ij} 为企业 i 第 j 种产品的产量（$i, j = 1, 2$）；k_1 为市场上第 2 种产品的供给总量对第 1 种产品市场价格的影响系数。

设两家企业第 2 种产品的需求函数（产量）为

$$q_{12} = b - p_{12} + \alpha p_{22} + k_2 p_1 \tag{2}$$

$$q_{22} = b - p_{22} + \beta p_{12} + k_3 p_1 \tag{3}$$

其中，p_{12} 和 p_{22} 分别为企业 1 和企业 2 产品 2 的价格；α，β 分别表示企业 2 和企业 1 的第 2 种产品对企业 1 和企业 2 的第 2 种产品的替代程度，$\alpha, \beta \in [0, 1]$，$\alpha = 0, \beta = 0$ 表示两企业间的产品不可替代，$\alpha = 1, \beta = 1$ 表示两企业间的产品可以完全替代；k_2, k_3 为第 1 种产品价格对企业 1 和企业 2 第 2 种产品产量的影响系数。

在不影响问题讨论的情况下，假设两企业的固定成本为 0，且 c_{11}、c_{12} 为企业 1 两产品的单位边际成本；c_{21}、c_{22} 为企业 2 两产品的单位边际成本。

下面是企业 1 和企业 2 的利润函数：

$$U_1 = (p_1 - c_{11})q_{11} + (p_{12} - C_{12})q_{12} \tag{4}$$

$$U_2 = (p_1 - c_{21})q_{21} + (p_{22} - C_{22})q_{22} \tag{5}$$

企业 2 知道自己的单位边际成本 (C_{21}, C_{22}) 属于 (C_{21}^L, C_{22}^L) (C_{21}^L, C_{22}^H) (C_{21}^H, C_{22}^L) (C_{21}^H, C_{22}^H) 四种中的哪一种，但对于企业 1 而言，在不完全信息的情况下，企业 1 并不知道企业 2 的真实成本，只知道企业 2 的成本类型的联合概率分布为

$$P(C_{21}^L, C_{22}^L) = \mu_1, P(C_{21}^L, C_{22}^H) = \mu_2, P(C_{21}^H, C_{22}^L) = \mu_3, P(C_{21}^H, C_{22}^H) = \mu_4 \tag{6}$$

其中，$\mu_1 + \mu_2 + \mu_3 + \mu_4 = 1$，且联合分布概率为共同知识。在不完全信息条件下，联立企业 1 和企业 2 的反应函数，求解得到在企业 2 四种不同类型边际成本下的企业 1 和企业 2 关于这两种产品 Cournot-Bertrand 博弈的贝叶斯纳什均衡解。

此外，文中还考虑单独对这两种产品分别博弈产量和价格的策略 $(k_1 = k_2 = k_3 = 0)$，并计算出这两个企业关于每种产品的贝叶斯纳什均衡解，根据联合分布与边际分布的关系，企业 2 两种产品的单位边际成本分布列分别为：$p_1(C_{21}^L) = \mu_5$，$p_1(C_{21}^H) = \mu_6, p_1(C_{22}^L) = \mu_7, p_1(C_{22}^H) = \mu_8$，分别对第一种产品进行产量博弈，对第二种产品进行价格博弈。然后，进行单独博弈均衡产量—价格策略与多维博弈均衡产量—价格策略的比较并分析了对社会福利的影响。

这篇文章是在不完全信息条件下讨论 Cournot-伯川德的博弈问题，对问题的分析和

描述更加切近市场实际，所得结论对企业多产品博弈时选择联合最优策略具有一定的指导价值，为企业科学决策提供了一定的理论依据。

3.5　拍卖理论中的应用

3.5.1　拍卖投标机制

投标和拍卖具有信息揭示和代理成本降低两大核心功能。首先，拍卖中存在隐藏类型问题，卖家无法准确了解买家对拍卖物品的估值。其次，这些估值被假设为相互独立且呈均匀分布。基于以上两点，拍卖情境可被视为不完全信息博弈。直至海萨尼提出不完全信息博弈理论之后，投标拍卖的规范研究才得以展开。

一般而言，拍卖由一个卖家和多个潜在买家组成。卖家通常无法确切了解每个买家愿意为心仪物品支付的价格。因此，即使卖家了解买家的意愿，拍卖这种形式仍然具有必要性，而非直接通过简单协商并以最高估价出售商品。可以从两个方面来概括卖家选择拍卖的原因。

首先，卖家无法准确把握物品的真实价值，这也限制了他采用明码标价的方式出售商品。拍卖能够相对真实地揭示商品价值，并确定合适的价格。其次，拍卖过程具有规范性，使得拍卖方式在合法性方面优于其他形式。正规拍卖必须遵循"公开、公正、公平，价高者得"的原则。因此，当卖家对一件物品的价值认知不如买家清晰时，卖家通常不会主动报价，而是选择拍卖以争取获得最高价格。在古董和名画的交易中，拍卖方式应用广泛。实际上，企业和政府在将经济合同承包给投标企业时，也采用了拍卖的实质，只是形式上有所不同。

拍卖有多种类型，每种类型确定最高出价者和支付金额的方式各不相同。以下是五种常见的拍卖机制简介。

（1）荷兰式拍卖：逆向竞价拍卖，从高价开始逐步降价直至有买家愿意购买为止。此拍卖方式以快速确定市场价格著称，被称为"标价下降式拍卖"。阿姆斯特丹世界鲜花市场采用此拍卖方式。

（2）英式拍卖：拍卖师设定最低初始价格，买家根据对拍卖品价值的评估逐步竞价，最终最高出价者获得拍卖品并支付其出价。此拍卖透明度高，有助于激发买家出价竞争。

（3）一级密封价格拍卖：买家提交密封报价，最高报价者获得拍卖品并支付其报价。如出现多人报出相同最高价，则进行二次拍卖直至仅剩一人报出最高价。

（4）二级密封价格拍卖：最高报价者获得拍卖品，但支付所有报价中的次高价。

（5）双方叫价拍卖：卖家和买家同步出价，拍卖师选择成交价格以清空市场，低于成交价格的出价卖家售出物品，高于成交价格的出价买家买入。

在多个拍卖品的情况下，可重复以上步骤。拍卖机制研究文献丰富，本书仅对基本模型进行简要探讨。关于最优拍卖机制设计问题，涉及复杂概率模型，可作为拓展内容供读者自学。

当涉及拍卖投标机制的论文想法时，以下两个可能的研究方向。

1. 跨行业比较分析：该研究可以探讨不同行业中拍卖投标机制的应用和效果。通过比较不同行业（如艺术品拍卖、土地资源拍卖、互联网广告拍卖等）中的拍卖机制，分析其特点、优势和局限性。研究可以关注不同行业环境下拍卖机制的设计和运作方式，以及对市场效率和参与者利益的影响。

2. 基于区块链技术的拍卖投标机制：可以探讨如何利用区块链技术改进传统拍卖投标机制，提高透明度、安全性和效率。研究可以关注区块链在拍卖过程中的应用，包括智能合约的设计、去中心化的交易执行、参与者身份验证等方面。此外，还可以探讨区块链对拍卖市场结构和参与者行为的影响，潜在的挑战和风险，以及通过引入区块链技术，形成一个经过数字加密的分布式账本网络。在该网络中，招标投标制度设计将从传统的基于对物及人的控制转向基于对信息的控制，从而创设了一套由计算机程序自主完成招投标运行流程。

3.5.2 密封价格拍卖

3.5.2.1 一级密封价格拍卖

借鉴相关著作（如肖条军的《博弈论及其应用》等），下面用贝叶斯纳什均衡的思想来讨论一级密封价格拍卖问题，在本小节考虑有两个投标人进行博弈的一级密封价格拍卖。

两个参与者（$i = 1,2$）对拍卖物品的估值为 v_i，$b_i \geq 0$ 是投标人 i 的出价。在这里，假定 v_i 只有投标人 i 自己知道，这是他的私人信息，也就相当于投标人 i 的类型，两个参与者的共同知识是：他们都知道 v_i 独立地取自定义在区间 $[0,1]$ 上的均匀分布函数。如果投标人 i 付出价格 b_i 得到商品，则 i 的支付为 $v_i - b_i$，即他对物品的估值减去他的出价，此时，其他投标人的支付为 0。假定投标人出价相等时，则均以 1/2 的概率获得拍卖品。此假设在连续分布情况下是不重要的，因为出价相同的概率为 0，所以平局时如何做决定对结果并不会产生影响。由此，可以得到投标人 i 的支付为

$$u_i(b_i, b_j; v_i) = \begin{cases} v_i - b_i & (b_i > b_j) \\ \dfrac{1}{2}(v_i - b_i) & (b_i = b_j) \\ 0 & (b_i < b_j) \end{cases} \tag{3-14}$$

假定投标人 i 的出价 $b_i(v_i)$ 是其价值 v_i 的严格递增可微函数。这时 $v_i \leqslant 1 < b_i$ 不是最优的，因为没有人会愿意付出比物品价值更高的价格。由于博弈是对称的，只需要考虑对称的均衡出价策略 $b = b^*(v)$。给定 v 和 b，则投标人的预期支付为

$$u_i = (v - b)\mathrm{Prob}\{b_j < b\} \tag{3-15}$$

这里 $\mathrm{Prob}\{\cdot\}$ 代表 $b_j < b$ 的概率，其中 b_j 是投标人 j 的出价策略。由于出价策略是严格递增的，对于连续分布，有 $\mathrm{Prob}\{b_j < b\} = \mathrm{Prob}\{b_j \leqslant b\}$。预期支付函数的第一项 $v - b$ 是给定赢的情况下投标人 i 的净所得，第二项 $\mathrm{Prob}\{\cdot\}$ 是赢的概率。

根据对称性，$b_j = b^*(v_j)$，可以得到

$$\begin{aligned} \mathrm{Prob}\{b_j < b\} &= \mathrm{Prob}\{b^*(v_j) < b\} \\ &= \mathrm{Prob}\{v_j < b^{*-1}(b) \equiv \varPhi(b)\} = \varPhi(b) \end{aligned} \tag{3-16}$$

在这里，$\varPhi(b) = b^{*-1}(b)$ 表示 b^* 的反函数，即当投标人选择 b 时，它的价值是 $\varPhi(b)$。最后一个等式的获得运用了均匀分布的特征（如果 θ 在区间 $[0,1]$ 上是均匀分布的，那么对于所有的 $k \in [0,1]$，$\mathrm{Prob}\{\theta \leqslant k\} = k$）。因此，投标人 i 面临的问题是：

$$\max_b u_i = (v - b)\mathrm{Prob}\{b_j < b\} = (v - b)\varPhi(b) \tag{3-17}$$

最优化得到投标人 i 的一阶条件为

$$-\varPhi(b) + (v - b)\varPhi'(b) = 0 \tag{3-18}$$

在通常情况下，这里所说的边际收益等于边际成本的条件，增加 b 的边际成本是给定赢的情况下支出增加 $-\varPhi(b)$（期望值），边际收益是赢的概率增加乘以在赢得比赛的情况下获得的净收益，即 $(v-b)\varPhi'(b)$。如果 $b^*\{\cdot\}$ 是投标人 i 的最优策略，那么 $\varPhi(b) = v$。因此，

$$v = (v - b)\frac{\mathrm{d}v}{\mathrm{d}b} \tag{3-19}$$

由式（3-19）可得：

$$v\mathrm{d}b + b\mathrm{d}v = v\mathrm{d}v \tag{3-20}$$

$$\frac{d(vb)}{dv} = v \tag{3-21}$$

解得：

$$b^* = v/2 \tag{3-22}$$

从上面这个简单的模型可以得到此博弈存在唯一的贝叶斯纳什均衡：$b_i^* = v_i/2$，即每个投标人的出价是其对物品估值的一半。这样的结论说明了在这种拍卖模型中，在均衡条件下，评价最高的投标人将获得被拍卖品。尽管从资源配置的角度来看，这种情况是有效的，但卖者只能得到买者价值的一半。相比之下，如果信息是完全的，买者之间的竞争将会使卖者得到买者价值的全部。

但是，随着投标人数的增加，投标人出价与实际价值之间的差距逐渐减小。一般地，假定有 n 个投标人，每个投标人的价值 v_i 定义在区间 $[0,1]$ 上，且具有独立的、相同的均匀分布，如果评价为 v 的投标人 i 出价 b，他的预期支付函数为

$$u_i = (v - b) \prod_{j \neq i} \text{Prob}\{b_j < b\} = (v - b) \Phi^{n-1}(b) \tag{3-23}$$

最优化的一阶条件为

$$- \Phi^{n-1}(b) + (v - b)(n - 1)\Phi^{n-2}\Phi'(b) = 0 \tag{3-24}$$

或

$$- \Phi(b) + (v - b)(n - 1)\Phi'(b) = 0 \tag{3-25}$$

因为，在均衡情况下，$\Phi(b) = v$，一阶条件（3-25）可以写成

$$- v + (v - b)(n - 1)\frac{\mathrm{d}v}{\mathrm{d}b} = 0 \tag{3-26}$$

解上述微分方程得：

$$b^*(v) = \frac{n-1}{n}v \tag{3-27}$$

可见，$b^*(v)$ 随 n 的增加而增加。当 $n \to \infty$ 时，$b^* \to v$。这意味着随着投标人数量的增加，卖家所能获得的出价也会随之提高；当投标人数量趋近于无穷时，卖家几乎能够获得拍卖品的全部价值。因此，卖家希望有更多人参与竞标。

下面以一级密封价格拍卖在电力市场中的应用来说明这部分知识。

案例 3-17

模型构建过程：

1. 研究背景和目的：确定研究的背景是电力市场，目的是分析一级密封价格拍卖在该市场中的应用效果。

2. 模型设定：

卖方（电力发电厂商）：定义卖方的效用函数，考虑其对电力生产和销售的成本及

利润目标。

买方（电力购买者）：定义买方的效用函数，考虑其对电力需求和购买成本。

3. 拍卖机制设计：设计一级密封价格拍卖机制，包括以下步骤：

投标阶段：电力发电厂商提交竞标价格（保密）。

中标阶段：电力购买者选择最低竞标价格的发电厂商作为供应商。

4. 效用函数设定：

卖方效用函数：$U_s = R - C$，其中，R 为卖方通过电力销售获得的收入，C 为电力生产和销售的总成本。

买方效用函数：$U_b = D - P$，其中，D 为买方的电力需求，P 为购买电力的总支付成本。

5. 信息设置：

卖方信息：卖方了解自身的电力生产和销售成本。

买方信息：买方了解自身的电力需求和购买成本预期。

6. 求解过程：

投标阶段：卖方提交竞标价 p。

中标阶段：买方选择竞标价格最低的发电厂商作为供应商，支付成本 $P = pD$。发电厂商根据中标价格 p 和生产成本 C 确定利润 $R = pD - C$。

7. 结果分析：分析一级密封价格拍卖在电力市场中的应用效果，比较其与其他拍卖机制（如容量市场、能源交易市场等）的优劣，并讨论可能的改进和扩展。

3.5.2.2 二级密封价格拍卖

这里介绍二级密封价格拍卖问题。拍卖机制的规则是最高叫价者获得实物并以次高的叫价作为交易价支付。在模型中，假设有 n 个潜在的买家或者说投标者，他们对拍卖品的估价是 $0 \leqslant v_1 \leqslant \cdots \leqslant v_n$，而且这些估价是共同知识。投标者同时选择投标 $b_i \in [0, +\infty)$，最高的投标者赢得投标，并付出第二高投标金额，此时投标者的效用为 $u_i = v_i - \max\limits_{j \neq i} b_j$，而其他投标者没有支出，所以效用为 0。如果多个投标者投出最高价格，则拍卖品在他们之间随机分配，此时决定分配的确切概率并不重要，因为赢得拍卖品的人与其他人都是具有 0 剩余。

对于每个参与者来说，以他的估价进行投标的策略（$b_i = v_i$）弱优于其他所有的策略。令 $r_i \equiv \max\limits_{j \neq i} b_j$。首先设 $b_i > v_i$，如果 $r_i \geqslant b_i$，则投标者 i 获得效用为 0，而这一效用可以通过以 v_i 投标来获得。如果 $r_i \leqslant v_i$，投标者 i 获得效用 $v_i - r_i$，这一次他也是通过以 v_i 投获得的效用。如果 $v_i < r_i < b_i$，则投标者 i 具有效用 $v_i - r_i < 0$，如果他投标 v_i，则

他的效用是 0。对于 $b_i < v_i$，可以进行类似的推理：当 $r_i \leqslant b_i$ 或 $r_i \geqslant v_i$ 时，投标者的效用在他以 v_i 而不是 b_i 投标时效用不会改变。但是，如果 $b_i < r_i < v_i$，投标者会由于出价过低而损失了正效用。

在二级密封价格拍卖中，合理预计投标人 n 将根据其对物品的估价进行投标，以赢得拍卖并获得效用 $v_n - v_{n-1}$。值得注意的是，由于以估价出价是一种占优策略，因此投标者是否了解彼此的估价并不重要。也就是说，即使投标者只知道自己的估价而不知道其他投标者的估价，他们仍然会选择根据自己的估价进行投标；而这仍然是一种占优策略。由于 Vickrey 的深入研究，在引入的不完全信息模型中，第二价格密封投标拍卖被证明它在特定假设下是一种最优的激励兼容机制。

下面给出一个例子，理解如何应用二级密封价格拍卖问题进行模型构建。

案例 3-18

模型构建过程：

1. 研究背景和目的：确定研究的背景是数字广告市场，目的是分析二级密封价格拍卖在该市场中的应用效果。

2. 模型设定：

卖方（广告主）：定义卖方的效用函数，考虑其对广告位的估值和投放成本。

买方（广告平台）：定义买方的效用函数，考虑其通过拍卖获得的收入和运营成本。

3. 拍卖机制设计：设计二级密封价格拍卖机制，包括以下步骤：

第一轮拍卖：卖方提交竞标价格（保密），买方收到所有竞标价后选择一个价格作为底价。

第二轮拍卖：卖方根据底价决定是否接受交易，买方公布底价，买方根据底价和自身估值选择是否购买广告位。

4. 效用函数设定：

卖方效用函数：$U_s = V - p + e$，其中，V 为广告位的估值；p 为拟定的竞标价格；e 为期望收益。

买方效用函数：$U_b = R - p - c$，其中，R 为买方通过广告位获取的收入；c 为广告平台的运营成本。

5. 信息设置：

卖方信息：卖方了解自身的估值和成本。

买方信息：买方了解市场需求和竞争格局。

6. 求解过程：

第一轮拍卖：卖方提交竞标价 p。买方选择底价 b。

第二轮拍卖：如果 $p > b$，卖方接受交易，期望收益 $e = V - b$；如果 $p < b$，卖方不接受交易，期望收益 $e = 0$。

买方根据底价 b 和自身估值 V' 决定是否购买广告位，收益 $R = V' - b$。

7. 结果分析：

分析二级密封价格拍卖在数字广告市场中的应用效果，比较其与其他拍卖机制的优劣，并讨论可能的改进和扩展。

通过以上模型构建的详细过程，可以对二级密封价格拍卖在数字广告市场中的应用进行深入分析，为相关领域的研究和实践提供理论支持和指导。

3.5.3 双方叫价拍卖

借鉴相关著作（黄涛，《博弈论教程：理论·应用》等），本部分介绍在买方和卖方都有私有信息时的双向拍卖问题。卖方确定一个卖价 p_s，买方同时给出一个购买价 p_b，如果 $p_s \leq p_b$，则交易以 $p = (p_s + p_b)/2$ 的价格成交，如果 $p_s > p_b$，则不发生交易。

假设买方对标的物品的估价为 v_b，卖方的估价为 v_s，双方估价都是各自的私有信息，服从区间 $[0,1]$ 上的均匀分布。如果双方以价格 p 成交，则卖方得到的效用为 $p - v_s$，买方的效用为 $v_b - p$。如果因价格不合适没有成交，双方的支付为 0。在这一不完全信息博弈中，参与者的策略分别是 $p_s(v_s)$ 和 $p_b(v_b)$，如果要使策略组合 $(p_b(v_b), p_s(v_s))$ 是贝叶斯均衡，则需满足下列条件。

买方利益最大化为，对任意 $v_b \in [0,1]$，$p_b(v_b)$ 必须满足：

$$\max_{p_b}\left\{ v_b - \frac{p_b + E[p_s(v_s) | p_b \geq p_s(v_s)]}{2} \right\} \mathrm{Prob}(p_b \geq p_s(v_s)) \qquad (3-28)$$

式中，$E[p_s(v_s) | p_b \geq p_s(v_s)]$ 表示在符合买方出价大于卖方要价的前提，买方期望卖方的要价。

卖方的效用最大化为，对任意 $v_s \in (0,1)$，$p_s(v_s)$ 必须满足：

$$\max_{p_s}\left\{ \frac{p_s + E[p_b(v_b) | p_b(v_b) \geq p_s]}{2} - v_s \right\} \mathrm{Prob}(p_b(v_b) \geq p_s) \qquad (3-29)$$

式中，$E[p_b(v_b) | p_b(v_b) \geq p_s]$ 表示在买方出价高于卖方的前提下，卖方期望买方的出价。

　　在这个不完全信息的博弈中，有多个贝叶斯纳什均衡存在，但要找出所有可能的均衡是不现实的，解决问题的方法是在适当的条件下分析特定类型的均衡。可以考虑单一价格均衡，即双方以确定的价格成交，不进行讨价还价，称为"一价均衡"。买方的策略是：当自身估值高于价格时出价，否则不买。卖方的策略是：当自身最低出价低于价格时出价，否则不卖。卖方在给定买方策略的情况下，当出价介于其估值和买方估值之间时，能够获得最高要价；当出价低于其估值时，决定不卖，即要价为最大。这是对买方策略的最优反应。类似地，买方也是如此。这种策略形成了拍卖的贝叶斯纳什均衡。只有在满足条件时，有效率的交易才会发生；否则，将会损害一方的利益，交易不会发生。

　　事实上，上述均衡并不是效率特别高的贝叶斯纳什均衡，双方存在无法进行交易的情况。下面考虑另一种均衡：线性贝叶斯均衡。假设买卖双方的策略分别为 $p_b(v_b) = a_b + c_b v_b$，$p_s(v_s) = a_s + c_s v_s$。v_b 与 v_s 标准分布在区间 $[0,1]$ 上，p_b 与 p_s 需要满足条件：

$$\max_{p_b}\left[v_b - \frac{1}{2}\left(p_b + \frac{a_s + p_b}{2} \right) \right]\frac{p_b - a_s}{c_s} \text{ 和 } \max_{p_s}\left[\frac{1}{2}\left(p_s + \frac{p_s + a_b + c_b}{2} \right) - v_s \right]\frac{a_b + c_b - p_s}{c_b}$$

$$(3-30)$$

　　联立上式求得贝叶斯纳什均衡为

$$\begin{cases} p_b(v_b) = \dfrac{2}{3}v_b + \dfrac{1}{12} \\ p_s(v_s) = \dfrac{2}{3}v_s + \dfrac{1}{4} \end{cases}$$

$$(3-31)$$

　　在这种情况下，所谓的均衡也可称为"线性策略均衡"。在双方报价拍卖中，只有在买方的报价高于卖方的报价时，交易才会发生，即 $v_b \geqslant v_s + \dfrac{1}{4}$。显然，线性策略均衡也会导致有效率的损失。有文献证明，在双方报价拍卖中，参与者在线性贝叶斯均衡下的收益至少不低于其他任何贝叶斯均衡下的收益。这也说明了在双方报价拍卖中不存在一种能够实现所有潜在交易利益的贝叶斯纳什均衡。总会存在一定的效率损失，而这种损失正是信息不完全带来的负面经济效应的一种体现。

　　这里给出一个相关的论文想法示范，关于双方报价拍卖在企业技术外包市场中的应用分析。

案例 3-19

模型构建过程：

1. 研究背景和目的：确定研究的背景是企业技术外包市场，目的是分析双方报价拍卖在该市场中的应用效果。

2. 模型设定：委托方（企业）：定义委托方的效用函数，考虑其对技术外包服务的需求和支付成本。承包方（技术服务提供商）：定义承包方的效用函数，考虑其对技术服务提供和收入目标。

3. 拍卖机制设计：设计双方报价拍卖机制，包括以下步骤。

报价阶段：技术服务提供商提交报价（保密）。

选标阶段：企业选择报价最低的技术服务提供商进行外包合作。

4. 效用函数设定：

委托方效用函数：$U_c = T - P$，其中，T 为委托方对技术外包服务的估值；P 支付给技术服务提供商的成本。承包方效用函数：$U_p = R - C$，其中，R 为技术服务提供商通过外包获得的收入；C 为技术服务提供和交付的总成本。

5. 信息设置：委托方信息：委托方了解自身对技术外包服务的估值和预算。承包方信息：技术服务提供商了解自身的服务成本和可接受的收入范围。

6. 求解过程：

报价阶段：技术服务提供商提交报价 p。

选标阶段：委托方选择报价最低的技术服务提供商进行合作，支付成本 $P = p$。技术服务提供商根据合作价格 p 和成本 C 确定收入 $R = T - C$。

7. 结果分析：分析双方报价拍卖在企业技术外包市场中的应用效果，探讨其在提高市场效率和降低成本方面的优势，并讨论可能的改进和扩展。

此处读者可通过王欢和方志耕在《中国管理科学》上发表的论文（本书参考文献[5]）进一步理解双方报价拍卖模型在研究中的应用，读者可自行查阅。

本章思考题

1. 在不完全信息静态博弈中，信息的不对称如何影响博弈方的决策和结果？

2. 在博弈中，信息的隐藏和揭露如何影响博弈的稳定性？

3. 为什么在不完全信息静态博弈中，博弈方可能会采取混合策略而不是纯策略？

4. 在不完全信息静态博弈中，是否存在纳什均衡？如果存在，如何找到它们？

5. 信息的不完全性如何影响博弈的结果和最优策略的选择？

6. 在不完全信息静态博弈中，博弈方可以通过哪些手段获取额外的信息或改善信息不对称性？

7. 如何利用博弈论的理论和模型解决实际生活中的决策问题？

8. 不完全信息静态博弈中存在哪些常见的策略和对策？它们是如何应对信息不对称的挑战的？

9. 不完全信息静态博弈的模型中有哪些经典假设？这些假设在实际情况中是否成立？

10. 如何将不完全信息静态博弈的概念应用于实际情境，例如决策过程、市场竞争或社会互动中？

11. 在供应链管理中，信息的不对称如何影响供应链的效率和运作？

12. 如何利用博弈论的思想优化企业间的合作与竞争关系，特别是在竞争激烈的市场环境中？

13. 在企业管理中，如何利用信息对称性提高决策的效率和准确性？

14. 供应链管理中存在哪些常见的信息不对称问题？这些问题如何影响供应链的整体表现？

15. 如何利用信息技术和数据分析解决供应链中的信息不对称问题，并提高供应链的可靠性和效率？

第 4 章　不完全信息动态博弈

本章将介绍不完全信息动态博弈，特别是信号博弈。完美贝叶斯均衡是本章的核心，即需要理解在不完全信息和动态环境中修正信念的内含。

4.1　不完全信息动态博弈概述

4.1.1　基本概念

在动态不完全信息博弈中，参与者拥有不同的私人信息，通常用类型表示。首先，通过"自然"确定参与者的类型，只有参与者自己知道，其他人不知道。其次，在自然选择之后，参与者依次选择行动。与静态博弈不同，行动的选择有先后顺序，后续行动者可以看到先行者的行动，但无法了解其类型。由于行动与类型相关，每个参与者的行动都会传递关于自身类型的信息给后续行动者。后续行动者通过观察先行者的行动，可以推断其类型或修正对其类型的先验信念（概率分布），然后选择最优行动。这种博弈也被称为动态贝叶斯博弈。

在不完全信息动态博弈中，先行者不是被动地选择行动。当他们预测到自己的行动会被后续者利用时，他们会主动选择传输有利于自己的信息，以避免传递不良信息。因此，游戏涉及参与者的行动选择和持续调整信念。

在不完全信息的动态博弈中，问题变得更加复杂。尽管动态贝叶斯博弈与静态贝叶斯博弈在很多方面相似，但它们之间仍存在显著差异。在这种情况下，不完全信息可以理解为对参与者类型的无知。通过哈萨尼变换，我们可以将其转化为一个完全但不完美的信息动态博弈。实际上，经过转换的完全但不完美信息动态博弈往往被视为不完全信息动态博弈。换言之，海萨尼改造使得不完全信息与不完美信息的区别不再重要。所有不完美信息动态博弈可转化为完全但不完美信息动态博弈进行分析。因此，"不完全信息动态博弈"和"不完美信息动态博弈"可互换使用。以下是两个例子。

案例 4-1

企业竞争定价

情景描述：考虑两家竞争对手的企业，它们在同一市场销售相似的产品。这两家公司每一轮都需要决定其产品的定价策略。

不完全信息：由于市场动态和消费者反应的不确定性，两家公司可能无法获取对方的完整信息，如对方的成本结构、市场份额，或者未来销售策略。

动态性：定价决策是一个连续的过程，每家公司需要根据市场反馈和对方的定价调整自己的策略。由于信息的不完全性，它们可能无法准确地预测对方的下一步行动。

案例 4-2

国际谈判中的贸易协定

情景描述：考虑两个国家进行国际贸易谈判，试图达成一个双方都能接受的贸易协定。这涉及关税、配额、市场准入等方面的议题。

不完全信息：由于国家之间存在不同的政治、经济和社会体系，彼此的信息获取存在不完全性。例如，一个国家可能无法准确了解对方的内部政治压力或经济状况。

动态性：贸易协定的达成是一个动态的过程，各方需要在谈判桌上进行多轮博弈。由于信息的不完全性，各国可能会根据谈判的进展和对方的立场动态调整自己的谈判策略。

这两个案例都展示了在现实情境中，不完全信息和动态性是影响博弈过程的关键因素。在这样的情境下，参与者需要在信息不确定的环境中作出策略性的决策。下面，借鉴相关著作（如肖条军的《博弈论及其应用》等），根据一个具体的例子对不完全信息动态博弈进行展开分析。

在图 4-1 的博弈中，"自然"给予参与者 1 两种类型，L 和 H，并将类型告知参与者 1，但仅将参与者 1 的类型分布告知参与者 2。图中括号内的数字表示自然选择不同类型的概率。参与者 1 有两个行动分别为 L 和 R；参与者 2 有两个行动，分别为 D 和

E。参与者2能够观察到参与者1的行动，但不了解参与者1的类型，这构成了一个不完全信息动态博弈。通过 Harsanyi 转换，该博弈被转化为完全但不完美信息动态博弈，如图4-1所示。图中用虚线连接两个结点，表示它们属于参与者2的同一信息集。

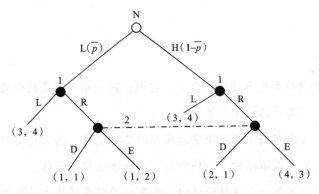

图4-1   海萨尼转换后的博弈模型

图4-1中的博弈可被表述为图4-2所示的完全但不完美信息动态博弈。涉及三个参与者，分别选择L、M、R。参与者2有两种选择：D和E。若参与者1选择L，则博弈结束，支付为（3，4）。若参与者1选择M或R，参与者2在不了解参与者1选择M还是R的情况下需要在D和E之间作出决策。当参与者1选择M时，参与者2选择D或E的支付为（1，1）和（1，2）。当参与者1选择R时，参与者2选择D或E的支付为（2，1）和（4，3）。

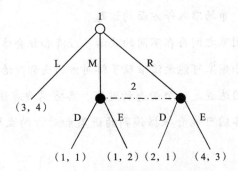

图4-2   完全但不完美信息动态博弈

表4-1展示了该博弈的支付矩阵。可以看出，该博弈存在两个纯策略纳什均衡：（L，D）和（R，E）。现在探讨为什么（L，D）是一个纳什均衡。

考虑到只有一个子博弈，即原博弈，存在两个纳什均衡：（L，D）和（R，E）。探讨为何（L，D）是纳什均衡时，需要注意一点：在参与者2选择D或E时，不知道参与者1的行动，因此，不能确定选择D是否为纳什均衡。（L，D）依赖于不可置信的威胁：如果参与者1选择M或R，参与者2威胁选择D，降低参与者1的收益。但理性的参与者 2 在信息集时不会选择 D，因为 E 更优。所以，参与者 1 最好选择 L，因为对他来说，参与者 2 的威胁不可置信（表 4-1）。

表 4-1　支付矩阵

1	2	
	D	E
L	(3, 4)	(3, 4)
M	(1, 1)	(1, 2)
R	(2, 1)	(4, 3)

从上面的分析中可以看到，子博弈完美均衡并不能剔除（L，D），但是可以使用完美贝叶斯均衡剔除它。假设参与者 1 选择 M 和 R 的概率分别为 p 和 $1-p$。给定这个信念后，参与者 2 选择 D 的期望效用为 $p \times 1 + (1-p) \times 1 = 1$，参与者 2 选择 E 的预期效用为 $p \times 2 + (1-p) \times 3 = 3 - p > 1$。不论 p 为何值，此时参与者 2 一定会选择 E。给定参与者 1 知道参与者 2 将会选择 E，参与者 1 的最优选择为 R。但当给定 R 是参与者 1 的最优选择，当参与者 2 观察到参与者 1 没有选择 L 时，他知道参与者 1 一定选择了 R，此时 $1 - p = 1$，即 $p = 0$。因此，这个博弈的唯一完美贝叶斯均衡为 $\{R, E; p = 0\}$。

可以发现，在不完全信息动态博弈中，参与者面对不确定性和信息不对称，每人需考虑自身信息和其他人可能行为的猜测，同时需考虑其他人的决策。这博弈涉及时间因素，因为决策在一系列时间步骤中作出，信息可能变化。因此，参与者间存在信息不对称，导致决策时面临不确定性。此外，博弈是动态的，因为决策在多个时间步骤中进行，信息可能演变。在此情境下，参与者需考虑自身信息、其他参与者可能行为的猜测，以及其他参与者根据自身信息作出的决策。因此，不完全信息动态博弈要求在不确定性和信息不对称的情况下，在动态时间框架内考虑参与者间的互动和信息交流。

下面给出一个例子进行说明。

案例 4-3

假设有两家竞争性的手机制造公司（A 公司和 B 公司），它们面临着不完全信息动态博弈的情境。两家公司可以选择在新产品发布时进行高价或低价策略，它们都希望能够获得市场份额最大化及盈利最大化。这里给出不完全信息动态博弈建模及求解过程。

1. 建模

信息集：每家公司都有两种可能的信息集，即对手选择高价和对手选择低价。

策略空间：每家公司的策略空间包括高价或低价两种选择。

2. 信念形成

假设公司 A 选择了高价策略，公司 B 可能会形成对此的信念，比如认为公司 A 有可能在市场上采取高价策略的概率为 0.7。

3. 策略选择

公司 A 根据自己的最优化准则选择最佳策略，考虑到自身利益以及公司 B 的可能反应。

公司 B 在知道公司 A 的定价策略后也会进行类似的决策。

4. 均衡概念

寻找序贯均衡或子博弈完美均衡的解，确保每家公司的策略都是最佳响应。比如，找到一个序贯均衡状态，即在每个信息集下，每家公司的策略都是最佳响应，且相互博弈没有潜在的利润提升机会。

5. 策略更新

随着市场反馈和对手行为的观察，公司 A 和公司 B 可能会调整自己的定价策略以适应新情况，并更新对对手的信念。

6. 结果分析

最终通过分析公司 A 和公司 B 的定价策略选择和均衡点，确定最终的市场份额和盈利情况，评估各自的竞争优势和利润水平。

这样，企业可以通过不完全信息动态博弈的建模和求解过程来制定最优的定价策略，应对竞争环境中的不确定性，从而实现市场份额和盈利的最大化。

下面举一个论文想法的思考过程例子，仅供参考。

案例 4-4

区块链应用中的参与者行为建模与策略分析

论文想法概述：旨在利用不完全信息动态博弈理论，探讨区块链技术应用中的参与者行为建模和决策策略。通过构建一个动态博弈模型，考虑区块链参与者之间存在的不完全信息情况，探讨在这种情境下的最优行为策略和合作机制。

1. 参与者设定

区块链参与者：包括矿工、交易结点、智能合约开发者等不同角色的参与者。

2. 不完全信息动态博弈模型构建

时间序列设定：将区块链交易过程划分为多个时间阶段，考虑信息在时间上的逐步揭示和更新。

策略设定：定义每个参与者的行动策略集合，包括确认交易、打包区块、调整手续费等决策选项。

效用函数设定：设定每个参与者的效用函数，考虑收益、成本、风险偏好等因素。

3　动态博弈求解过程

信息更新：在每个时间阶段，根据已知信息和博弈结果，更新参与者的信息集合。

均衡策略求解：运用动态博弈理论中的均衡概念（如子博弈完美均衡）求解每个时间点的最优行为策略。

4. 参与者行为建模与策略分析

矿工行为建模：分析矿工在区块链网络中的激励机制和竞争策略，探讨挖矿行为对整个网络性能的影响。

交易结点策略分析：研究交易结点在选择交易确认方式和手续费设置时的决策行为，并分析其对交易速度和成本的影响。

智能合约开发者策略研究：探讨智能合约开发者如何设计合约规则以引导参与者行为，确保合约执行的安全和可靠性。

5. 案例分析和结果验证

基于构建的不完全信息动态博弈模型，选择特定区块链应用场景进行仿真实验，验证模型的有效性和适用性。分析不完全信息动态博弈在区块链应用中的参与者行为建模和策略分析的应用效果，为区块链系统设计和应用开发提供决策支持和指导。

4.1.2　完美贝叶斯均衡

在动态贝叶斯博弈中，无法简单运用子博弈完美均衡概念，与静态贝叶斯博弈相似。因不完全信息情境，在博弈初始阶段自然选择一种可能行动，形成一个子博弈，但与静态情况不同，动态贝叶斯博弈只有一个子博弈，因非初始点出发的子树会破坏信息集，这使子博弈完美均衡无法改进均衡。尽管如此，仍可借鉴子博弈完美均衡思想，结合贝叶斯均衡概念，形成适用于不完全信息动态博弈的完美贝叶斯均衡。

下面通过零售商和供应商之间的定价博弈来解释动态贝叶斯博弈的概念。

案例 4-5

假设零售商面临需求不确定性，而供应商则了解产品的生产成本。

1. 情景设定

零售商必须在每个周期开始时决定价格，而供应商需要根据零售商的定价决定供应量。

零售商对需求的概率分布存在不完全信息，但供应商了解实际需求情况。

2. 动态贝叶斯博弈

在每个周期开始时，零售商会基于其对需求的概率分布选择定价策略，形成一个子博弈。

由于信息不完全，只有一个子博弈，离开这个初始点将破坏信息集，使得子博弈完美均衡无法改进均衡。

3. 完美贝叶斯均衡

在这种情况下，可以借鉴子博弈完美均衡的思想，并结合贝叶斯均衡的概念，形成完美贝叶斯均衡。

在每个周期，零售商和供应商根据自身信息以及对对手信念的理解，选择最优的定价和供应策略，以最大化各自的利润。

4. 策略更新

随着时间的推移和市场反馈，零售商和供应商可以根据实际情况调整其定价和供应策略，同时更新对对手行为的信念的理解。

通过完美贝叶斯均衡的概念，零售商和供应商可以在动态贝叶斯博弈中更好地应对需求不确定性，实现最优的定价和供应决策，最大化整个供应链的效益。

子博弈完美均衡追求博弈中的均衡，要求整个博弈及任何信息集开始的子博弈形成纳什均衡。完美贝叶斯均衡思想不同：将信息集开始的博弈剩余部分称为后续博弈，可在参与者对其他参与者类型分布的信念基础上进行策略选择。历史行动修正信念，后续博弈参与者根据修正后的后验信念选择策略。后续博弈与后验信息结合形成后续贝叶斯博弈，确保均衡可信，需通过贝叶斯推断形成新后验信念。完美贝叶斯均衡综合考虑了不完全信息、先验信念和后验信念修正，确保均衡的可信性。下面再用一个例子加深理解。

案例 4-6

假设有两个商人，Alice 和 Bob，参与一个卖家市场的不完全信息动态博弈。每个商人都有两种产品可以选择出售，分别是 A 和 B。他们的产品质量是不确定的，并且卖家对产品质量有私人信息。

博弈的步骤如下：

1. 首先，每个卖家选择要生产的产品（A 或 B），但他们并不知道对方选择的是哪种产品。

2. 卖家同时将产品上市，并卖给买家。每个买家观察到自己购买的产品的质量，但无法得知对方买家购买的产品质量。

在这个博弈中，完美贝叶斯均衡可以是这样的一种情况：

① 如果 Alice 和 Bob 都选择生产产品 A，而市场上的买家对 A 的需求较大，那么他们可以形成一个均衡。

② 如果 Alice 和 Bob 都选择生产产品 B，并且市场上的买家对 B 的需求较大，同样可以形成一个均衡。

在这种情况下，商人们基于他们观察到的市场反馈和对对方可能选择的猜测，形成了在后续博弈中调整策略的能力。这个例子中的完美贝叶斯均衡考虑了不完全信息、动态性和贝叶斯推断的因素。请注意，实际博弈可能更为复杂，这里只是一个简化的例子。

综上，完美贝叶斯均衡结合了子博弈完美纳什均衡和贝叶斯均衡的精髓，要求如下：①决策者在每个信息集上需有决策结点的概率分布（信念）；②在给定其他参与者类型信念的情况下，参与者策略需在信息集起始的后续博弈中构成贝叶斯均衡；③参与者应运用贝叶斯法则调整关于其他参与者类型的信念，适用于所有情况。

下面给出一个完美贝叶斯均衡的论文想法。

案例 4-7

在线社交网络信息传播与用户行为建模研究

想法概述：

利用完美贝叶斯均衡理论，研究在线社交网络中信息传播和用户行为的建模。通过构建一个动态博弈模型，考虑用户之间存在的信息不对称和不完全信息情况，探讨在这种情境下的信息传播机制和用户行为模式。

详细内容设定：

1. 参与者设定：包括普通用户、主播、传播者等不同类型的用户。

2. 完美贝叶斯均衡模型构建：

信息结构设定：定义每个用户的信息集合，包括已知信息、偏好、信任度等。

策略设定：定义每个参与者的行动策略集合，包括信息分享、关注对象选择、消息回应等决策选项。

效用函数设定：设定每个参与者的效用函数，考虑信息获取、社交影响、用户关系等因素。

3. 完美贝叶斯均衡求解过程：

信息更新：根据贝叶斯更新规则，不断更新每个用户的信息集合和信念。

均衡策略求解：求解每个时间点的完美贝叶斯均衡，即在每个信息集合下最优的行动策略组合。

4. 信息传播和用户行为建模：

信息传播模式分析：研究不同用户角色在信息传播中的影响力和传播路径，分析信息在网络中的扩散规律。

用户行为建模：建立用户行为模型，探讨用户在不同情境下的行为选择和反应，包括信息转发、评论、点赞等。

5. 案例分析和结果验证：

基于完美贝叶斯均衡模型，选择具体在线社交网络场景进行模拟实验，验证模型的有效性和适用性。

分析完美贝叶斯均衡在在线社交网络中信息传播和用户行为建模的应用效果，为网络平台运营和内容管理提供决策支持和指导。

4.1.3 贝叶斯法则

贝叶斯法则在完美贝叶斯均衡中扮演关键角色，其概念解释如下：人们在生活中根据已有信息对事件发生可能性作出判断。随着新信息的获取，人们会更新这一判断。在统计学上，更新前的判断称为"先验概率"，更新后的判断称为"后验概率"。贝叶斯法则是从先验概率推导出后验概率的基本方法。

这里用一个例子来说明。

> **案例 4-8**

假设有一个袋子，里面有很多红色和绿色的球，但你不知道它们的比例。现在闭上眼睛，从袋子里随机抽出一个球，但你无法看到它的颜色。在这个情况下，你对抽到红色球的概率感兴趣。

初始时，由于你不知道红色球和绿色球的比例，你可能会认为每种颜色球的概率都是相同的，即 50%。这就是先验概率，因为它是在考虑任何观测之前的概率。

然后，你睁开眼睛，看到抽出的球是红色的。这是观测到的证据。现在，贝叶斯法则可以帮助你更新先验概率，以得到在观测到红色球的情况下，抽到红色球的后验概率。

贝叶斯法则告诉你如何将观测到的证据（红色球）与先验概率结合，从而得到更新后的概率。如果你一直进行这个过程，每次都根据观测结果更新概率，最终你会得到对抽到红色球概率的更准确的估计。这就是贝叶斯法则在更新概率信念方面的作用。

下面借鉴相关著作（张维迎，《博弈论与信息经济学》等），以不完全信息博弈为例来说明贝叶斯法则。假定参与者的类型是独立分布的。假定参与者 i 有 L 个可能的类型，有 X 个可能的行动。θ^l 和 a^x 分别代表一个特定的行动（此时只考虑一个参与者，因此省略了下标 i）。假定 i 属于类型 θ^l 的先验概率是 $p(\theta^l) \geq 0$，$\sum_{l=1}^{L} p(\theta^l) = 1$；给定 i 属于 θ^l，i 选择 a^x 的条件概率为 $p(a^x \mid \theta^l)$，$\sum_{x} p(a^x \mid \theta^l) = 1$。那么，$i$ 选择 a^x 的边缘概率是：

$$\mathrm{Prob}\{a^x\} = p(a^x \mid \theta^1)\, p(\theta^1) + \cdots + p(a^x \mid \theta^L)\, p(\theta^L)$$

$$= \sum_{l=1}^{L} p(a^x \mid \theta^l)\, p(\theta^l) \tag{4-1}$$

这里使用了全概率公式，即参与者 i 选择行动 a^x 的"总"概率为每一种类型的 i 选择 a^x 的条件概率 $p(a^x \mid \theta^l)$ 的加权平均，权数是他属于每种类型的先验概率 $p(\theta^l)$。

假如观测到 i 选择了 a^x，此时 i 属于类型 θ^l 的后验概率是多少？用 $\mathrm{Prob}(\theta^l \mid a^x)$ 代表问题中提到的后验概率，即给定 a^x 的情况下 i 属于类型 θ^l 的概率。根据概率公式：

$$\mathrm{Prob}(a^x, \theta^l) \equiv p(a^x \mid \theta^l)\, p(\theta^l)$$

$$\equiv \mathrm{Prob}(\theta^l \mid a^x)\, \mathrm{Prob}\{a^x\} \tag{4-2}$$

即 i 属于类型 θ^l 且选择行动 a^x 的联合概率等于 i 属于 θ^l 的先验概率乘以 θ^l 类型的参与者选择 a^x 的概率，或者等于 i 选择 a^x 的总概率乘以给定 a^x 情况下 i 属于 θ^l 的后验概率。因此，得到后验概率为

$$\mathrm{Prob}(\theta^l \mid a^x) \equiv \frac{p(a^x \mid \theta^l)\, p(\theta^l)}{\mathrm{Prob}\{a^x\}}$$

$$\equiv \frac{p(a^x \mid \theta^l)\, p(\theta^l)}{\sum_{j=1}^{L} p(a^x \mid \theta^j)\, p(\theta^j)} \tag{4-3}$$

以上就是贝叶斯法则。应该记住贝叶斯法则的推导过程，这样才能深刻记忆贝叶斯法则。注意，贝叶斯法则不是一个技术性法则，而是人们修正信念的唯一合理方法。根据前面所了解的知识，现在可以正式定义完美贝叶斯均衡。假设有 n 个参与者，参与者 i 的类型为 $\theta_i \in \Theta_i$，θ_i 是私人信息，$p_i(\theta_{-i} \mid \theta_i)$ 是属于类型 θ_i 的参与者 i 关于其他参与者类型的属于 θ_{-i} 的先验概率。令 S_i 为 i 的策略空间，参与者 i 的纯策略为 $s_i \in S_i$，a_{-i}^h 为信息集 h 上参与者 i 观测到的其他参与者的行动组合，它是策略组合 s_{-i} 的一部分，$\bar{p}_i(\theta_{-i} \mid a_{-i}^h)$ 为观测到 a_{-i}^h 是形成对其他参与者类型的后验信念（后验概率），$u_i(s_i, s_{-i}, \theta_i)$ 为参与者 i 属于类型 θ_i 的效用函数。在这些定义完这些符号的基础上，就可以给出完美贝叶斯均衡的定义了。

完美贝叶斯均衡（Perfect Bayesian Equilibrium，PBE）是一种策略组合。$s^*(\theta) = (s_1^*(\theta_1), \cdots, s_n^*(\theta_n))$ 和一个后验概率组合 $\bar{p} = (\bar{p}_1, \cdots, \bar{p}_n)$，满足：

（P）对于所有的参与者 i，在每个信息集 h，

$$s_i^*(s_{-i}, \theta) \in \arg_{s_i} \max \sum_{\theta_{-i}} \bar{p}_i(\theta_{-i} \mid a_{-i}^h)\, u_i(s_i, s_{-i}, \theta_i) \tag{4-4}$$

（B）$\bar{p}_i(\theta_{-i} \mid a_{-i}^h)$ 由先验概率 $p_i(\theta_{-i} \mid \theta_i)$、所观测到的 a_{-i}^h 和最优策略 $s_{-i}^*(\gamma)$ 通过贝叶斯法则形成的。以上定义也适用于混策略。

在定义中，（P）为完美性条件（Perfectness Condition），它表现在其他参与者的策略和参与者的后验概率给定时，参与者 i 的策略选择在从信息集 h 开始的后续博弈上是最优的。（B）为贝叶斯法则的运用，需要注意的是：如果 a_{-i} 不是均衡策略下的行动，而又观测到了 a_{-i}，那么相当于零概率事件发生，这时的后验概率可以取任意值，贝叶斯法则对后验概率没有定义。对此，将在后面小节的内容上探讨如何对非均衡路径上的后验概率施加某些限制以改进精炼完美贝叶斯均衡。

这里，总结如下：

（1）完美贝叶斯均衡和子博弈完美均衡的相似性。

（2）完美贝叶斯均衡是一个不动点，后验概率和策略相互依赖。

（3）在完全信息博弈中使用的逆向归纳法在动态贝叶斯博弈中不适用。

（4）动态贝叶斯博弈需要使用前向法进行推导。

下面示例一个论文想法。

案例 4-9

基于前向法的动态贝叶斯博弈在跨边界供应链风险管理中的应用。

想法概述：该论文旨在探讨如何将基于前向法的动态贝叶斯博弈理论应用于跨边界供应链风险管理。通过分析完美贝叶斯均衡与子博弈完美均衡的特性，阐明了动态贝叶斯博弈中递向归纳法的限制性，并提出利用前向法进行推导的决策模型，以优化供应链中各参与者的决策与行为。

内容设定：

1. 供应链风险管理背景

简要介绍跨边界供应链中存在的风险和挑战，如需求波动、供应中断等。

2. 动态贝叶斯博弈理论在供应链管理中的应用

解释完美贝叶斯均衡和其与子博弈完美均衡的关系。

讨论动态贝叶斯博弈对于供应链管理中信息不完全情况的适用性。

3. 基于前向法的决策模型设计

设计跨边界供应链风险管理的动态贝叶斯博弈模型。

确定每个参与者的信息集合、策略集合和效用函数。

使用前向法进行推导，以建立供应链各参与者之间的最优决策机制。

4. 模型应用研究

选择一个具体的供应链风险管理案例，如原材料供应商突然中断供应的情境。运用前向法的动态贝叶斯博弈模型，分析各参与者应对风险的最佳策略。通过仿真实验验证模型的有效性与稳健性。

5. 结果分析与讨论

分析前向法在供应链风险管理中的优势和实际应用效果。探讨模型的局限性及未来研究方向，如结合机器学习等方法提高决策精度。

下面，通过张尧等在《系统工程理论与实践上》发表的一篇论文，来进一步学习动态贝叶斯博弈的相关理论在解决实际问题中的应用。这篇论文在面对消费者偏好不确定性的背景下，通过引入不完全信息动态博弈的框架，探讨了企业如何进行广告预算的有效分配。详细阐述了一个两阶段动态博弈过程，并对所建立的博弈模型进行了贝叶斯均衡的求解，对均衡解进行分析。通过应用这种博弈理论方法得到了企业和消费者的最优策略，从而为消费者偏好不确定情形下的广告预算分配提供决策支持。通过对此文献的阅读学习，读者可掌握如何运用不完全信息动态博弈方法进行理论分析，同时，也学会如何建立动态贝叶斯博弈模型及模型求解方法。

这里给出模型构建的大概想法，可能与原文不一致，只是提供一个思路。构建企业广告预算分配问题的模型的过程如下。

1. 确定研究目标：首先要明确研究的目标，即企业在广告预算分配中所面临的具体问题和挑战。

2. 建立基本框架：确定使用两阶段的不完全信息动态博弈方法来解决广告预算分配问题。这意味着考虑到企业在决策过程中存在不完全信息和动态变化的情况。

3. 定义参与者：确定参与博弈的主体，可能包括企业自身、竞争对手、市场消费者等。

4. 制定策略集合：确定每个参与者的可选策略，例如，企业可以选择不同的广告渠道、广告内容、广告投放时间等。

5. 建立收益函数：确定每个参与者的收益函数，即他们在选择不同策略组合下可以获得的效用或收益。

6. 考虑不完全信息：在第一阶段考虑各方的不完全信息情况，即各方并不完全了解其他方的策略和偏好。

7. 建立动态博弈模型：将不完全信息和动态变化考虑进去，建立动态博弈模型，包括两个阶段的决策过程。

8. 解决模型：使用博弈论等数学工具分析和求解模型，找出在不同情况下企业的最佳广告预算分配策略。

9. 模型验证：对模型进行验证，可以通过案例分析、仿真实验等方法来验证模型的有效性和稳健性。

10. 结果分析和讨论：分析模型的结果，讨论企业在实际应用中如何根据模型提供的建议来进行广告预算分配，以及模型对于企业决策的启示和影响。

4.2　信号博弈

4.2.1　完美贝叶斯均衡理论及实例

信号博弈是一种经典的动态博弈模型，涉及信号发出者和信号接收者。信号发出者通过行动向信号接收者传递信息。这种博弈实际上是不完全信息下的斯塔克伯格博弈，领导者持有私人信息并率先行动，而追随者观察领导者的行动后，仅能根据观察结果进行自身决策，而无法准确了解领导者的具体信息。

这里举一个信号博弈的案例，涉及企业在市场上进行产品定价策略的决策过程。

案例 4-10

假设一家电子产品公司推出了一款新的智能手机，他们需要决定如何定价这款手机。企业了解手机的生产成本、市场需求等信息，而消费者则无法准确了解这些信息，只能通过企业发布的价格来判断手机的质量和价值。

在这种情况下，企业的定价策略就成为一种信号博弈。企业通过设定不同的价格向市场传递关于产品质量、定位等方面的信号，以影响消费者的购买决策。消费者则根据定价策略猜测产品的实际价值，并作出购买或放弃的决定。

通过信号博弈，企业可以利用定价策略最大限度地传递产品信息，引导消费者的购买行为，从而实现市场竞争优势。同时，消费者也能通过观察企业的定价策略获取关于产品质量和价值的线索，以作出更明智的购买选择。

借鉴相关著作（肖条军，《博弈论及其应用》等），下面对信号博弈进行介绍。

信号博弈中有两个参与者，具有信息优势的一个称为信号发送者（S），另外一个称为信号接收者（R）。博弈的顺序如下：

（1）"自然"从可行的类型集 $\Theta = \{1, 2, \cdots, n\}$ 中赋予发送者类型 θ 的先验概率为 $\bar{p}(\theta) > 0$，并告知信号发送者的类型 θ，只将发送者的类型分布告知接收者，而不告诉其具体类型，$\sum_{\theta=1}^{n} \bar{p}(\theta) = 1$；

（2）发送者从信号集 $M = [0, +\infty)$ 中选择一信号 m 发送；

（3）接收者观察到信号 m 后，从可行动集 $A = [0, +\infty)$ 中选择行动 a；

（4）发送者的效用函数为 $u_1(\theta, m, a)$，接收者的效用函数为 $u_2(\theta, m, a)$ 或给出接收者的最优反应函数 $a(\theta, m)$，两者为共同知识。

后验概率 $\mu(\theta|m)$ 接收者观察到信号 m 后相信是 θ 类型的发送者发送的概率。

信号博弈也可以表示为完全但不完美动态博弈的形式，因此，同样可以用完美贝叶斯均衡来对博弈进行分析。信号博弈的完美贝叶斯均衡是策略组合 $(m^*(\theta), a^*(m))$ 和后验概率 $\mu(\theta|m)$ 的结合，根据信号博弈的特点，它必须满足的完美贝叶斯均衡条件为：

（1）$a^*(m) \in \underset{a \in A}{\arg\max} \sum_{\theta=1}^{n} \mu(\theta|m) u_2(\theta, m, a)$；

（2）$m^*(\theta) \in \underset{m \in M}{\arg\max} u_1(\theta, m, a^*(m))$ ；

（3）$\mu(\theta|m)$ 是接收者使用贝叶斯法则从先验概率 $\bar{p}(\theta)$ 、观察到的信号 m 和发送者的最优策略 $m^*(\theta)$ 得到的。

在上述定义中，条件（1）表示给定后验概率 $\mu(\theta|m)$ ，信号接收者对信号发送者发送的信号作出最优反应；条件（2）表示预测到信号接收者的最优反应 $a^*(m)$ ，信号发送者选择最优信号 $m^*(\theta)$ 。$\mu(\theta|m) = \dfrac{\bar{p}(\theta) p_s(m|\theta)}{\sum\limits_{\theta'=1}^{n} \bar{p}(\theta') p_s(m|\theta')}$ ，式子中要求 $\sum\limits_{\theta'=1}^{n} \bar{p}(\theta') p_s(m|\theta') > 0$。概率 $p_s(m|\theta)$ 表示类型 θ 的发送者发送信号 m 的概率。

如果接收者的效用函数未知，但知道完全信息下接收者的最优反应函数，那么，条件（1）中的式子可用下面的（1'）代替。

（1'）$a^*(m) = E_\theta[a(\theta, m)] = \sum\limits_{\theta=1}^{n} \mu(\theta|m) a(\theta, m)$ 。

信号博弈的所有可能的完美贝叶斯均衡可以划分为三类：分离均衡、混同均衡、准分离均衡，分别定义如下。

分离均衡（Separating Equilibrium）：在这种均衡中，不同类型的发送者以概率 1 选择不同的信号，换句话说，就是没有两种类型选择同一信号。这时，信号准确地表现类型，每一种信号都一一对应着发送者的类型，信号接收者可以根据信号准确判断发送者的类型，即后验概率 $\mu(\theta|m)$ 的值为 1 或者 0。

例如，考虑一个市场中的卖家，卖家可能面临两种类型的商品，即高质量和低质量。卖家可以选择两种不同的价格，即高价和低价。在分离均衡中，高质量商品的卖家选择高价，低质量商品的卖家选择低价。这样，买家通过观察价格可准确判断商品的质量。

在分离均衡中，在给定信号接收者对信号发送者的信号 m 的最优反应 $a^*(m)$ 的情况下，如果一种类型的发送者选择另一种类型发送者的最优信号，那么它获得的效用严格小于选用自己的最优信号所获得的效用，即

$$u_1(\theta_i, m_i, a^*(m_i)) > u_1(\theta_i, m_j, a^*(m_j)) \qquad (j \neq i) \qquad (4-5)$$

其中，m_i 为 θ_i 类型信号发送者的最优信号。

混同均衡（Pooling Equilibrium）：在这种均衡中，不同类型的发送者选择发送相同的信号，意味着没有任何发送者选择与其他发送者不同的信号。这时，接收者无法从信号中得到额外的信息，也就无法对先验信念进行修正。因此，后验概率 $\mu(\theta|m)$ 等于自然赋予信号发送者类型 θ 的概率 $\bar{p}(\theta)$ 。

例如，考虑一个拍卖场景，卖家可能是高估值和低估值两种类型。在混同均衡中，无论是高估值还是低估值的卖家都选择相同的底价进行拍卖，使买家无法通过观察底价来准确区分卖家的类型。

在混同均衡中，对于任何类型的信号发送者，选择均衡信号 m^* 比选择其他任何信号的效用都高，即

$$u_1(\theta, m^*, a^*(m^*)) \geqslant u_1(\theta, m, a^*(m)) \qquad (\forall \theta \in \Theta, \forall m \neq m^*) \quad (4-6)$$

准分离均衡（Semi-separating Equilibrium）：在这种均衡中，一些类型的发送者随机地选择信号，另一些类型的发送者选择特定的信号。接收者得到某些信号时，可以准确判断出发送者的类型，得到另外的信号时，虽然不能完全判断发送者的类型，但是能够修正自己的信念。

例如，考虑一个择偶市场，其中男性有两种类型：一种更注重外表，另一种更注重个性。在准分离均衡中，注重外表的男性通过选择相同的信号行为（如送花）展示自己的偏好，而注重个性的男性则选择不同的信号行为（如参与共同活动或展示共同兴趣）。这样，女性就无法通过观察男性的行为准确判断他们的类型。

上面的描述可能还是有些抽象，这里再举个例子。假设发送者有两种类型，即 θ_1 和 θ_2，类型 θ_1 的发送者随机地选择信号 m_1 和 m_2。类型 θ_2 的发送者选择特定信号 m_2，如果这两个策略组合是均衡策略组合，有

$$u_1(\theta_1, m_1, a^*(m_1)) = u_1(\theta_1, m_2, a^*(m_2)) \qquad (4-7)$$

$$u_1(\theta_2, m_1, a^*(m_1)) < u_1(\theta_2, m_2, a^*(m_2)) \qquad (4-8)$$

$$\mu(\theta_1 \mid m_1) = \frac{\bar{p}(\theta_1) p_s(m_1 \mid \theta_1)}{\bar{p}(\theta_1) p_s(m_1 \mid \theta_1) + 0 \times \bar{p}(\theta_2)} = 1 \qquad (4-9)$$

$$\mu(\theta_1 \mid m_2) = \frac{\bar{p}(\theta_1) p_s(m_2 \mid \theta_1)}{\bar{p}(\theta_1) p_s(m_2 \mid \theta_1) + 1 \times \bar{p}(\theta_2)} < \bar{p}(\theta_1) \qquad (4-10)$$

$$\mu(\theta_2 \mid m_2) = \frac{\bar{p}(\theta_2) \times 1}{\bar{p}(\theta_1) p_s(m_2 \mid \theta_1) + 1 \times \bar{p}(\theta_2)} > \bar{p}(\theta_2) \qquad (4-11)$$

从上面的后验概率可知，当接收者观察到信号 m_1 后，他推断发送者的类型是 θ_1；当观察到信号 m_2 后，他推断发送者类型为 θ_1 的后验概率比"自然"告诉他的要低，而推断发送者类型为 θ_2 的后验概率比"自然"告诉他的要高。上面所定义的准分离均衡也称为杂合均衡（Hybrid Equilibrium）。

信号博弈的完美贝叶斯均衡中一般存在不可置信（Incredible）的均衡，可以采用克雷普斯（Kreps）或仇和克雷普斯（Cho & Kreps）的直观标准（Intuitive Criterion）剔

除。接收者对类型 θ 发出的信号 m 所采取的行动记为 $a(\theta,m)$，以代替效用函数中的 a，下面内容做同样的规定。

直观标准：如果 m 之后的信息集处于均衡路径之外，且 m 为类型 θ 的均衡劣信号，即均衡效用 $u^*(\theta) > \max\limits_{a(\theta,m)} u(\theta,m,a(\theta,m))$，则接收者的推断 $\mu(\theta|m)=0$。

直观标准的含义是指在非均衡路径中，接收者认为不管接收者怎样采取行动发送者的效用总小于均衡时发送者效用的信号，发送者不会选择。

下面举一个经典的信号博弈例子——啤酒和热狗（Beer and Quiche）博弈，通过这个博弈来说明信号博弈的相关概念。博弈顺序如下：

自然从可行的类型集中 $\Theta = \{\theta_1,\theta_2\}$ 中赋予发送者类型 θ 的概率为 $\bar{p}(\theta) > 0$，并将 $\bar{p}(\theta)$ 告知接收者，将类型 θ 告知发送者，接收者不知道发送者的具体类型 θ，只知道他的类型分布为 $\bar{p}(\theta_1) = 0.1$，$\bar{p}(\theta_2) = 0.9$；

发送者从信号集 $M = \{B,Q\}$ 中选择一个信号发送；

接收者观察到信号后，从可行行动集 $A = \{D,N\}$ 中选择行动；发送者和接收者的效用如图4-3所示，两者为共同知识。

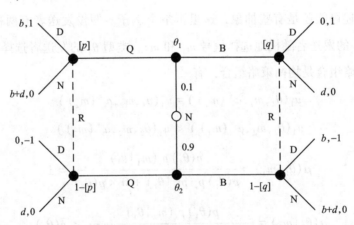

图4-3　发送者和接收者的效用

在啤酒和热狗博弈中，类型 θ_1 表示软弱型（Wimpy）；θ_2 表示粗暴型（Surly）；B表示啤酒；Q表示热狗；D表示与发送者产生冲突；N代表不与发送者产生冲突。中括号里的数字表示当接收者观察到某种信号后推断发送者属于哪种类型的后验概率，例如，$p = \mu(\theta_1|Q)$ 就表示接收者收到信号Q后，认为发送者属于 θ_1 类型的概率。

前面所学习的博弈树大多开始于顶部，信号博弈比较特殊，它的博弈树从中部开始，"自然"决定发送者的类型。从图4-3中可以观察到双方支付的一些定性特征：软弱型的发送者倾向于选择热狗，而粗暴型的发送者倾向于选择啤酒，并且两种类型都不愿意与接收者产生冲突，但接收者宁愿与软弱型产生冲突，也不愿与粗暴型发送者产生冲突。用数值来说明就是，对于两种类型的发送者来说，偏好的早餐价值 $b > 0$，不偏好的早餐价值为 0，避免冲突的价值为 $d > 0$。对于接收者来说，与软弱型进行冲突的支付为 1，而与粗暴型进行冲突的支付为 -1，其他情况的支付为 0。

在啤酒和热狗博弈中，发送者的可能的策略有四种，分别为：$(Q|\theta_1, B|\theta_2)$，$(B|\theta_1, Q|\theta_2)$，$(Q|\theta_1, Q|\theta_2)$，$(B|\theta_1, B|\theta_2)$。根据前文对完美贝叶斯均衡的分类，这里也可以把发送者的策略简单分为两种，一种是分离策略：$(Q|\theta_1, B|\theta_2)$ 和 $(B|\theta_1, Q|\theta_2)$；另一种是混合策略：$(Q|\theta_1, Q|\theta_2)$ 和 $(B|\theta_1, B|\theta_2)$。下面就来分别讨论在 $b > d$ 和 $b < d$ 两种情况下，博弈中完美贝叶斯均衡的存在情况。

当 $b > d$ 时，发送者的策略 $(Q|\theta_1, B|\theta_2)$ 和接收者的策略 $(D|Q, N|B)$ 以及后验策略 $p = 1$ 和 $q = 0$ 是这个博弈的完美贝叶斯均衡。$Q|\theta_1$ 表示软弱情况下选择热狗，$B|\theta_2$ 表示粗暴情况下选择啤酒，$D|Q$ 表示在发送者选择热狗的情况下接收者选择冲突，$N|B$ 表示在发送者选择啤酒的情况下接收者选择不冲突。来分析一下这个均衡，当 $b > d$ 时，偏好的早餐比避免冲突获得的收益要高，所以，两种类型的发送者都选择偏好的早餐，传递他的信号类型；软弱型的发送者不愿意传递其是软弱型的信息，从而招致接收者与其发生冲突，但选择获得偏好的早餐比考虑这一点得到的收益要高，所以，他会选择热狗，传递他的类型信息，发送者和接收者双方在此种策略中，都没有偏离的动机，所以 $\{Q|\theta_1, B|\theta_2, D|Q, N|B, p = 1, q = 0\}$ 是该博弈的一个分离完美贝叶斯均衡。同时进一步分析，博弈中是否存在其他的完美贝叶斯均衡。在 $b > d$ 时，软弱型的发送者选择热狗得到的最低支付 b 比选择啤酒获得的最高支付 d 要多，所以发送者其他可能的策略为 $(Q|\theta_1, Q|\theta_2)$。粗暴型的发送者选择啤酒得到的最低支付 b 比选择热狗获得的最高支付 d 要多，因此粗暴型的发送者将不会选择热狗，双方在此策略下，有一方有动机偏离，所以说 $(Q|\theta_1, Q|\theta_2)$ 不是完美贝叶斯均衡。综上所述，当 $b > d$ 时，$\{Q|\theta_1, B|\theta_2, D|Q, N|B, p = 1, q = 0\}$ 是该信号博弈的唯一完美贝叶斯均衡。

当 $b < d$ 时，没有分离完美贝叶斯均衡，存在两个混同完美贝叶斯均衡。第一个混同均衡为 $\left\{B|\theta_1, B|\theta_2, D|Q, N|B, p \geq \dfrac{1}{2}, q = 0.1\right\}$。当 $p \geq \dfrac{1}{2}$ 时，在接收者接收到热狗信号的情况下，接收者采取冲突策略的预期支付为 $1 \times p + (-1) \times (1-p) = 2p - 1$，采取不冲突策略的预期支付为 $0 \times p + 0 \times (1-p) = 0$，在这一推断下，接收者接收到热狗信号时采取冲突的预期支付大于采取不冲突的预期支付，因此接收者不愿意偏离冲突。这个混同均衡可以这样解释：粗暴型获得他偏好的早餐并避免冲突，由于 $b < d$，软弱型的发送者会隐藏自己的类型，去选啤酒，假装成粗暴型通过避免冲突来获得更高利润。

另一个混同均衡为 $\left\{Q\,|\,\theta_1,Q\,|\,\theta_2,D\,|\,Q,N\,|\,B,p=0.1,q\geqslant\dfrac{1}{2}\right\}$。与上一个均衡分析的思路相同，即当 $q\geqslant\dfrac{1}{2}$ 时，粗暴型的发送者在选择啤酒时，接收者会选择不冲突策略，由于 $b<d$，此时接收者获得的支付会比偏离均衡时获得的支付低，所以粗暴型的发送者不会选择偏离，放弃自己偏好的早餐，伪装软弱型以避免冲突来获得更高的支付。

为便于理解上面的过程，总结如下：在不完全信息动态博弈中的信号博弈，参与者在作出决策时并不拥有完整信息，而是通过观察到的信号来推断其他参与者的行为和信息。

下面再用啤酒和热狗博弈作为信号博弈的例子来总结。

案例 4-11

假设还是有两家摊位在体育场外售卖啤酒和热狗，观众们仍然分为啤酒爱好者和热狗爱好者。但在这个动态博弈中，每家摊位在选择显示招牌之前可以发送一个价格信号给对方。

模型构建总结：

1. 信息集。

每家摊位可以选择发送一个价格信号，即设定啤酒或热狗的价格，对方摊位接收到这一信号后需要推断对方的策略。

2. 策略选择。

摊位经营者首先选择发送价格信号，然后再选择在招牌上显示"啤酒"或"热狗"。对方摊位根据接收到的价格信号和自身策略来作出最优的反应。

3. 平衡点。

在这个信号博弈中可能存在多个纳什均衡点，取决于参与者对信号的解读和反应。如果一家摊位发送高价格信号，对方摊位可能会认为对方要提高价格，从而降低自己的价格以吸引更多顾客；反之亦然。纳什均衡点可能会出现在价格信号和招牌显示之间的不同组合上，根据参与者的判断和策略选择来决定最终的结果。

通过这个啤酒和热狗作为信号博弈的例子，可以看到在不完全信息动态博弈中，参与者需要考虑如何发送和解读信号，并基于观察到的信号作出最佳的决策，以在博弈中获得最优的结果。在这种情况下，参与者的策略选择和信号解读将影响博弈的最终结果。

这里再给出两个信号博弈的例子。

案例 4-12

学生与老师的考试信号博弈。

参与者：学生和老师。

信号：学生可以选择参加额外的学科考试或参与学术项目。额外考试可能被视为学生对特定学科的深度兴趣，而学术项目可能被视为实际应用知识的信号。

决策过程：

1. 学生的决策：学生决定参加额外考试或学术项目，向老师发送关于他们的兴趣和能力的信号。

2. 老师的观察：老师观察学生的选择，尝试理解学生的学科偏好和实际能力。

3. 老师的决策：老师可能根据观察到的信号，推测学生的学科偏好，并在评估学生时考虑这些信息。

均衡：学生可能会在深度兴趣和实际应用之间作出权衡，老师则会根据观察到的信号调整对学生的评估。

案例 4-13

创业者与风险投资者的创业项目信号博弈。

参与者：创业者和风险投资者。

信号：创业者可以选择进行市场调查或先行试点项目。市场调查可能被视为对市场了解的信号，而试点项目可能被视为对实际执行能力的信号。

决策过程：

1. 创业者的决策：创业者决定进行市场调查或先行试点，以向投资者发送关于他们项目可行性和实施能力的信号。

2. 投资者的观察：投资者观察创业者的选择，试图了解项目潜在风险和机会。

3. 投资者的决策：投资者可能会根据观察到的信号评估创业者的能力和项目的可行性，并决定是否投资。

均衡：创业者可能在对市场了解和实际执行之间作出权衡，而投资者则会根据观察到的信号作出投资决策。

在这两个例子中，决策者（老师或投资者）通过观察参与者的信号来推测他们的偏好和能力，并在决策过程中考虑这些信息，从而达到信息博弈的均衡。所以，将信号博弈方法应用于相关领域论文写作的难度有如下几点。

1. 复杂性：信号博弈涉及多方参与者之间的信息传递和策略选择，需要考虑不同参与者的理性行为、信息不对称等因素，增加了问题的复杂性。

2. 数学建模：需要将供应链管理中的实际问题进行数学建模，包括建立博弈模型、优化模型等，这要求研究者具备较强的数学建模能力。

3. 数据需求：进行信号博弈相关研究需要大量的数据支持，包括市场数据、供应链数据等，因此对数据的获取和处理也是一项挑战。

4. 理论知识需求：需要深入理解博弈论、信息经济学、优化理论等相关领域的理论知识，才能够准确分析和解决供应链管理中的问题。

采用信号博弈方法撰写论文涉及方法较多，这里总结一下需要具备的数学基础知识。

1. 博弈论：理解博弈论中的基本概念和方法，包括策略、均衡解等，以便分析供应链管理中的博弈行为。

2. 优化理论：对优化理论有一定了解，能够运用最优化方法解决供应链管理中的决策问题。

3. 概率论与统计学：理解概率论和统计学的基本原理，可以帮助处理供应链中的不确定性和风险问题。

4. 数学建模：具备良好的数学建模能力，能够将供应链管理问题转化为数学模型进行定量分析。

这种方法可能涉及的应用研究领域很多，例如，研究跨境供应链中的合作与竞争关系，优化供应链设计和运作；分析供应链中的风险来源，利用信号博弈方法制定风险管理策略；研究供应链伙伴之间的博弈行为，促进合作与协调，提升整体供应链绩效。

4.2.2　斯彭斯劳动力市场信号博弈模型及应用领域

企业在招聘时渴望找到高能力的员工，因为他们通常能创造更高的生产力，从而带来更大的经济收益。确定员工能力并非易事，因此，企业通常会设计一系列选拔方法，如学历要求、笔试和面试等。不同能力的员工选择学历和考试的边际成本不同，高能力员工的成本要低得多，因此，他们可能会有不同的教育水平或考试成绩。企业通过这些差异来区分员工的能力水平。实际上，企业所采用的选拔方法本质上就是一种信号机制。

迈克尔·斯彭斯于 1973 年提出了斯彭斯劳动力市场信号博弈模型，用以解释劳动者在信息不对称情况下的择业信号行为。该模型描述了劳动者和雇主之间的信号传递过程，其中劳动者通过接受更高水平的教育来向雇主发送信号，从而提高他们的就业机会。模型的核心情况包括信息不对称、学历与能力的关联以及学历作为信号的作用。雇主在招聘时将学历视为劳动者潜在能力的指标，进而更倾向于选择拥有更高学历的劳动者。这种信号传递机制形成了一个良性循环，即愿意接受更高教育的劳动者更有可能获得更好的就业机会。

参考相关著作（肖条军，《博弈论及其应用》），下面详细介绍此模型。在模型中，参与者 1 为劳动者（信号发送者），参与者 2 为招聘企业（信号接收者），参与者 2 为不知情的一方。博弈顺序如下：

自然从可行的类型集 $\Theta = \{L, H\}$ 中赋予劳动者类型 θ 的先验概率 $\bar{p}(\theta) > 0$，将 $\bar{p}(\theta)$ 告诉招聘企业，将类型 θ 告诉劳动者本人，这是劳动者的私人信息，企业不知道，$\bar{p}(L) + \bar{p}(H) = 1$；

劳动者从信号集 $M = [0, +\infty)$ 中选择一努力信号（教育水平）e 发送；

企业招聘者观察到 e 后，从可行集 $A = [0, +\infty)$ 中选择行动（工资）w；

劳动者的效用函数为 $u_1(\theta, e, w)$，企业的效用函数为 $u_2(\theta, e, w)$，两者为共同知识。

劳动者的类型由他所在一家企业内的生产力来表示（用货币表示生产力）：$L < H$，这里 $L > 0$。雇主的最优反应函数为 $w(\theta, e)$。由于 $\bar{p}(L) + \bar{p}(H) = 1$，可以得到 $\bar{p}(H) = 1 - \bar{p}(L)$。由先验概率计算出的期望生产力为

$$M = \bar{p}(L) L + (1 - \bar{p}(L)) H \qquad (4-12)$$

为了模型的简化，假设劳动者的教育水平对他的生产力是没有影响的，但工人的教育成本依赖其类型。更具生产力的劳动者教育成本更低［这个条件被称为单一交叉条件、分离条件（Sorting Condition），或斯彭斯-莫里斯条件（Spence-Mirrlees Condition）］。假设教育成本是 e/θ。如果参与者 1 的类型是 θ，企业给他开出的工资为 w，那他的效用是 $u_1(\theta, e, w) = w - e/\theta$。

图 4-4 展示了两种类型劳动者的无差异曲线，显示类型 L 的曲线比类型 H 的曲线更陡峭。这是因为类型 L 的劳动者在提高教育水平时所需的边际成本高于类型 H 的劳动者，因此，类型 L 劳动者要求工资提升的幅度更大，以确保提高教育水平后的效用保持不变。

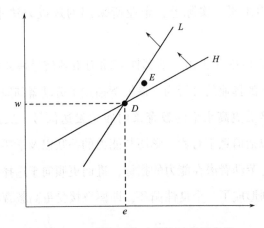

图 4-4   两种类型劳动者的无差异曲线

企业的效用为 $u_2(\theta,e,w) = \theta - w$，只有当 $w \le E(\theta|e)$ 时，企业才会答应劳动者的要求。对任何一个教育水平而言，任何 $w \le L$ 的工资总会被接受，而任何一个 $w > H$ 的工资总会被拒绝。

接下来分析这个博弈的完美贝叶斯均衡。要考虑两种可能类型的纯策略均衡：混同均衡和分离均衡，并且需要检验这些均衡是否满足上述两个标准。

考虑分离均衡中，两种不同类型的劳动者选择两种不同的教育水平，不同类型的劳动者将得到企业的不同的工资。低生产力类型的劳动者必然选择 $e(L) = 0$（如果他投资 $e > 0$，他的效用等于 $L - e/L$，将会比他在不投资时得到的效用低）。高生产力类型选择 $e > 0$，用 $L = H - s/L$ 和 $L = H - r/H$ 来定义教育水平 $0 < s < r$。

可以这样理解，低生产力类型在不进行教育投资并被企业识别为低生产力类型，能够要求得到工资 L，与进行教育投资 s 并被企业误认为是高生产力类型，能够得到工资 H 这两者之间是无差异的。虽然高生产力类型进行超过 r 的教育投入，企业就会主动识别他为高生产力类型的劳动者，同时，如果他不投资自己，他得到的工资至少是 L，事实上，他不会选择投资自己。明显地，一个分离完美贝叶斯均衡的教育水平 e 位于区间 $[s,r]$ 中，这是由于他必须满足激励相容约束 $L \ge H - e/L$ 和 $H - e/H \ge L$。区间 $[s,r]$ 中的任何一个 e 都是一个完美贝叶斯均衡的组成部分。规定对不在 $\{0,e\}$ 中的均衡以外的教育水平 e' 而言，企业会认为劳动者不能要求得到超过 L 的工资。容易证明，类型 L 选择教育水平 0，类型 H 选择教育 e，因此得到一个分离均衡连续统。

当讨论均衡以外的推断时，如果剔除弱劣策略，则只会有一个分离均衡存在。对类型 L 而言，任何严格大于 s 的 e 都劣于教育水平 0（类型 L 投资 0，他得到的工资至少是 L，类型 L 投资 e，他得到的工资最多是 $H - e/L < L$）。特别地，根据直观标准，

(s,r) 中任何一个 e 都应该引导出后验概率 $\mu(L|e) = 0$，因此要求得到工资 $w = H$。为了使企业识别出自己的类型，类型 H 的教育投资不需要多于 s，得到唯一的分离均衡，其中高生产力类型在"最小成本分离均衡水平"进行投资，投资为 s。

接下来讨论混同均衡。假定两种类型都选择教育水平 e。相应地，他们可以要求得到工资 M。为得到这样一个均衡，最好的方法是，对 $e' \neq e$，选择非均衡推断 $\mu(L|e') = 1$，因而，教育水平为 e' 的工资等于 L，这里给出了偏离 e 的最小积极性。现在，由于有这种推断，最有利的偏离是选择 $e' = 0$，因此，为了使 e 成为一个混同均衡，需要 $M - e/L \geqslant L$ 和 $M - e/H \geqslant L$。因此，得到一个混同均衡连续统，混同均衡的教育水平位于区间 $[0,v]$ 中，$0 < v < s$。

尽管简单剔除策略无法缩小混同均衡集，但是直观标准会将所有的混同均衡剔除。可以回到图 4-4 来考虑这个问题。假定两种类型在点 $D = (e,w)$ 混同。如果参与者 1 偏离混同均衡选择 $E = (e + \Delta e, w + \Delta w)$，$E$ 点代表更多教育和更高工资。对于高生产力个体来说，他们通过教育投资能提高自身生产力，工资提高超过了教育成本，因此更倾向于教育投资；相反，低生产力个体即使投资于教育，由于生产力低，工资提高可能无法抵消教育成本，因此可能放弃教育投资，选择其他途径或低成本教育方式以减少成本并在就业市场上竞争。对于类型 L 而言，选择 E 是非优化的，但对 H 不成立。这表明在劳动力市场中，高、低生产力个体对教育投资的反应可能不同，这是斯彭斯劳动力市场信号博弈模型中的重要观点。在 E 点，企业形成的推断是 $\mu(L|e + \Delta e) = 0$，其期望利润应该是 $H - (w + \Delta w)$。注意到 $w \leqslant M < H$，可以得到，如果 Δw 是小的，则企业应该接受劳动者的工资要求，因而类型 H 应该选择 E 而不是 D。这样，在 D 点的混同均衡是不满足直观标准的。在这里要注意，并不是说直观标准在任何情况下一定能剔除所有的混同均衡，一个经典的反例就是另外一个信号传递博弈——垄断限价模型。

在此信号博弈中，直观标准筛选出一个唯一的纯策略分离均衡，也剔除了混合策略均衡。通过以上对于模型的分析可知，即便教育不能真正提高受教育者的社会生产力，它也具备甄选人们能力高低的作用，能够给博弈中的参与者提供一种信号传递的机制，这是教育的一个独特的功能。

斯彭斯劳动力市场信号博弈模型用来解释在信息不完全情况下的招聘和人才选拔过程。该模型主要应用于劳动经济学和信息经济学领域，其应用领域包括但不限于：

1. 教育与技能市场：研究个体对教育和技能的选择，以及教育水平与就业机会之间的关系。

2. 人力资源管理：分析企业如何根据求职者的信号进行招聘和选拔，以及如何设计激励机制以留住高素质员工。

3. 劳动力市场政策：评估政府引入的教育、培训和就业政策对劳动力市场效率和公平性的影响。

4. 职业发展与晋升：研究个体职业发展中的信号传递和博弈行为，以及如何提高晋升机会。

5. 创业与创新：探讨创业者和投资者之间的信息不对称对创业融资和创新活动的影响。

下面给出一个基于斯彭斯劳动力市场信号博弈模型的案例，来说明其在人力资源管理领域的应用。

案例 4-14

企业招聘与员工技能选择。

某公司面临着招聘高技能员工的挑战，而员工的技能水平对公司的生产效率和竞争力至关重要。同时，员工可能会通过教育、培训等方式提升自身的技能水平，但公司往往无法准确评估员工的真实技能水平，存在信息不完全的情况。

在这种情况下，可以运用斯彭斯劳动力市场信号博弈模型来分析以下问题：

（1）员工如何选择合适的技能水平来向公司传递自己的能力信号？

（2）公司如何解读员工的技能信号，并制定相应的招聘策略？

（3）当存在信息不对称时，是否存在一种均衡状态，使得员工和公司都能够作出最优的决策？

最后通过易凯凯等在《中国管理科学》发表的论文，学习如何应用信号博弈解决实际问题。此篇文献分析大型客机协同合作策略制定问题，建立不完全信息的动态协同合作博弈模型。这里建立的是一类广泛而又简单的博弈——信号博弈，主制造商关于协同合作子系统的核心技术能力分为强和弱两种类型，供应商的协同合作的态度有积极和消极两种，这里主制造商具有私人信息，是领头者，先采取行动，供应商为追随者，不知道主制造商的具体类型，观察到领头者的行动后，选择自己合作态度是积极还是消极，通过求解模型的均衡解，分析了收益分配系数和订购量对双方合作策略的影响，揭示了主制造商激励供应商积极合作的问题。其博弈过程如图 4-5 所示。其对纯策略精炼贝叶斯均衡分析较为详细，有兴趣的读者可以仔细阅读此文献分析思路并尝试自己推导。

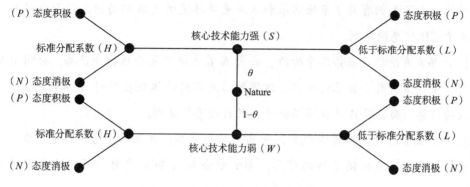

图 4-5　供应商的协同合作博弈模型

4.3　完美贝叶斯均衡精炼及应用

在完全信息动态博弈中，存在多个纳什均衡时，需要对这些均衡进行精炼以提高预测价值。子博弈完美纳什均衡是解决这一问题的概念。在不完全信息动态博弈中，可能存在多个完美贝叶斯均衡，需要进一步精炼。再精炼的关键在于对非均衡路径上的推断进行适当限制，推进对完美贝叶斯均衡的理解。博弈论的许多最新发展源于对再精炼概念的深入挖掘。下面介绍两个均衡概念：序贯均衡和颤抖手均衡。

4.3.1　序贯均衡及其应用

序贯均衡是为扩展式博弈量身定制的均衡概念，旨在解决不完全信息或不完美信息博弈中子博弈纳什均衡的问题。在这类博弈中，由于信息不完全，子博弈难以明确界定，要求参与者的策略在每个可能的子博弈中都达到纳什均衡。序贯均衡允许根据对方行动调整策略，实现更灵活和现实的均衡状态。这为分析复杂博弈提供了更精确和全面的工具。

案例 4-15

一个现实例子涉及企业之间的竞争和信息不对称，这是不完全信息动态博弈的一个典型情境。考虑两家竞争对手的情况，分别是公司 A 和公司 B，在某个市场上销售相似的产品。

1. 产品研发阶段：在第一个阶段，两家公司都面临着研发新产品的任务。由于信息不对称，公司 A 拥有关于市场需求和未来竞争环境的更准确的信息，而公司 B 只能作出基于有限信息的预测。

2. 产品发布阶段：在第二个阶段，公司 A 首先决定是否推出新产品。公司 B 观察到公司 A 的决策并作出自己的反应。这里的信息不对称体现在公司 A 拥有更多关于市场反应的信息，而公司 B 只能根据公司 A 的行动进行猜测。

3. 市场反应阶段：消费者观察到两家公司的产品，并根据价格、质量等因素作出购买决策。市场反应提供了新的信息，影响到公司 A 和公司 B 对于未来市场竞争的看法。

在这个动态博弈中，序贯均衡发生在两个阶段的策略组合中，使得每家公司都能在考虑对手的行动和市场反应后作出最优决策。这可能包括公司 A 在研发阶段的产品发布决策和公司 B 在产品发布阶段的反应策略，以及在市场反应后的调整。序贯均衡考虑了信息的逐步揭示和参与者的理性反应，反映了真实世界中企业间竞争的复杂性。

这里引述肖条军的《博弈论及其应用》中的内容。图 4-2 所示的不完美信息博弈中的子博弈是整个博弈，而且纳什均衡 (L, D) 是子博弈完美均衡，该均衡在逻辑上是不合理的。原因在于，无论参与者 2 对参与者 1 的行动 $(M$ 或 $R)$ 持有何种信念，只要他有机会选择，他都会倾向于选择 E。此前一些学者称 (p, μ) 为一个 "状态"，它包括所有参与者的（混合）策略组合以及在每个信息集上的（后验）概率分布。

这里，令 $h(x)$ 表示包含结点 x 的信息集，$i(x)$ 表示在结点 x 作出选择的参与者。$\bar{P}(x \mid p)$ 和 $\bar{P}(h \mid p)$ 分别表示在给定的混合策略组合 P 到达结点 x 和信息集 h 的概率。后验信念概率体系 μ 规定了在每个信息集 h 的信念：$\mu(x' \mid h(x))$ 表示参与者 $i(x)$ 到达信息集 $h(x)$ 时，在结点 $x' \in h(x)$ 上的信念，$\mu(x' \mid h(x)) = \bar{P}(x' \mid p) / \bar{P}(h(x) \mid p)$。记 $\mu_{i(h)}(p \mid h, \mu(h))$ 表示在给定到达信息集 h 和参与者 $i(h)$ 的信念体系 $\mu(h)$ 时，参与者 $i(h)$ 的预期效用。

基于此，序贯理性和一致性的定义如下。

一个状态 (p, μ) 是序贯理性的，如果对于任何信息集 h 和可选的策略 $p'_{i(h)}$，都有 $\mu_{i(h)}(p \mid h, \mu(h)) \geqslant \mu_{i(h)}((p'_{i(h)}, p_{-i(h)}) \mid h, \mu(h))$。序贯理性意味着，在所有的信息集 h 上，给定后验概率体系 $\mu(h)$，没有任何参与者 i 希望偏离 p_i。

有一个更加困难的问题：对于均衡路径之外的信息集上的信念应该加上什么条件呢？学者们引入了一致性的概念来解决这个问题。令 ψ 表示所有状态 (p, μ) 的集合，ψ^0 表示所有 p 为严格混合策略的状态 (p, μ) 的集合 [对所有的 h 和 $a_i \in A(h)$ 都有 $p_i(a_i \mid h) > 0$]。

一个状态 (p,μ) 是一致的，如果对于 ψ^0 中的某个序列 (p^m,μ^m)，有 $(p,\mu) = \lim\limits_{m \to +\infty}(p^m,\mu^m)$。需要注意的是，策略 p 不一定是完全混合的，但它们结合信念就可以被视为完全混合策略和相关信念的极限。自然行动的概率分布并不直接由策略决定，因此一致性不能将"颤抖"的概念应用于自然行动。一致性要求是序贯均衡概念中最重要的创新。这里的序列 (p^m,μ^m) 可以理解为均衡 (p,μ) 的颤抖，颤抖使得贝叶斯法则适用于博弈的所有路径，这样解释使得序贯均衡概念与之后将要讨论的颤抖手均衡概念相似。基于这两个条件，有以下定义。

定义 4.3.1 序贯均衡是一个满足序贯理性和一致性条件的状态 (p,μ)。

为了深入阐释上述概念，可通过分析图 4-6 的博弈情况来具体说明。在此博弈中，参与者 1 分别赋予结点 x 和 $x' \in h(x)$ 的概率为 1/4 和 3/4。参与者 1 的策略选择是 A。如果参与者 1 偏离这一策略而选择 B，那么参与者 2 应该如何作出推断呢？由于参与者 1 无法区分结点 x 和 x'，那自然要求参与者 1 在这两个结点上以相同的概率 ε^m 偏离。这一逻辑导致参与者 2 在结点 y 和 y' 上被分别赋予权重 1/4 和 3/4，然而任何 $\mu(y|h(y))$ 都与贝叶斯法则相容，因为在均衡中事件 B 的发生的概率为 0。在本博弈中，一致性产生"正确的信念"。设想一个趋于 0 的序列 ε^m，并将 ε^m 理解为参与者 1 "颤抖"且继续博弈下去的概率。在这个序列下，有 $\mu^m(y|h(y)) = \dfrac{\mu^m(x|h(x))\varepsilon^m}{\mu^m(x|h(x))\varepsilon^m + \mu^m(x'|h(x))\varepsilon^m} = \dfrac{1}{4}$。所以，颤抖要确保参与者的信念与博弈的信息结构一致。

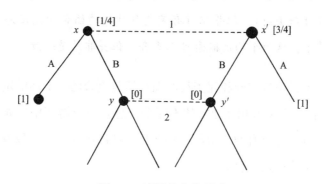

图 4-6 序贯均衡扩展式

一个状态 (p,μ) 是结构一致的，如果对于每一个信息集 h 都存在一个策略组合 $p_h \in P$，使得 h 中所有的 x 有 $\bar{P}(h|p_h) > 0$ 且后验概率 $\mu(x|h(x)) = \bar{P}(x|p_h)/\bar{P}(h|p_h)$，那么在每个信息集上要行动的参与者可以找到一个策略组合（可能与 p 不同），使得在该信息集恰好产生已给出的信念。结构一致性十分重要：假设参与者意外发现自己在某信息集 h 上就要行动了，对于在 h 的结点，他应该有怎样的信念？如果他能找到一个以正概

率达到 h 的替代策略组合 p_h，那么他就可以用这个 p_h 来猜测以前博弈是如何进行的，并根据贝叶斯法则来形成他在 h 的信念。如果原来的均衡状态 (p, μ) 是结构一致的，那么每个参与者对于均衡路径之外的任何信息集，都可以找到一个合适的可替代的假说来指导自己信念的形成。

序贯均衡与完美贝叶斯均衡的主要区别在于一致性条件的强度。序贯均衡的一致性条件比贝叶斯法则更强，满足一致性条件的均衡一定满足贝叶斯法则，但逆命题不成立。这意味着每一个序贯均衡都是完美贝叶斯均衡，但并不是每一个完美贝叶斯均衡都是序贯均衡。简而言之，序贯均衡是一种特殊类型的完美贝叶斯均衡，它包含了所有满足一致性条件的策略组合和信念。在特定的情况下，两者是重合的。

案例 4-16

假设有两个竞拍者 A 和 B 参与一场艺术品拍卖。在完美贝叶斯均衡中，每个竞拍者拥有私有信息，如对艺术品真实价值的估计。如果竞拍者 A 在第一轮出价后得知竞拍者 B 的出价，然后在第二轮重新出价，这种情况可能构成完美贝叶斯均衡。

然而，序贯均衡要求更强的一致性条件，即在信息更新过程中保持一致的信念。在艺术品拍卖中，序贯均衡可能要求竞拍者 A 在每轮出价后都更新对竞拍者 B 出价的信念，并确保在后续轮次中保持一致。因此，虽然每个序贯均衡都是完美贝叶斯均衡（因为每一步都符合贝叶斯法则），但并非所有完美贝叶斯均衡都能满足序贯均衡的一致性条件。在一定条件下，这两个均衡概念可以重合，但并非总是一致。

在特定的情况下，序贯均衡和完美贝叶斯均衡是重合的。下面的定理可以说明。

定理 4.3.1 在一个类型相互独立的不完全信息多阶段博弈中，如果每个参与者最多有两种可能，或者博弈只有两个阶段，那么贝叶斯法则等价于一致性条件。此时，完美贝叶斯均衡与序贯均衡是重合的。

对定理 4.3.1 的解释举例如下：假设在一个两人博弈中，每个博弈方只能选择合作或背叛，博弈进行两轮。博弈方之间存在不完全信息，不知道对方的具体选择。在这种情况下，通过贝叶斯法则更新后的信念将与通过一致性条件得出的结论一致，即博弈方会在每轮博弈中考虑对方可能的选择，并根据之前的行动结果来制定自己的策略，达到均衡状态。这就是完美贝叶斯均衡与序贯均衡重合的情况。

序贯均衡与子博弈完美均衡在基本思想上相似：参与者在博弈的每个阶段根据最优

反应作出理性选择，因此两者都使用逆向归纳法进行分析。但它们的不同在于，序贯均衡中参与者的最优反应基于其对自身所处信息集的信念，即依赖于其在哪个信息集中，而信息集定义了博弈的阶段。

在信号博弈中，序贯均衡和完美贝叶斯均衡一致。它们对于概率为 0 的事件后的信念施加宽松限制。具体来说，只要后验信念对于类型的先验概率提供完全支持（概率为 1），就允许这种后验信念。序贯均衡排除了图 4-2 中的均衡 (L, D)

当涉及供应链管理和市场竞争时，使用序贯均衡作为一个概念来建模和分析可以为研究提供深入的见解。以下是两个详细的论文想法，涉及序贯均衡在供应链管理和市场竞争中的应用。

案例 4-17

论文想法 1：基于序贯均衡的供应链博弈模型与优化。

建模思路：

建立一个包含多个供应商和零售商的供应链博弈模型。

每个供应商和零售商都面临定价、生产和库存管理等决策。

通过考虑信息不完全、竞争策略等因素，引入序贯博弈的概念。

在每轮博弈中，各方根据先前的决策和反馈信息调整其策略，以追求长期利益最大化。

最终，通过应用序贯均衡理论，找到供应链中各方达成合作的稳定策略。

案例 4-18

论文想法 2：序贯均衡下的市场竞争与定价策略分析。

建模思路：

建立一个包括多个竞争对手的市场竞争模型，考虑产品定价和推广策略。

每个企业根据市场反馈和竞争对手的行为调整自己的策略。

引入序贯博弈的概念，使企业在制定策略时考虑到长期影响。

通过反复的市场竞争博弈，找到在序贯均衡下的最优定价策略和竞争策略。

最终，分析序贯均衡下市场竞争的稳定性和各方的长期利益。

这些论文想法将需要结合数学建模、博弈论分析和计算实验，以验证序贯均衡在供应链管理和市场竞争中的应用效果。通过深入研究序贯均衡概念，可以揭示供应链合作与市场竞争中的策略优化路径，为企业决策提供更有力的支持，并促进产业发展和竞争优势的实现。

4.3.2 颤抖手问题

在博弈中，可将非均衡路径上事件的发生视为"颤抖"所致，即某个参与者意外犯错，或因手"颤抖"而选择其他策略，偏离原路径。"颤抖"手完美均衡核心理念是，每个参与者都可能犯错，一个策略组合只有在考虑到错误可能性后，仍是每个参与者的最优策略时才是均衡。引入"颤抖"使博弈树上每个决策结点概率大于 0，意味着每个结点的最优策略可计算。原始博弈均衡可视为引入颤抖扰动后的博弈均衡的极限情况。

在给出颤抖手完美均衡的正式定义之前，先来看一个例子。有两个参与者进行的完全信息静态博弈，支付矩阵见表 4-2。

表 4-2　支付矩阵（一）

I	II	
	B1	B2
A1	(3, 0)	(−1, −1)
A2	(−1, −1)	(0, 3)

分析发现表 4-2 所示的博弈存在两个纳什均衡（A1，B1）和（A2，B2），其中（A1，B1）对 I 有利，（A2，B2）对 II 有利。当一个博弈中有多个纳什均衡时，参与者往往难以在两个均衡间进行选择。现将表 4-2 的博弈进行扩展（表 4-3）。在这个扩展的博弈中，每个参与者分别增加第三个策略，但是参与者仍保留原有的策略选择且具有同样的支付。

表 4-3　支付矩阵（二）

I	II		
	B1	B2	B3
A1	(3, 0)	(−1, −1)	(7, −1)
A2	(−1, −1)	(0, 3)	(−1, −3)
A3	(−1, 7)	(−3, −1)	(5, 5)

根据表 4-3，新策略 A3 和 B3 吸引人，因为双方可获 5 单位效用，超过表 4-2 的任

何策略。但 A3 和 B3 都是劣策略，对于参与者 I 和参与者 II，分别是 A1 和 B1 的严格劣策略。根据理性选择，这些劣策略应排除。因此，没有参与者倾向于选择第三个策略。尽管策略扩展，但表 4-2 和表 4-3 仍具有相同的纳什均衡（A1，B1）和（A2，B2）。这揭示了策略扩展不影响原有博弈均衡，尤其是当新策略相对原策略为劣时。

在考虑参与者可能出现错误选择或偏离原策略的情况下，对表 4-3 中的博弈分析将有所不同。当存在"颤抖"时，参与者 I 如何更偏好表 4-3 中的 A1 而不是表 4-2 中的 A1 呢？在"颤抖"的情况下，参与者 I 可能猜测参与者 II 可能由于手"颤抖"而以一定概率选择策略 B3。因此，如果参与者 I 选择 A1，则可以获得 7 单位效用；如果选择 A2，则效用为-1 单位。显然，参与者 I 选择 A1 是最佳反应。同样，当参与者 II 预期参与者 I 因颤抖可能选择 A3 时，最佳反应是选择 B1 策略。这种预期和反应导致两位参与者的选择结果为（A1，B1）。因此，"颤抖"的可能性实际上为参与者提供了一种机制，使他们能够在多个均衡中作出选择。

参考肖条军《博弈论及其应用》等著作的思路，从参与者 I 的角度分析表 4-3 中博弈的"颤抖"手的临界频率。在没有"颤抖"的假设下，参与者 I 预测参与者 II 将以正概率选择 B1 或 B2，而不会选择 B3，因为 B3 是劣策略。令 q 表示参与者 I 预测到参与者 II 将选择 B1 的主观概率。参与者 I 的预测如下：参与者 II 以概率 q 选择 B1，以概率 $1-q$ 选择 B2。在这种情况下，如果参与者 I 选择策略 A1，那么他将以概率 q 获得的支付为 3，以概率 $1-q$ 获得的支付为-1。因此，参与者 I 选择 A1 获得的预期支付为 $Eu^{R1} = 4q - (1-q) = 5q - 1$。同样，如果参与者 I 选择 A2，他的预期支付为 $Eu^{R2} = -q$。当 $Eu^{R1} > Eu^{R2}$ 时，即 $q > 1/6$，那么参与者 I 将选择策略 A1。换句话说，假设参与者 I 预测到参与者 II 有小于 5/6 的概率想要结果（A2，B2），那么参与者 I 将选择策略 A1 去获得结果（A1，B1），此时参与者 I 获得支付为 3。

当"颤抖"被允许时，两位参与者在作出选择时可能会不自觉地犯错，从而意外地选择了第三个策略。令这个误差的概率为 ε。从参与者 I 的角度看，参与者 II 错误地选择 B3 的概率为 ε，而正确选择的概率为 $1-\varepsilon$。在不犯错误的情况下，他选择 B1 的概率为 q，选择 B2 的概率为 $1-q$。因此，在考虑犯错误的情况下，参与者 II 选择 B1 的概率为 $(1-\varepsilon)q$，选择 B2 的概率为 $(1-\varepsilon)(1-q)$，选择 B3 的概率为 ε。此时参与者 I 选择 A1 的预期效用为 $Eu_{R1} = 4(1-\varepsilon)q - (1-\varepsilon)(1-q) + 8\varepsilon$，选择 A2 的预期效用为 $Eu_{R2} = -(1-\varepsilon)q - \varepsilon$。这样参与者 I 将根据这些调整后的概率和预期效用来决定是选择 A1 还是 A2，以最大化自己的效用。

为更深入地理解"颤抖"对博弈结果的影响，假设参与者 I 预测到参与者 II 将以

概率 $q = 1/6$ 选择策略 B1。从上面的式子可知，如果没有"颤抖"，则有 $q = 1/6$ 使得 $\text{Eu}_{R1} = \text{Eu}_{R2}$，这意味着参与者 I 对策略 A1 和 A2 之间的选择是无差异的，然而，当博弈中引入了"颤抖"的可能性，那么预期效用平衡就被打破了。对任意 $\varepsilon > 0$，当 $q = 1/6$ 时，有 $\text{Eu}_{R1} > \text{Eu}_{R2}$，这样参与者 I 将选择策略 A1 而不是策略 A2。

进一步探讨"颤抖"手的作用，假设参与者 I 预期到一个稳定的（非"颤抖"的）参与者 II 以概率 $q = 0.1$ 选择 B1。在没有"颤抖"的情况下，参与者 I 最佳选择 A2。但是，如果参与者 I 预测到参与者 II 将以大于 2/47（即 $\varepsilon > 2/47$）的概率错误地选择 B3，那么，有 $\text{Eu}_{R1} > \text{Eu}_{R2}$。在这种情况下，参与者 I 将再次选择 A1。一般地，当参与者 II 以概率 ε 颤抖地选择 B3 时，参与者 I 将选择 A1 当且仅当 $\text{Eu}_{R1} > \text{Eu}_{R2}$，即 $q > (1 - 10\varepsilon)/[6(1 - \varepsilon)]$。

定义 4.3.2　一个受扰版本的博弈是进行颤抖手博弈的版本。颤抖手的引入意味着总有一个最小的概率 ε，在这个概率处，每个参与者将以一定的概率选择每个策略。在受扰博弈中，在有颤抖的条件下，参与者以正常的方式选择每个策略。这样，由于这些颤抖，没有策略以概率 1（或 0）被选。

定义 4.3.3　一个颤抖手完美均衡是受扰版本博弈中的纳什均衡序列在颤抖趋于 0 时的极限。

根据上面的思想，可以更正式地定义颤抖手完美均衡。

定义 4.3.4　在 n 人策略式表述博弈中，纳什均衡 $(\boldsymbol{p}_1, \cdots, \boldsymbol{p}_n)$ 是一个颤抖手完美均衡，如果对每一个参与者 i，存在一个严格混合策略序列 $\{\boldsymbol{p}_i^m\}$，使得下列条件满足：

（1）对每个 i，$\lim\limits_{m \to \infty} \boldsymbol{p}_i^m = \boldsymbol{p}_i$；

（2）对每个 i 和 $m = 1, 2, \cdots$，策略 $\boldsymbol{p}_i$ 是对其他参与者策略组合 $\boldsymbol{p}_{-i}^m = (\boldsymbol{p}_1^m, \cdots, \boldsymbol{p}_{i-1}^m, \boldsymbol{p}_{i+1}^m, \cdots, \boldsymbol{p}_n^m)$ 的最优反应，即对于任何可选择的混合策略 $\boldsymbol{p}_i'$，有 $u_i(\boldsymbol{p}_i, \boldsymbol{p}_{-i}^m) \geqslant u_i(\boldsymbol{p}_i', \boldsymbol{p}_{-i}^m)$。

上述定义中关键的一点是 $\boldsymbol{p}_i^m$ 必须是严格混合策略（即选择每一个纯策略的概率严格为正）。

定理 4.3.2　在有限的两人策略博弈中，一个策略组合是颤抖手完美均衡，当且仅当它是一个（混合策略）纳什均衡且两个参与者的策略都不是弱劣策略。

接下来将研究完全信息动态博弈中的颤抖手完美均衡。该博弈的扩展式如图 4-7 所示，策略式如图 4-8 所示。存在唯一的子博弈完美均衡 $((B, b), R)$。

在扩展式颤抖手完美均衡的分析中，除了关注每个信息集上的最优策略外，还要考虑参与者在每个决策结点上可能的颤抖行为。这种均衡要求参与者策略在考虑颤抖可能性时仍然是最优的。尽管颤抖手概念增加了动态博弈的复杂性，但并不改变子博弈完美均衡的结果，因为在给定博弈中，颤抖行为不影响最优策略选择。这强调了颤抖手完美均衡在分析动态博弈时的适用性和重要性。

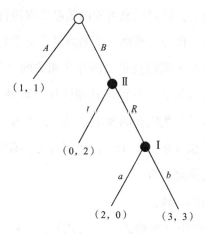

图 4-7　博弈树

	L	R
(A, a)	(1, 1)	(1, 1)
(A, b)	(1, 1)	(1, 1)
(B, a)	(0, 2)	(2, 0)
(B, b)	(0, 2)	(3, 3)

图 4-8　策略式

在策略式博弈中，策略二元组$((A,a),L)$构成了博弈的一个颤抖手完美均衡。该均衡的成立基于以下条件：参与者 Ⅰ 的策略 (A, a) 是对于参与者 Ⅱ 任意一个满足 L 的概率接近 1 的策略的最优反应。同时，L 是对参与者 Ⅰ 满足下列条件的任意策略的最优反应，即 (A, a) 的概率足够接近 1，并且 (B, a) 的概率比 (B, b) 的概率大得多。关键在于，参与者 Ⅰ 在评估其策略的最优性时忽略了自己在执行策略时犯错的可能性。如果他考虑到自己可能犯错误，并且在博弈开始时选择 B 而不是 A（同时考虑到参与者 Ⅱ 可能犯错误并选择 R 而不是 L），那么他在第二个信息集选择 a 就不再是最优的。一旦允许"颤抖"，参与者 Ⅰ 在评估其策略时必须考虑到自己可能在第一个决策点犯错误并选择了 B，这将影响他在后续信息集上的最优选择，因此，"颤抖"手完美均衡不仅要求参与者的策略在没有"颤抖"的情况下是最优的，还要求即使在"颤抖"发生时，这些策略仍然是最优的反应。

定义 4.3.5　有限扩展式博弈的颤抖手完美均衡是一个对应博弈代理人策略形式的一个颤抖手均衡的行为策略组合。

在扩展式博弈中，颤抖手完美均衡是一种考虑到博弈中可能出现微小错误的均衡概念。它是在纳什均衡的基础上，针对玩家可能的策略失误进行修正，从而确保均衡在面对这些不确定性时仍然成立。代理人策略式下的颤抖手完美均衡与策略式完美均衡有所不同，后者允许同一参与者在不同信息集之间存在相关的"颤抖"。例如，(A, a) 和 (B, a) 之间的"颤抖"是相关的。在扩展式博弈中，即使 (A, a) 在策略式完美均衡中，它也可能不符合颤抖手完美均衡的要求。因此，扩展式博弈的颤抖手完美均衡可能对应于不同的策略组合，如 (B, b) 和 R。简而言之，有限扩展博弈的每个颤抖手均衡都对应于序贯均衡的行为策略组合。

对于有限博弈，有下面的定理。

定理 4.3.3　在有限博弈中（策略式或扩展式），至少存在一个在代理人策略式下的颤抖手完美均衡。一个颤抖手完美均衡是序贯的，但反之不一定成立；然而，对一般的博弈来说，这两个概念是重合的。

在博弈论中，不同均衡概念之间存在层级关系：颤抖手完美均衡是序贯均衡的特例，序贯均衡是完美贝叶斯均衡的子集，完美贝叶斯均衡又是子博弈完美均衡的一部分，而子博弈完美均衡则是纳什均衡的一种精炼形式。简而言之，颤抖手完美均衡→序贯均衡→完美贝叶斯均衡→子博弈完美均衡→纳什均衡。举例解释如下。

假设有一个多阶段博弈，每个博弈方在每个阶段都要作出决策。如果博弈方在每个阶段都重新评估其他博弈方可能的行动并作出最佳反应，在这种情况下就符合序贯均衡的定义。如果每个博弈方的策略是在对其他博弈方可能的所有行动都有准确的信念下制定的，并且在整个博弈过程中都能保持这种最佳反应状态，那么这就是完美贝叶斯均衡。进一步地，如果在每个子博弈中，每个博弈方的策略都是最佳应对其他博弈方可能的所有行动，那么这就是子博弈完美均衡。最后，如果整个博弈中每个博弈方的策略都是对其他博弈方的策略最佳反应，那么这就是纳什均衡。这些概念的层层推导和关联展示了不同均衡概念之间的逻辑联系。

4.4　声誉效应

在有限次重复因徒困境博弈中，纳什均衡的唯一解为（坦白，坦白），但这一理论结论似乎与人们的日常观察相悖。实际上，在有限次重复博弈中，合作现象频繁出现。

为解释这一现象，学者们提出声誉模型（KMRW 模型），该模型将不完全信息引入重复博弈，为这种现象提供了理论支持。他们认为在有限次博弈中，只要博弈重复次数足够多，合作便有可能出现。

参考肖条军《博弈论及其应用》中的两阶段的声誉模型。在模型中，市场上有两家企业参与：企业 1（在位者）和企业 2（进入者）。第一阶段，企业 1 拥有行动权，可选择"掠夺"或"妥协"策略。第二阶段，企业 2 行动，可选择"坚持"或"退出"。双方支付为两阶段支付的总和。博弈的扩展式如图 4-9 所示。

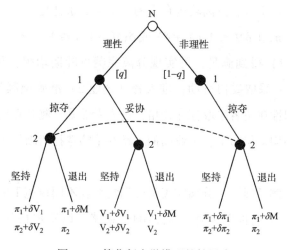

图 4-9 简化版声誉模型的扩展式

在图 4-9 所示的博弈模型中，设 $V_2 > 0 > \pi_2$，$M > V_1 > \pi_1 > 0$，即理性的企业 1 在面对"妥协"与"掠夺"两种策略时，倾向于选择"妥协"策略，而不是"掠夺"策略，但企业 1 更倾向于成为垄断者，那么它每期可以获得垄断利润是 M。q 表示企业 1 的类型是理性的先验概率，$1 - q$ 表示企业 1 的类型是非理性的先验概率；博弈两个阶段之间的贴现因子用 δ 表示，在前面乘以 δ 的表示第二阶段的支付，每个企业的支付由两部分组成。对于非理性的企业 1 来说，它总是倾向于选择"掠夺"策略。理性的企业 1 会考虑到长期合作的收益，因此选择妥协策略，以最大化其长期利益。

假设企业总是倾向于选择掠夺行动。在这种情况下，理性企业的行为如何？从静态分析来看，如果企业 1 是理性的，它可能会选择在博弈的第一阶段采取妥协策略。如果企业 1 选择了掠夺策略，这可能会使企业 2 误以为企业 1 是非理性的，导致企业 2 选择退出，由于 $\pi_2 < 0$，从而使企业 1 在第二阶段的利润增加。

接下来分析该博弈的三类均衡。

4.4.1　分离均衡

在这类均衡中，理性类型的企业 1 会选择妥协策略。在这类均衡中，企业 2 在第二阶段具有完全信息：如果 μ 表示进入者在第二阶段对在位者类型的后验推断，那么，$\mu(\theta = 理性|妥协) = 1$ 且 $\mu(\theta = 非理性 | 掠夺) = 1$。理性类型的企业 1 将采取妥协策略，并展示出自己的类型，得利润 $V_1(1 + \delta)$；而企业 2 预期到第二阶段将获得 $V_2 > 0$，于是采取坚持策略。如果企业 1 采取掠夺策略，这就会使企业 2 相信它是非理性的，它将会得到利润 $\pi_1 + \delta M$。于是，分离均衡存在的一个必要条件是

$$\pi_1 + \delta M \leq V_1(1 + \delta) \text{ 或 } \delta(M - V_1) \leq V_1 - \pi_1 \tag{4-13}$$

如果条件（4-13）得到满足，可实现分离完美贝叶斯均衡，其由以下策略组成：理性在位者（企业 1）采取妥协行动，进入者（企业 2）准确预测到在位者是理性的，选择坚持策略；非理性在位者采取掠夺策略，进入者准确预测到在位者是非理性的，选择退出策略。在这种均衡状态下，企业间的互动和策略选择清晰界定，各自的最优策略得以实现。

下面给出的两个例子展示了分离完美贝叶斯均衡在不同情境下的应用，参与者根据对其他参与者类型的准确推断来作出最佳响应策略，以实现最优策略并维持稳定的关系。

案例 4-19

企业竞争中的市场定价。

在位者是市场上的主导企业，进入者是新进入市场的竞争对手。

理性的在位者会采取妥协行动，即与竞争对手进行价格竞争或寻求其他合作方式，因为理性的在位者知道竞争对手也会作出相应的最佳响应。

进入者准确预测到在位者是理性的，并采取坚持行动，即继续提供差异化产品或服务来吸引客户。

案例 4-20

供应链管理中的合作策略。

在位者是供应链中的主导企业，进入者是新的供应商或合作伙伴。

非理性的在位者可能会采取掠夺行动，即通过单方面降低价格或变更合作条款来获利，因为非理性的在位者错误地认为其他参与者无法准确预测其行为。

进入者准确预测到在位者是非理性的，并采取退出行动，即选择寻找其他合作伙伴或调整自身策略以保护利益。

4.4.2　混合均衡

在这类均衡中，无论是理性还是非理性的企业 1，其在第一阶段都选择掠夺策略。当企业 2 观察到企业 1 的掠夺策略时，它不会改变自己的推断，即 $\mu(\theta = \text{理性} \mid \text{掠夺}) = q$。理性的企业 1 在第一阶段通过牺牲一定的利润 $V_1 - \pi_1$，引诱企业 2 相信它是非理性的，从而使企业 2 采取退出策略（至少此时企业 2 退出的概率充分大）。因此，这样的策略使得企业 2 在第二阶段的预期利润为非正数，即

$$qV_2 + (1 - q)\pi_2 \leqslant 0 \qquad\qquad (4 - 14)$$

反过来，假设条件（4-14）成立。可以构建以下策略和推断：两种类型的企业 1 都采取掠夺策略，而企业 2 在观察到企业 1 的掠夺策略后，它的事后推断是 $\mu = q$，采取退出策略；当它观察到企业 1 的妥协策略时，事后推断是 $\mu = 1$，采取坚持策略。理性类型的企业 1 的均衡利润是 $\pi_1 + \delta M$，当它采取妥协策略时，利润是 $V_1(1 + \delta)$。因此，如果条件（4-14）不成立，那么这个策略和推断组合就构成一个混同完美贝叶斯均衡。如果条件（4-14）得到满足，那么存在一个连续统混同均衡。

不完全信息下混合均衡是指在参与者之间存在信息不完全的情况下，他们通过随机化策略来达到均衡状态。在这种均衡状态下，每个参与者根据自己的类型和对其他参与者类型的不完全信息作出最佳响应，形成一种稳定的局面。

以下是两个与企业和供应链相关的论文想法。

案例 4-21

论文想法 1：供应链中的信息共享策略。

研究问题：在供应链中，不同参与者之间的信息不完全如何影响他们的决策，并如何通过混合策略达到均衡状态。

方法：建立供应链博弈模型，考虑供应商和零售商之间的信息不完全性，探讨他们在价格、库存和信息共享方面的策略选择。

结果：分析供应商和零售商在信息不完全情况下的混合策略均衡，研究信息共享对

供应链绩效的影响，并提出优化的信息共享策略。

案例 4-22

论文想法 2：企业竞争中的产品定位策略。

研究问题：在竞争激烈的市场环境中，企业如何根据消费者的不完全信息和竞争对手的策略选择制定最佳的产品定位策略。

方法：构建一个多个企业竞争的博弈模型，考虑消费者对产品特性的信息不完全性及竞争对手的策略选择。

结果：研究企业在不完全信息下的混合策略均衡，分析不同类型的企业如何根据消费者的信息获取程度和竞争对手的定价策略选择最佳的产品定位策略。

可见，声誉模型的混合均衡考虑了参与者在博弈中既考虑自身利益又考虑维护良好声誉的动机，其可能涉及以下几个关键因素。

1. 声誉建设与破坏策略：参与者可以选择采取一些行动来建设或破坏自己的声誉。建设声誉可能包括合作、守信，而破坏声誉可能包括背信弃义、违约等。

2. 其他参与者对声誉的反应：参与者的声誉不仅取决于自身的行为，还受到其他参与者的观察和评价。其他参与者可能根据过去的经验和信息评估一个参与者的声誉。

3. 激励与惩罚机制：声誉模型的混合均衡考虑到激励与惩罚的机制，即通过奖励良好行为和惩罚不当行为引导参与者的行为。

4.4.3 杂合或准分离均衡

在声誉博弈中，杂合或准分离均衡描述这样一种情况，其中理性类型的企业 1 在"掠夺"与"妥协"策略之间进行随机选择，即在分离均衡与混合均衡之间作出随机决策。在这种情况下，有 $\mu(\theta = \text{理性} \mid \text{掠夺}) \in (0, q)$ 且 $\mu(\theta = \text{理性} \mid \text{妥协}) = 1$。如果式 (4-13) 和式 (4-14) 都被破坏，那么博弈的唯一的均衡是一个杂合完美贝叶斯均衡，其特征是企业 2 观察到企业 1 采取掠夺策略时，它进行随机选择。

在这个模型中，完美贝叶斯均衡的唯一性源于对"强"类型（非理性在位者）行为的特定假设，即非理性类型总是选择掠夺策略，这使得掠夺不再是 0 概率事件，而且如果非理性类型以正概率妥协，则妥协不会揭示企业 1 是理性的。在该模型中，理性类型的企业 1 选择掠夺策略以建立声誉，使得企业 2 误认为它是非理性的，迫使企业 2 在第二阶段退出，从而在第二阶段获取更多利润。理性企业 1 利用了非理性企业的预期行为，通过第一阶段的策略选择影响整个博弈的结果。下面是基于此问题的两个论文想法例子。

案例 4-23

论文想法 1：市场侵入与声誉博弈。

考虑两家企业之间的市场竞争，其中企业 1 选择采取掠夺性行动以建立声誉。这可能包括侵犯对手企业的市场份额、客户资源或知识产权。通过分析企业 2 对企业 1 行动的反应和决策，研究企业 1 如何通过声誉博弈策略影响企业 2 的认知和行为，从而达到获得更多利润的目的。

案例 4-24

论文想法 2：用户隐私与声誉博弈。

在一个涉及用户数据的市场中，研究企业 1 如何利用声誉博弈策略来影响用户对其隐私保护的信任。企业 1 可能选择采取掠夺性行动，如收集和利用用户的个人信息，以建立声誉并获得竞争优势。通过分析用户对企业 1 行动的反应和选择，研究企业 1 如何通过声誉博弈来影响用户的态度和行为，进而实现自身利益最大化。

定理 4.4.1　在 T 阶段重复囚徒困境博弈中，如果每个囚徒都有 $p > 0$ 的概率是非理性的（即只选择"针锋相对"或"冷酷策略"），且 T 足够大，那么存在一个 $T_0 < T$，使得下列策略组合构成一个完美贝叶斯均衡：所有理性囚徒在 $t \leqslant T_0$ 阶段选择合作（抵赖），在 $t > T_0$ 阶段选择不合作（坦白）；并且非合作阶段的数量 $T - T_0$ 只与 p 有关而与 T 无关。

在定理 4.4.1 中，有两种策略："针锋相对"和"冷酷策略"。简言之，"针锋相对"是指初始阶段选择合作，然后模仿对方前一阶段的选择；"冷酷策略"是指初始阶段选择合作，直到对方选择不合作，然后从下一阶段开始选择不合作直至博弈结束。该定理指出，一开始选择不合作的人可能会面临他人的"冷酷策略"，失去未来合作的潜在利益。囚徒可能会隐藏不合作意愿，直到博弈快结束且未来利益不再重要时，才可能选择不合作以最大化利益。

可以发现，声誉模型的杂合均衡或准分离均衡是指参与者采取的混合策略使得博弈中存在一种平衡状态。这种均衡状态涉及参与者在维护声誉的同时，通过混合策略来平衡合作和竞争的因素。具体来说，杂合均衡或准分离均衡包括以下几个关键特征。

（1）混合策略：在声誉模型的杂合均衡中，参与者采取混合策略，即以一定的概率分布选择不同的纯策略。这反映了参与者在行动中不是绝对的合作者或绝对的竞争者，而是根据一定的概率选择合作或竞争的行为。

（2）声誉影响：杂合均衡考虑了声誉对参与者行为的影响。参与者的声誉可能取决于他们的过去行为，以及其他参与者对他们声誉的观察和评价。声誉的建设或破坏影响其他参与者对其未来行为的期望。

（3）平衡状态：在杂合均衡中，参与者的混合策略形成了一种平衡状态，使每个参与者都没有动机单方面改变自己的策略。这种平衡状态可以包括一组混合策略，使所有参与者的期望效用达到最大化。

（4）合作与竞争的动态平衡：杂合均衡反映了合作与竞争的动态平衡。参与者在考虑自身利益的同时，通过声誉的建设和维护，以及混合策略的选择，实现了一种既能够合作又能够竞争的均衡状态。

总之，声誉模型的杂合均衡或准分离均衡是博弈中一种复杂的策略平衡，考虑了参与者之间的合作、竞争和声誉的动态互动。这种均衡状态使每个参与者在博弈中能够更有效地平衡自身利益与声誉的维护。

这里，可以参考刘伟和丁凯文在《运筹与管理》以及游家兴等在《管理科学学报》上发表的论文，对这部分内容加深理解。两篇论文分别对考虑声誉效应的网络众包参与者行为（图4-10）和证券分析师的预测行为（图4-11）进行了研究。

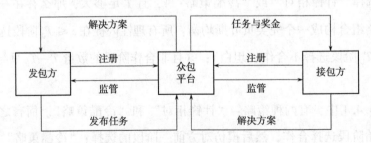

图 4-10　违约风险控制机制

下面给出几个声誉效应的论文想法，仅供参考。

图 4-11 声誉博弈时间图

案例 4-25

论文想法 1：基于博弈论的企业与员工关系中的声誉效应研究。

模型构建过程：首先，可以采用重复博弈模型，考虑企业与员工之间的多期互动。在每一期内，员工需要决定是否展现高工作表现，而企业则需要决定是否给予奖励或惩罚。声誉效应可以通过引入声誉的动态演化来体现，包括员工对企业声誉的认知和企业对员工工作表现历史的评估。进一步可以引入不完全信息博弈模型，考虑员工对企业声誉的观察和解释，企业对员工表现的评价等因素。

案例 4-26

论文想法 2：声誉效应在技术许可交易中的博弈分析与协商策略。

模型构建过程：可以采用合作博弈模型来描述技术许可交易中的参与者之间的合作与博弈关系。在模型中，参与者可以通过选择合作或违约来实现自身利益最大化，同时受到对方声誉的影响。声誉效应可以通过设定参与者对对方声誉的信任水平来体现。进一步可以引入动态博弈模型，考虑参与者对声誉变化的反应和调整。

案例 4-27

论文想法 3：声誉效应对回收行为的影响：基于博弈论的分析。

模型构建过程：可以采用演化博弈模型来描述回收行为中个体或组织之间的博弈关系。在模型中，可以考虑参与者面临合作回收和自私行为之间的选择，其中声誉效应可以通过定义参与者对他人回收行为的评价来体现。进一步可以引入空间博弈模型，考虑参与者之间的地理位置对声誉传播和影响的作用。

本章思考题

1. 在不完全信息动态博弈中，博弈方如何在面对不完全信息的情况下作出最佳决策？

2. 举例说明在实际生活中的不完全信息动态博弈场景，并分析其中的策略和结果。

3. 不完全信息动态博弈中的"信号传递"对于博弈方的策略选择有何影响？请提供实例进行说明。

4. 如何利用信息不完全性获取竞争优势或实现合作？

5. 讨论信息不对称如何影响博弈结果，并探讨减少信息不对称的方法。

6. 在企业管理中，如何应用不完全信息动态博弈的理论优化市场策略或产品定价？

7. 供应链管理中存在的信息不完全性如何影响生产计划和库存管理？提出应对策略。

8. 分析在供应链中供应商和客户之间的不完全信息动态博弈，讨论如何最大化利益。

9. 探讨在竞争激烈的市场环境中，企业如何利用不完全信息动态博弈获得市场份额或建立品牌忠诚度？

10. 通过对不完全信息动态博弈的理解，如何设计更有效的合约或协议减少风险并增加双方的利益？

第 5 章　委托–代理理论

委托–代理理论作为博弈论的重要分支之一，探讨了代理人在代表委托人的利益时如何面对信息不对称和利益冲突的问题。本章将深入探讨代理人在不同情境下的行为策略及其对委托人和整体博弈结果的影响。

5.1　基本概念

在介绍委托代理理论之前，首先介绍一下博弈论中的机制设计理论。机制设计理论和委托代理理论之间存在密切的相互关系。机制设计理论关注如何设计游戏规则和激励机制，以引导自利的参与者采取对整体最有利的行动。委托代理理论则研究代理人如何有效地代表委托人的利益，以及如何解决代理人与委托人之间的利益冲突和道德风险。

举个例子来说，考虑一个公司的所有者（委托人）雇佣了一名经理（代理人）来管理公司。委托人希望经理采取行动最大化公司的利润，但经理可能会有私人动机，如追求个人利益或避免风险。在这种情况下，机制设计理论可以帮助设计合适的契约和激励机制，以确保经理的行为与委托人的利益一致。例如，公司可以设计一份契约，将经理的薪酬与公司利润直接挂钩，从而激励经理采取对公司最有利的行动。

案例 5-1

谷歌的广告拍卖系统是一个很好的例子。在这个系统中，广告主通过投标竞争在搜索结果页面上显示他们的广告。机制设计的目标是确保谷歌平台能够获得最大的收益，同时保持广告市场的公平竞争和高效运作。

在这个机制设计中，谷歌需要考虑到以下因素：

1. 如何确定广告的排名和展示位置；

2. 如何设定广告主的出价策略；

3. 如何设计计费方式以激励广告主提供高质量的广告等。

谷歌采用的 VCG 机制（Vickrey-Clarke-Groves 机制）就是博弈论中常见的机制设计之一。VCG 机制通过设定一个复杂的出价和排名规则，使得每个广告主都有动力真实地报告其私人信息（即其对广告位置的真实估值），并以此达到最优化的结果。该机制的设计能够激励广告主提供真实的信息和竞争性的出价，从而确保谷歌平台能够获得最大的收益，并且广告的排名和展示位置也相对公平地分配给竞争者。

此外，委托代理理论也可以提供洞察力，帮助设计契约以解决潜在的代理问题。例如，可以设计一份契约规定经理必须每月向所有者提交详细的财务报告，并设立一套监督机制确保经理遵守契约条款。结合机制设计理论和委托代理理论，可以更好地解决公司治理中的代理问题，从而实现委托人与代理人之间的利益一致。

机制设计理论专注于解决信息不对称情况下的问题，即如何制定有效规则或制度以实现特定目标。简言之，该理论探讨在某些参与者拥有其他参与者所不知道的信息时，如何设计机制或规则。例如，在商品拍卖中，卖方想要选择最佳拍卖方式以获得最高售价，但通常无法了解买方对商品的真实价值评估。因此，机制设计理论旨在找出最佳拍卖策略，以最大化卖方利益。类似地，该理论还可应用于其他情境，比如垄断企业如何根据客户购买量设定价格，以及政府如何制定税收政策。

通过前面谷歌的广告拍卖系统案例，可以发现博弈论中的机制设计理论在商业实践中的应用。机制设计理论协助企业建构激励参与者符合预期行为的规则和奖励机制，从而促成更公平、更高效的市场交易。因此，该理论致力于建立一个框架，使所有参与者即便在信息不对称的情境下，也能通过揭示私人信息来作出最优决策。这一揭示行为被称为"展示原理"（Revelation Principle），允许设计者创造一个环境，让参与者通过公开信息和偏好，使决策过程更有效和公正。

信息不对称的本质可从两个方面理解：时间和内容。信息不对称可能发生在交易前（Ex Ante）或交易后（Ex Post），涉及隐藏的行动或信息。具体来说，可从时间和内容两个维度予以区分。

5.3.1　时间维度

交易前的信息不对称（Eex Ante）：包括逆向选择模型（Adverse Selection Model）、信号发送模型（Signaling Model）和信息甄别模型（Screening Model）。在这些情况下，

信息不对称在协议签订之前存在。下面给出解释。

（1）逆向选择模型：在某些游戏中，博弈方可能会遇到悔棋现象，即他们的对手似乎会根据他们的行动作出反应，而不是根据自己的最佳利益。在这种情况下，博弈方必须考虑对手可能的反应，并据此决定自己的下一步行动。这是逆向选择模型的一个例子。

（2）信号发送模型：考虑一个卖家想要出售一件艺术品，有多个潜在的买家竞标。卖家可能会通过设置起拍价或宣布关于艺术品的信息发送信号。例如，如果卖家宣布艺术品的起拍价较低，这可能是一个信号，表明艺术品的质量并不高；相反，如果卖家宣布起拍价较高，这可能是一个信号，表明艺术品的质量较高。买家可以根据这些信号调整自己的出价和策略。

（3）信息甄别模型：考虑一个扑克牌游戏中的情境。假设有两名博弈方，他们都拿到了两张牌，但只有自己能看见自己的牌。现在，博弈方 A 下注了一大笔筹码，而博弈方 B 考虑后选择跟注。在这种情况下，博弈方 B 可能会推断出博弈方 A 手中的牌可能是一对很大的牌，否则他不会下注那么多。基于这样的信息，博弈方 B 可能会调整自己的策略，选择跟注或者弃牌，而不是随意跟注。

交易后的信息不对称（Ex Post）：涉及隐藏行动（Hidden Action）的道德风险模型和隐藏信息（Hidden Information）的道德风险模型。这些情况下的信息不对称发生在协议签订之后。

（1）隐藏行动的道德风险模型：考虑一家保险公司与一个个体之间的交易，个体购买汽车保险。由于保险公司无法直接观察到个体的行为，比如他们是否会采取安全驾驶措施或者是否会故意引发事故，因此保险公司存在道德风险。如果个体知道自己的行为对保险公司不可见，那么他们可能会更加放纵，不尽职尽责地采取安全措施，从而增加了保险公司的风险。为了应对这种情况，保险公司可能会采取一些措施，比如提高保费或设定更严格的索赔条件，以降低道德风险。另外，保险公司可能还会采取监控措施，如安装行车记录仪或要求定期检查车辆，以更好地控制风险。

（2）隐藏信息的道德风险模型：假设买方在购买二手车时无法准确地知道车辆的质量或历史问题，而卖方却对车辆的问题有更全面的了解。在这种情况下，卖方可能会故意隐瞒车辆的问题，以获取更高的售价，而买方可能会因为信息不对称而受到损失。

5.3.2 内容维度

隐藏行动模型：这涉及代理人在协议签订后可能采取的行动，而委托人无法观察到这些行动。

隐藏信息模型：在这些模型中，代理人拥有某些委托人不知道的信息，这可能在协议签订前、签订后都存在，具体见表5-1（参见张维迎，《博弈论与信息经济学》等）。

表5-1　隐藏行动的道德风险模型

	隐藏行动（Hidden Action）	隐藏信息（Hidden Information）
事前（Ex Ante）		3. 逆向选择模型 4. 信号传递模型 5. 信号甄别模型
事后（Ex Post）	1. 隐藏行动的道德风险模型	2. 隐藏信息的道德风险模型

隐藏行动的道德风险模型就是通常所说的委托-代理模型。

在机制设计理论中，设计者（通常是委托人）需要创建一种机制或契约，以激励代理人（拥有私人信息的一方）揭露真实信息或采取期望行动。这个过程可以分为以下三个阶段。

（1）设计阶段：委托人设计一个机制、契约或激励方案。

（2）接受/拒绝阶段：代理人决定是否接受这个机制。拒绝的代理人可能会获得某种基础保证（保留效用）。

（3）执行阶段：接受机制的代理人在该机制下进行他们的行动。

总之，机制设计理论提供一种在个体私人信息和可能存在合谋的情境下设计规则和机制的框架，以达到某种社会目标的方法。这些方法在拍卖、合同设计、资源分配等领域都有广泛的应用。下面再用几个例子加以说明。

案例 5-2

拍卖设计。

背景：假设有一个卖家希望以最大化收益的方式出售一幅艺术品，而有多个潜在的买家愿意参与竞拍。

机制设计：卖家可以设计一个拍卖机制，以决定艺术品的最终归属和价格。Vickrey拍卖是一个典型的例子，其中最高报价者赢得拍卖，但支付的价格是第二高的报价。

原理：这种设计激励每个买家报告其真实的估值，因为最终支付的价格与其报价无关，只与其他人的报价有关。这样的机制设计确保了信息的真实性，使最终结果更有效和公平。

案例 5-3

公共资源分配。

背景：考虑一个城市中有限的公共资源，如停车位，需要合理分配给不同的居民，以最大限度地满足整个社会的需求。

机制设计：可以设计一个拍卖或与拍卖类似的机制，让居民报价其愿意支付的价格以获得一个停车位的使用权。支付规则可以确保在资源有限的情况下，分配方式既能够满足需求，又能够使城市收入最大化。

原理：通过合适的机制设计，可以激励居民报告其真实的需求和支付意愿，以实现公共资源的高效利用。

这两个例子展示了机制设计在拍卖、资源分配等领域的应用，通过巧妙设计机制，可以达到促使个体行为达到社会目标的效果。机制设计理论在实际生活中的应用范围广泛，涉及资源分配、市场设计等多个领域。

再考虑公共物品的供给与需求的资源分配的案例场景。假设有一个小区的居民想要决定如何分配有限的资源（比如预算）来改善小区的公共设施，如公园、健身房等。在这种情景下，机制设计理论可以应用于设计一个有效的机制，以确保资源的合理使用和最大化社区福利。

案例 5-4

提议与投票：居民可以提出不同的建议，比如建设新的公园或改善现有的健身房设施。然后，通过投票来决定哪个提议被采纳。

成本分摊：设计一个机制来确定每位居民需要为公共设施的改善支付多少费用，可以考虑按照居民的收入水平或住房面积分配费用，以确保负担合理。

激励机制：为了激励居民提出高质量的建议和积极参与投票，可以设立奖励机制，比如对提出被选中提议的居民给予一定的奖励或优先权。

通过这样的机制设计，可以有效地管理资源的分配，促进社区成员之间的合作与协调，同时确保公共设施的改善符合大多数人的意愿和利益。机制设计理论在这个案例中起到引导和平衡各方利益的作用，从而实现资源的有效利用和社区福利的最大化。

5.2　基本框架

隐藏行动的道德风险模型是委托–代理模型，在合同签署时信息对称。合同签署后，代理人（如经理）的特定行动和外部环境影响结果，但委托人（如企业所有者）无法直接观察到代理人的行动和环境，只能观察结果，导致信息不对称。

也可以这样理解，在这一模型中，存在信息的不对称性，即合同签署时信息是对称的，但合同签署后，代理人的具体行动和外部环境对委托人不可见，只能通过观察结果进行判断，导致信息不对称。其逻辑结构可以通过以下方式梳理。

（1）模型描述。委托–代理模型：其中委托人委托代理人执行某项任务，但代理人的具体行动和外部环境对委托人不可见。

（2）信息对称性阶段。在合同签署时，信息是对称的，即委托人和代理人拥有相同的信息。

（3）信息不对称性阶段。合同签署后，随着合同签署后代理人的实际行动和外部环境对委托人不可见，信息变得不对称。

（4）行动与结果关系。代理人行动和外部环境，强调了代理人的特定行动和外部环境对最终结果的影响。

（5）委托人的观察。结果的可观察性：指出委托人只能观察到最终结果，而无法直接观察代理人的具体行动和外部环境。

通过逻辑层次，阐释了隐藏行动的道德风险模型的演变，从对称到不对称信息，以及结果对委托人观察的影响。为加深理解，可用企业管理中经理的表现和绩效关系作为案例，说明信息不对称如何影响委托–代理关系。此模型一般包括三个阶段：委托人设计一个激励合同或机制；代理人选择是否接受这个机制，如果拒绝，他们将获得一定的基本效用（保留效用）；接受机制的代理人根据合同规定选择行动。

当代企业环境中，存在两种主要的委托–代理结构：一是股东与管理层的关系，需确保管理层行为符合股东利益，包括激励措施和监督机制；二是管理层与员工的关系，需选拔和激励员工，确保行为有利于公司。在这些结构中，委托方需要建立有效的激励和监督体系，促使代理方采取有力行动。设计这些机制时，委托人面临两个主要约束。

① 参与约束（Participation Constraint）[或个人理性约束（Individial Rationality Constraint，IR）]：确保代理人接受合同后的预期效用不低于他们在拒绝合同时能得到的最大预期效用，即保留效用（Reservation Unility）。

所以，在委托–代理模型中，参与约束是一种旨在确保代理人的行动与委托人的利益一致的机制。以下用一个例子说明参与约束在委托–代理关系中的作用。

案例 5–5

公司的委托–代理关系。

1. 合同签署阶段：委托人（公司所有者）与代理人（经理）签署了合同，委托经理提高公司利润。

2. 信息对称性阶段：在合同签署时，双方拥有相同的信息，即期望公司获得更高的利润。

3. 参与约束的引入：为确保代理人的行动符合委托人的利益，引入了参与约束，可能包括奖励和惩罚机制。

奖励机制：如果公司利润增加，经理可以获得额外的奖励，激励其采取有利于公司利润的行动。

惩罚机制：相反，如果公司利润下降，经理可能面临一定的惩罚，以减轻不利行为的发生。

4. 信息不对称性阶段：随着时间的推移，代理人的具体行动和外部环境对委托人不可见。委托人只能通过观察公司的最终利润来评估代理人的表现。

5. 参与约束的作用：参与约束通过奖励和惩罚机制，使代理人更有动力采取符合委托人利益的行动，因为代理人知道自己的行为直接影响奖励或惩罚的发生。参与约束有助于缓解信息不对称性带来的道德风险，使得代理人更有动力履行合同义务。

可以看到参与约束在委托–代理模型中的作用，它通过激励机制帮助确保代理人的行动与委托人的利益一致，减轻了信息不对称性可能带来的道德风险。

② 激励相容约束（Incentive Compatibility Constraint，IC）：在委托人不知道代理人具体类型的情况下，设计的机制必须确保代理人有动力采取委托人期望的行动。这里，通过一个例子来说明激励相容约束的概念。

案例 5–6

假设公司的股东（委托者）委托首席执行官（CEO，代理者）负责公司的运营。股东希望 CEO 作出的决策和行为能够使公司的利润最大化。由于 CEO 可能会追求个人利益或采取不当行为，激励相容约束就变得至关重要。

在这种情况下，激励相容约束可以包括制定合适的薪酬奖励机制，使得 CEO 的个人激励与公司整体利益一致。例如，设立一部分薪酬为股票期权，以便 CEO 在公司的股价上升时获得更高的报酬。这样一来，CEO 的个人财务利益与公司的股东利益就相容了，因为只有在公司表现良好时，CEO 才能获得更多的收益。

通过激励相容约束，委托方可以更好地确保代理人在履行其职责时不会追求自身私利，而是积极追求委托方的利益。这有助于维持良好的委托-代理关系，促使代理人更好地履行其责任。

满足参与约束的机制被认为是可行的，为可行机制（Feasible Mechanism），而满足激励相容的机制被认为是可实施的，为可实施机制（Implementable）。如果一个机制同时满足这两个约束，它就是一个可行且可实施的机制，委托人的目标就是选择这样的机制来最大化自己的预期效用。

在委托-代理模型中，企业主在设计合同时受到两个约束：激励相容约束和参与约束。有时，这两个约束会发生冲突。例如，公司的高级管理层希望通过激励计划提高员工绩效，可能会包括按绩效奖励员工，以激励他们更加努力地工作并实现公司目标。员工工会可能担心这种激励计划会导致过度劳动或削减福利。工会希望保护员工的权益，确保他们获得公平的待遇和福利。

在此情况下，激励相容约束旨在通过激励计划激励员工更好地履行职责，以实现公司利益，而参与约束则着眼于保护员工权益，防止过度劳动或削减福利。这两个目标可能发生冲突，因为提高员工绩效的激励可能会牺牲员工权益。解决此冲突的方法可能包括在激励计划中考虑员工福利，以确保平衡。例如，设计一个绩效奖励计划，既能激发员工积极性，又能保障基本权益和福利。这样激励相容约束和参与约束可以在一定程度上协调，满足双方期望。

当经理的个人利益与工作努力可以独立考虑时，公司通常会给经理一定的初始利益，因为这是成本效益最高的选择。在这种情况下，激励相容性和员工参与之间没有太大冲突，因此经理通常不会额外获得利益，参与要求可以平衡满足。但如果经理的效用和努力相互关联，激励和员工参与可能会有更大冲突。在这种情况下，给予经理初始利益可以从财富效应中获益，降低激励成本。

下面采用模型来阐述（具体参见：肖条军，《博弈论及其应用》等）。

假设一位企业所有者由于自身管理能力有限，决定聘请一位经理来负责日常运营。在这个场景中，企业所有者扮演的是委托人的角色，而经理则是代理人。经理需要决定投入多少努力来管理企业。经理选择一定的努力水平 e，努力成本为 $ae^2/2$，其中 a 是努力成本参数，$a > 0$。努力的产出为 $\pi = e + \varepsilon$，ε 是均值为 0 的随机变量，受自然条件的影响。在一个企业环境中，经理的努力水平是他们的私人信息，对企业主来说是未知且无法观察的。企业主只能看到总产出，并据此支付经理的工资 w，这里，经理的效用等于 $u(w - ae^2/2)$，u 是一个递增凹函数。他的净保留工资是 w_0。为保证经理的参与，需要满足一定的条件，即代理人的参与约束是

$$(\text{IR}) \quad Eu(w - ae^2/2) \geqslant u(w_0) \tag{5-1}$$

其中，预期算子 E 对 w 取值。

然而，在实际情况中，由于经理的努力水平不可见，但总产出是可观察的，因此需要讨论基于产出的线性激励方案。在这种方案中，经理的激励与激励方案的斜率呈正比。如果经理成为剩余索取者（Residual Claimant），他们的预期效用将会增加。

企业主的目标是找出最优的激励方案，最大化其预期净利润，同时满足经理的激励相容约束和参与约束。这就构成了一个典型的委托人–代理人问题，其中企业主作为委托人，经理作为代理人。用相应的博弈论表示，即当企业主能够监测并评估经理所得的努力程度时，此时最优契约将规定固定工资 $w = \bar{w}$。对于特定的努力程度 e，该固定工资被确定为 $\bar{w} = w_0 + ae^2/2$。

使下式最大化就是企业主的利润 $E(e + \varepsilon - w_0 - ae^2/2) = e - w_0 - ae^2/2$，产生 $e^* = 1/a$ [假设 $w_0 \leqslant 1/(2a)$]。

然而，在实际情况中，由于经理的努力水平不可见，但总产出是可观察的，因此需要讨论基于产出的线性激励方案，令 $w(\pi) = b + d\pi$，此时，满足经理的激励相容约束为

$$(\text{IC}) \quad e^* = \underset{e}{\operatorname{argmax}} Eu(b + de + d\varepsilon - ae^2/2) \tag{5-2}$$

激励相容约束产生 $e^* = d/a$，在这种方案中，经理的激励与激励方案的斜率 d 呈正比。如果经理成为剩余索取者，即 $d = 1$，且 $e = e^*$，他们的预期效用将会增加。因而，经理的预期效用是

$$Eu(b + d^2/(2a) + d\varepsilon) \tag{5-3}$$

企业主的预期净利润是

$$\Pi^e \equiv E(e + \varepsilon - b - de - d\varepsilon) = \frac{d}{a}(1 - d) - b \tag{5-4}$$

求解下式可得到最优激励方案

$$\max_{b,d} \Pi^e = \frac{d}{a}(1 - d) - b \tag{5-5}$$

$$\text{s. t. (IR)} \quad Eu\left(b + \frac{d^2}{2a} + d\varepsilon\right) \geq u(w_0) \qquad (5-6)$$

此外，委托人的问题是

$$\max_{b,d}\Pi^e = E(e^* + \varepsilon - b - de^* - d\varepsilon) \qquad (5-7)$$

$$\text{s. t. (IC)} \quad e^* = \mathrm{argmax}_e Eu(b + de + d\varepsilon - ae^2/2) \qquad (5-8)$$

$$\text{(IR)} \quad Eu(b + de^* + d\varepsilon - ae^{*2}/2) \geq u(w_0) \qquad (5-9)$$

在委托-代理关系中，特别是涉及企业管理的场景，经理（代理人）的风险态度对合同设计有显著影响。如果经理是风险中性的（Risk Natural），即 $d = 1$，他们更倾向于成为剩余索取者，即他们会承担业务结果的更多风险。相反，如果经理是风险规避的，最优的线性工资结构是一个利润分享方案——最优保险的固定工资（$d = 0$）和最优激励的剩余索取权（$d = 1$）之间的折中。

在代理模型中，合同通常分为以下两种类型。

（1）最优契约：这种合同在信息对称的理想情况下形成，委托人和代理人拥有相同的信息，可以设计出完全符合委托人利益的合同，从而实现资源配置的最佳效率。

（2）次优契约：在信息不对称的现实世界中更常见。由于委托人无法完全监督代理人的行为，合同设计需要依赖于可观察的结果来激励代理人，并在激励和风险之间寻求平衡。

由于经理的行为是隐藏的，委托人很难直接监督他们。即使委托人能观察到代理人的努力程度，这些信息通常也不可证明。因此，委托人通常通过分享剩余索取权来形成激励机制，促使经理更努力工作，从而克服隐藏行动带来的负面影响。在实际应用中，比如"企业家"方案，企业的剩余索取权交给企业家，而"股票购买权"方案则是在所有者和管理者之间分享剩余索取权。这些方案旨在通过激励机制促使经理更努力工作，克服隐藏行动带来的问题。

为加深理解，可阅读王璐等在《管理评论》发表的一篇论文，其介绍第三方物流企业（3PL）在存货质押模式下面临的道德风险和逆向选择问题，这两个问题构成了双重信息不对称的情况。

5.3 离散努力下的委托-代理模型

先考虑离散努力情况下的委托-代理模型。从管理结构的角度看，委托者授权代理者执行任务，但由于任务性质，委托者无法直接监测或量化代理者的工作表现。离散努力指代理者的工作表现难以连续监督或准确衡量，比如无法准确测量个体的付出或贡献。这可能导致代理者采取行动，与委托者的期望或整体组织目标不完全一致。

案例 5-7

一个典型的例子是雇佣销售代表的企业。在这种情况下，企业（委托者）希望销售代表（代理人）尽力推动销售，以实现最大化利润。销售代表的努力是离散的，因为他们可以选择投入不同程度的时间和精力来开展销售活动。

模型建立过程示例：

1. 设定目标：企业的目标是最大化销售额和利润，销售代表的目标可能是最大化自己的提成和奖励。

2. 制定雇佣合同：企业与销售代表签订雇佣合同，明确销售目标、提成比例、奖励机制等。

3. 激励机制：设定激励机制，如提供销售奖金、提成、业绩考核等，以鼓励销售代表尽力推动销售。

4. 监督与评估：建立销售绩效评估体系，定期对销售代表的表现进行评估和监督，确保其尽力推动销售。

5. 信息披露：企业需要向销售代表提供适当的销售支持、市场信息和产品知识，以便销售代表更好地开展销售工作。

6. 博弈策略选择：企业选择合适的激励政策和销售目标，销售代表选择投入不同程度的努力以最大化自身利益。

7. 分析均衡解：通过博弈分析方法，找到企业和销售代表之间的最优策略组合，达到均衡解。

在这个模型中，离散努力指的是销售代表可以选择投入不同程度的销售活动，而不是连续不断地进行销售。通过建立委托-代理模型，并考虑离散努力的特点，企业可以设计出合适的激励机制，以促使销售代表尽最大努力推动销售，从而实现最大化销售额和利润的目标。

委托者常引入激励，如奖金、晋升、股权，以激发代理者更积极履行任务，希望影响其行为符合组织利益，然而，离散努力下的委托-代理模型面临代理问题，代理者或为短期个人利益而忽视组织长远目标。解决之道在于巧妙激励设计，确保代理者行为与组织战略一致，防止不当行为或捷径。

下面用一个例子解释其含义。

案例 5-8

假设你是一位老板，有一家快递公司。你无法每时每刻监督快递员的工作，但你希望他们为公司付出更多努力，提高快递服务的质量，以吸引更多客户。

在这里，你是公司的老板（委托者），而快递员则是执行人员（代理者）。由于你无法直接监管每位快递员的具体工作，存在离散努力的问题，即你无法准确观察或衡量每个快递员的具体付出。为了解决这个问题，你引入了一种激励机制，比如每月根据快递员的表现发放奖金。如果快递员服务更好，送货更及时，就有机会获得额外奖金。

这就是一个委托-代理模型的例子。你将工作委托给快递员，但由于工作的离散性，你采取激励措施来激发他们更努力地工作。奖金是一种激励，因为快递员知道付出更多努力可能会带来额外的奖金，这与公司的整体目标一致，即提高服务质量以吸引更多客户。

然而，这也存在潜在问题，例如，快递员可能只关注短期的快递速度而忽略服务质量。为了解决这个问题，快递公司可能需要调整奖金机制，确保同时考虑快递速度和服务质量，以避免代理者采取捷径而忽视了公司的整体长远目标。在离散努力情况下，通过委托-代理模型来平衡双方的利益。

下面给出一个论文想法，仅供参考。

案例 5-9

基于离散努力的股票市场的委托-代理模型构建与分析。

股票市场是金融领域中的重要组成部分，而基金经理作为投资者与市场之间的代理人，在投资决策中扮演着关键角色。由于信息不对称和激励机制的存在，投资者往往难以准确评估基金经理的工作表现。为了解决这一问题，本文提出了一种基于离散努力的委托-代理模型，旨在有效管理股票市场中的委托关系，并激励基金经理积极履行职责。

模型构建过程：

1. 定义委托-代理关系：明确定义投资者与基金经理之间的委托-代理关系，其中投资者作为委托者，基金经理作为代理者。委托者期望代理者能够根据其投资目标和风险偏好，有效地进行投资组合管理。

2. 设定离散任务：将投资管理过程分解为离散的任务，如选股、买卖决策、风险控制等。每个任务都可以通过二元变量来表示，1 代表完成，0 代表未完成。这种离散任务的设定能够更好地反映投资管理的实际情况。

3. 建立效用函数：委托者和代理者均有自己的效用函数。委托者的效用函数考虑了投资回报率、风险水平及委托代理的成本等因素；而代理者的效用函数则考虑了完成任务所带来的奖励、个人利益和职业发展等因素。

4. 制定激励机制：基于离散任务的完成情况，设计相应的激励机制以激励基金经理更好地履行职责。可能的激励机制包括奖金制度、晋升机会、股票期权等，这些机制可以根据委托者的需求和市场环境进行灵活调整。

5. 考虑代理问题：分析在离散努力情况下可能出现的代理问题，例如，基金经理可能为追求短期回报而忽视长期投资策略的情况。针对这些问题，提出相应的监管措施和风险管理策略，确保委托–代理关系的稳定和可持续性。

5.3.1　努力生产模型

下面通过一个案例来解释委托代理理论中的"努力和生产"模型。

案例 5–10

假设有一家制造公司（委托者），他们决定雇佣一家销售代理公司（代理者）来推广和销售他们的产品。在这个情境中，努力和生产问题是非常关键的。

1. 努力问题

情景描述：制造公司希望销售代理公司付出足够的努力来推动产品销售。由于远程工作和分散的销售团队，制造公司难以实时监测销售代理的实际工作量和努力。

潜在问题：销售代理可能缺乏足够的激励来积极推销产品，因为他们知道制造公司难以准确评估他们的努力水平。

2. 生产问题

情景描述：制造公司不仅关心销售代理的努力，还关心他们的销售业绩和销售质量。即使代理付出了努力，如果销售业绩不达标或客户不满意，制造公司也会受到影响。

潜在问题：销售代理可能在达到销售目标的同时忽略了客户服务质量，导致客户投诉和产品声誉受损。

为了解决这些问题，委托者和代理者可以采取以下措施：

明确合同设计：制定明确的合同，包括销售目标、奖励机制和绩效评估标准，以确保双方对任务目标有清晰的理解。

激励机制：设计激励机制，如提供销售奖金、提成或其他奖励，以促使销售代理付出更多的努力，并将其与业绩挂钩。

有效监测机制：利用技术工具和报告系统来监测销售代理的工作表现，包括销售数据、客户反馈和服务质量。

通过这些措施，委托者和代理者可以更好地管理努力和生产问题，确保双方在委托-代理关系中达成共同的目标。参考相关著作（肖条军，《博弈论及其应用》），下面通过数学模型对其进行阐述。

讨论一个代理人的模型，其中代理人的努力水平 e 有两种可能：不付出努力（零努力水平）和付出正努力，则 $e \in \{0,1\}$。在这个模型中，努力水平的选择会影响生产过程，但生产过程本身带有随机性。代理人的努力成本表示为 $C(e)$，当 $e = 0$（即没有努力）时，努力成本也为零。

生产水平 $\mathring{\pi}$ 是随机的，只能取两个特定的值 $\{\bar{\pi}, \underline{\pi}\}$，其中 $\bar{\pi} - \underline{\pi} = \Delta\pi > 0$。努力水平对生产的影响体现在 $P\{\mathring{\pi} = \bar{\pi} \mid e = 0\} = q_0$，$P\{\mathring{\pi} = \bar{\pi} \mid e = 1\} = q_1$ 两个概率分布上，其中 $q_1 > q_0$。这两个概率的差值 $\Delta q = q_1 - q_0$ 表示努力对生产可能性影响的程度。简而言之，这个模型通过努力水平和生产结果的随机性来探究努力与生产之间的关系。

其用于描述一个场景，其中一个人（委托人，或称为"主体"）委托另一个人（代理人）去执行某些任务或作出决策。在这种关系中，"努力"指的是代理人为了完成委托人交付的任务所付出的努力程度。"生产"则指的是这些努力所带来的成果或产出。委托人付给代理人的工资为 w，假设代理人的效用函数在货币和努力之间是可分的，即 $u_2(w,e) = \bar{u}_2(w) - C(e)$，$\bar{u}_2(\cdot)$ 是递增的凹函数（$\bar{u}_2' > 0$，$\bar{u}_2'' < 0$）。

在经济学中，一阶随机占优（the First-order Stochastic Dominance Condition）表明，当员工的努力水平提高时，产出的分布会向更高产出的方向移动，即对于任何给定的产出 π^*，$P\{\mathring{\pi} = \pi^* \mid e\}$ 随 e 递减，通俗地说，也就是勤奋工作时获得高利润的概率会大于偷懒时获得高利润的概率，有

$$P\{\mathring{\pi} \leqslant \underline{\pi} \mid e = 1\} = 1 - q_1 < 1 - q_0 = P\{\mathring{\pi} \leqslant \underline{\pi} \mid e = 0\} \qquad (5-10)$$

以及

$$P\{\mathring{\pi} \leqslant \bar{\pi} \mid e = 1\} = 1 = P\{\mathring{\pi} \leqslant \bar{\pi} \mid e = 0\} \qquad (5-11)$$

其说明委托人倾向于选择在有效努力水平下（即 $e = 1$）的生产结果分布，更而不是无效的努力水平（即 $e = 0$）的生产结果分布。因而有

$$q_1 u_1(\bar{\pi}) + (1 - q_1) u_1(\underline{\pi}) = q_0 u_0(\bar{\pi}) + (1 - q_0) u_1(\underline{\pi}) + \Delta q(u_1(\bar{\pi}) - u_1(\underline{\pi}))$$

$$(5-12)$$

当委托人的效用函数 $u_1(\cdot)$ 递增时，式（5-12）大于 $q_0 u_1(\bar{\pi}) + (1 - q_0) u_1(\underline{\pi})$。因此，随着企业主追求更高的利益，他们更看重那些通过增加努力能够显著提升业绩的情况。简而言之，多付出一些努力可以显著提高收益，这对企业主来说是更有吸引力的。

根据该模型的阐述以及结论，可以发现委托代理模型中努力水平对效益的重要性，以及高努力水平所能带来的更大收益。以下是针对这一观点的延伸。

1. 设定明确目标和期望：管理者应该明确制定任务目标和期望，确保代理者清楚了解所期望的高努力水平，并明白这与实现更大效益的直接关系。清晰的目标有助于激发代理者的积极性。

2. 建立有效激励体系：设计激励机制，使之与努力水平和产出水平挂钩。奖励系统可以包括提成、奖金或其他激励方式，以激发代理者更愿意付出更高水平的努力。

3. 监测和反馈：实施有效的监测机制，以便能够及时评估代理者的努力水平。提供即时的反馈有助于代理者了解他们的表现，并在必要时调整努力水平，以确保任务的成功完成。

4. 强调长期关系：如果可能，建立长期的合作关系，以提供更多的激励和回报机会。长期关系有助于建立信任，并使代理者更有动力投入更高水平的努力，因为他们认识到这将为他们带来更大的长期效益。

5. 技术和工具支持：利用技术和工具来支持代理者的工作，提高工作效率。这可以包括使用项目管理工具、自动化系统等，以减轻代理者的工作负担，使他们更容易实现高努力水平。

6. 定期评估和调整：定期评估委托–代理关系，了解效益和努力水平的变化。根据评估结果，对合同和激励机制进行调整，以确保它们仍然对代理者具有吸引力。

可见，上述观点可对模型的后续研究给予指导。充分理解和应用委托代理模型，管理者可以更好地引导代理者，激励他们付出更高水平的努力。

5.3.2　效率工资问题

可用下面的案例来解释效率工资问题。

案例 5-11

假设一家电子产品制造公司雇佣了一名销售代理人，他的任务是推广公司的产品并增加销售额。为了解决效率工资问题，公司设计了一个创新的效率工资合同，旨在激励代理人更积极地推动销售。

在这个合同中，公司首先为代理人设定了基本工资，以确保其有稳定的收入来源。然后，公司引入了销售提成和目标奖金的组合，以将代理人的奖励与其销售绩效直接挂钩。

销售提成是基于每笔销售的百分比，代理人将获得相应的提成。例如，如果销售代理人成功推动了一笔产品交易，他将获得销售额的5%作为提成。这鼓励代理人致力于提高单笔交易的销售额，因为提成与销售额成正比。

同时，公司设定了季度销售目标，并为达到或超过目标的代理人提供额外的目标奖金。如果代理人在季度内完成了设定的销售目标，将获得一定比例的目标奖金，作为对其整体销售表现的认可。这鼓励代理人关注整体销售业绩，而不仅仅是单笔交易。

为了确保代理人有足够的激励，公司还设定了递进性的销售目标。例如，第一个季度的目标相对较低，而后续季度的目标逐渐提高。这样，代理人将面临挑战，但同时有机会不断提高奖金水平。

这种效率工资合同的优势在于它能够直接激发代理人的积极性，使其在销售过程中付出更多的努力。代理人将感受到与销售绩效直接相关的奖励，从而在实现个人目标的同时，为公司创造更大价值。此外，合同的递进性设计确保了代理人在长期内都有挑战和激励，避免了业绩稳定后的舒适区。

这个例子展示了一个解决效率工资问题的实际合同设计。通过将基本工资与销售提成、目标奖金相结合，公司成功地激发了代理人的工作动力，实现了共赢局面，在委托代理关系中为公司和代理人之间建立有效的激励机制。

下面给予效率工资模型的分析过程。当一个企业中代理人为风险中性时，委托人将企业给代理人管理。代理人工作表现好的时候能得到奖赏，但是当产出或者结果不好的时候，由于代理人受到有限责任的保护，因此他不能受到惩罚。

为了激励代理人付出努力，委托人必须拟定一个最优的激励合同，即工资计划 $\{(\bar{w}, \underline{w})\}$，即求解下式：

$$
\begin{cases}
\max\limits_{\{(\bar{w}, \underline{w})\}} q_1(\bar{\pi} - \bar{w}) + (1 - q_1)(\underline{\pi} - \underline{w}) \\
\text{s.t. (IC)} \quad q_1 \bar{w} + (1 - q_1)\bar{w} - C(1) \geq q_0 \bar{w} + (1 - q_0)\bar{w} \\
\quad\quad\text{(IR)} \quad q_1 \bar{w} + (1 - q_1)\bar{w} \geq 0 \\
\quad\quad\underline{w} \geq 0
\end{cases}
\tag{5-13}
$$

在理想的经济体系中，为了实现企业利润的最大化，企业会设计一套有效的激励机制来鼓励其管理者（代理人）投入必要的努力。这种激励机制通常在特定的条件下实施（即当 $\Delta q \Delta \pi \geq q_1 C(1)/\Delta q$），也就是在企业主（委托人）不会因最终的产出结果而对管理者进行额外的经济补偿的情况下。换句话说，管理者的报酬是固定的，不会因为业绩的好坏而有所变动。

在这样的背景下，最优的激励合同（即 $\underline{w}^{SB} = 0$ 和 $\bar{w}^{SB} > 0$)[1] 会确保管理者的报酬与其努力程度和企业的盈利能力相挂钩。这意味着存在一个既定的支付结构（即 $q_0 \bar{w} + (1 - q_1) \underline{\pi}$）和利润分配方案，使管理者在为企业创造更多价值的同时，也能获得相应的收益。这种合同设计旨在平衡风险和回报，确保管理者有足够的动力去追求企业的长期成功。简而言之，最优的有限责任约束确保了管理者在不承担额外风险的前提下，通过努力工作来分享企业的成功。

效率工资 $C(1)/\Delta q$ 是一种激励机制，用以鼓励经理付出更高水平的努力。这意味着为了刺激生产，企业主必须与经理分享一部分企业利润，以此作为激励他们努力工作的手段。简而言之，这是一个关于如何在有限的信息和责任范围内最有效地激励经理的讨论。

在委托代理模型中，效率工资对于达到更好的效益具有重要性。效率工资是一种激励机制，通过使用该模型，委托人可以有效地激励代理人进行相应的生产或管理措施。为了更好地应用这一理念，以下给出相关问题的理解。

1. 激励代理人：效率工资合同可以激励代理人积极努力工作，因为他们有机会获得额外的奖金和提成，这与他们的销售绩效直接相关。这种奖励机制鼓励代理人致力于提高工作表现，因为他们知道更高的努力水平将带来更多的收入。

2. 提供稳定收入：基本工资部分为代理人提供了稳定的收入来源，使他们不必完全依赖于提成和目标奖金。这有助于减轻代理人的财务压力，使他们更容易专注于工作，而不必担心短期内可能没有奖金的情况。

3. 长期激励：通过设定递进性的销售目标，效率工资合同鼓励代理人关注长期销售绩效。这确保代理人在长期内都有挑战和激励，而不会陷入舒适区，从而保持了持续的高绩效。

4. 减少代理问题：由于代理人受到有限责任的保护，效率工资合同减少了代理问题的风险。代理人不会受到极端的惩罚，但他们仍然需要努力工作以获得额外的奖励，这有助于维护委托代理关系的稳定性。

---

[1]　在经济学文献中，这种最优解通常是在完全信息的假设下得出的，而在信息不完全的情况下得到的解则被认为是次优解，用上标"SB"表示次优解。这些次优解有时也被称作最优解，尤其是在不会引起误解的情况下。

综上，效率工资合同在委托代理模型中的重要性在于它提供了一种有效的激励机制，鼓励代理人付出更高水平的努力，同时保障了他们的基本经济利益。这有助于实现共赢局面，同时减少代理问题的风险，维护了委托代理关系的稳定性。

5.3.3　分成制契约模型

分红契约，即利润分享协议，是一种商业合同，旨在按照预先确定的比例分配企业或项目的收益。这种协议常见于投资、合资企业、合伙企业及雇佣关系中，特别是高层管理人员与员工之间。参与者不是得到固定收入，而是根据企业的绩效表现来获取报酬。利润分配基于事先确定的比例。这种契约模型是委托代理理论中的一种安排，规定了代理人和委托人之间如何分享代理活动的收益。在这个模型中，委托人与代理人达成协议，按照一定比例分享任务的成果或收益。

这里，通过一个现实的例子来解释分成制契约模型。

案例 5-12

假设有一家软件开发公司（委托人），他们需要一名销售代理人（代理人）推广他们的软件产品。为了建立清晰的代理关系，公司和销售代理人签订了分成制契约。

根据这个契约，销售代理人的任务是推动软件产品的销售，并在成功售出一份软件许可时获得提成。契约规定，提成的比例为销售额的 10%。这意味着，如果销售代理人成功推广了一份软件，他将获得销售额的 10% 作为奖励，而剩余 90% 归公司所有。

这个分成制契约模型具有以下重要特点。

（1）奖励与业绩挂钩：分成制契约将代理人的奖励与其推广业务的成功程度挂钩。销售代理人只有在成功售出产品时才能获得提成，这激励他们更加努力地推广软件。

（2）合理分配利益：通过确定提成比例，委托人和代理人在契约中达成了一种合理的利益分配。公司获得了大部分销售额，而销售代理人则通过提成分享了一部分成功带来的利润。

（3）双方互利共赢：这种契约模型使委托人和代理人形成了互利共赢的关系。委托人获得了销售额的大部分，而代理人通过成功推广软件获得了相应的奖励，促使双方共同努力实现业务目标。

在经济学中，道德风险理论在分析农业经济，特别是地主与佃农之间的租赁关系时扮演着重要角色。在发展中经济体中，农民常常受到资金限制的挑战。在这个场景下，参考相关著作（肖条军，《博弈论及其应用》），这里假设佃农（代理人）对风险持中性态度，并且受到有限责任的保护。为了激发佃农的工作积极性，地主（委托人）需要制定一个次优的契约安排，这个契约应该符合效率工资模型的某些条件。这样的契约应当满足特定的激励和参与约束，即 $\underline{w}^{SB} = 0$ 和 $\bar{w}^{SB} = C(1)/\Delta q$。

在这个契约框架下，地主和佃农的预期效用（或预期的满足感）可以分别表示为以下两个函数：

$$Eu_1^{SB} = q_1\bar{w} + (1 - q_1)\underline{\pi} - \frac{q_1 C(1)}{\Delta q}, \quad Eu_2^{SB} = \frac{q_0 C(1)}{\Delta q}\Delta q \tag{5-14}$$

然而，在实际情况中，许多农业契约采用了一种简化的线性分配原则。这种原则下，地主会根据佃农的实际产出按比例支付固定份额。这种分配方式满足了佃农的有限责任约束，因此在后续分析中可以不加考虑这一约束。设计激励佃农积极投入的线性契约时，关键在于确保激励的兼容性。也就是说，需要找到一个最优的线性分配规则，使得农业活动对地主和佃农都具有价值。具体而言，激励佃农努力的线性规划必须是对下述问题的最优解：

$$\begin{cases} \max_{\alpha}(1 - \alpha)\left[q_1\bar{\pi} + (1 - q_1)\underline{\pi}\right] \\ \text{s.t. (IC)} \quad \alpha\left[q_1\bar{\pi} + (1 - q_1)\underline{\pi}\right] - C(1) \geq \alpha\left[q_0\bar{\pi} + (1 - q_0)\underline{\pi}\right] \\ \text{(IR)} \quad \alpha\left[q_1\bar{\pi} + (1 - q_1)\underline{\pi}\right] - C(1) \geq 0 \end{cases} \tag{5-15}$$

显然，只有在最优情况下，激励相容的条件才是必须的，这时才能确定一个最佳的线性分配方案。

$$\alpha^{SB} = \frac{C(1)}{\Delta q \Delta \pi} \tag{5-16}$$

为了确保农业活动的有效运行，地主和佃农之间的收益分配必须是合理的。当佃农的努力可能带来较大的负面效应（$C(1)$），或者地主从佃农增加的产出（$\Delta\pi\Delta q$）中获得的额外收益较小时，地主可能会提供更强的激励（接近于产出的全部）。

通过这种分配规则，可以计算出地主（委托人）和佃农（代理人）的预期效用

$$Eu_{1\alpha} = q_1\bar{\pi} + (1 - q_1)\underline{\pi} - \left(q_1 + \frac{\pi}{\Delta\pi}\right)\frac{C(1)}{\Delta q} \tag{5-17}$$

以及

$$Eu_{2\alpha} = \left(q_0 + \frac{\pi}{\Delta\pi}\right)\frac{C(1)}{\Delta q} \tag{5-18}$$

深入分析之前的内容得知，固定分配制度对于代理人来说带来了一些优势，但对于

委托人而言则不尽如人意。尽管线性契约能够在一定程度上激励代理人的积极性，但其获取代理人利益的方式并不十分巧妙。在线性契约的框架下，代理人的收入与产出直接相关，这意味着即便在最不利的情况下，代理人也能够从自身的正向产出中获得一定的收益。因此，相较于次优契约，线性契约实际上使代理人在最坏情况下的收益超过了理论上的最低收益。这引发了一个值得关注的问题：在线性契约的制约下，如何有效地惩罚代理人的不良行为变得更加棘手。在此情况下，委托人需要在激励代理人积极性的同时，设计更巧妙的契约条款以防止代理人滥用权力，确保代理人与委托人之间的利益均衡。这无疑对契约设计提出了更高的要求，也揭示了在制定相关制度时需要兼顾各方利益，力求达到公平与效率的平衡。在线性分配方案中，代理人有可能获得超过其最低接受水平的额外收益 $Eu_{2\alpha}$，但通过设定一个固定费用 β，委托人可以调整代理人的总收益，从而消除代理人的额外利润。

$$\beta^{SB} = \left(q_0 + \frac{\pi}{\Delta\pi}\right)\frac{C(1)}{\Delta q} \qquad (5-19)$$

将代理人的效用水平降到其保留效用水平。

分成制契约模型在委托代理模型中的应用可以提供激励和合理的利益分配，以下是对于该模型在应用中的一些拓展建议。

1. 明确契约目标和提成比例：在建立分成制契约时，双方应明确契约的目标和提成比例。目标应该具体而清晰，以便代理人了解他们需要达到的标准。提成比例应根据市场竞争和行业标准进行评估，并确保对双方公平。

2. 定期评估和调整契约：市场条件和业务需求可能会变化，因此建议定期评估和调整契约。这可以包括重新评估提成比例、更新目标设定和奖励机制，以确保契约仍然有效和具有吸引力。

3. 提供培训和支持：委托人可以为代理人提供培训和支持，以帮助他们更好地实现契约目标。提供销售工具、市场知识和销售技巧培训等资源可以提高代理人的绩效。

4. 建立有效的监测和反馈机制：委托人应建立有效的监测和反馈机制，以跟踪代理人的绩效。及时提供反馈，帮助代理人了解他们的强项和改进的领域，并鼓励他们保持高水平的工作动力。

5. 奖励长期合作：如果可能的话，考虑建立长期的合作关系，以激发代理人的长期动力。长期合作关系可以包括逐年增加的提成比例或其他长期奖励机制，以奖励代理人的忠诚度和持续的努力。

所以，分成制契约可以在委托代理模型中提供一种灵活且激励性的奖励机制，鼓励代理人为实现共同的业务目标付出更多的努力。通过合理设定契约条件、定期评估和提供支持，可以确保契约的成功执行，并在合同双方之间建立长期的合作关系。

5.4　连续努力下的委托-代理模型

本节将介绍连续努力下的委托-代理模型。此模型涉及代理人需要在一段时间内不断努力以实现委托人的目标，而这种连续的努力可能涉及不确定性和信息不对称。在这种情况下，激励机制和监控变得尤为重要，以确保代理人在整个过程中保持高效和诚实的工作状态。

为阐述连续努力情况下的委托-代理模型，以一个商业环境中的案例为例。

案例 5-13

假设有一家大型制造公司，该公司由一位创始人兼首席执行官（CEO）领导，但随着业务的不断扩张，CEO 发现自己无法单独管理所有方面的运营和决策。在这种情况下，CEO 决定采用委托-代理模型，以确保公司的各个部门和职能得到有效的管理和领导。以下是具体举措。

1. 委托权力：CEO 首先将一部分权力委托给高级管理团队，如首席运营官（COO）、首席财务官（CFO）和首席营销官（CMO）。每位高级管理人员负责特定的职能领域，如运营、财务和市场营销。

2. 设定目标和期望：CEO 与各高级管理人员共同设定公司的长期目标和短期目标，并明确期望达到的业绩水平。这为委托方和代理方建立了明确的目标，使其在连续努力中能够共同努力。

3. 定期沟通和监督：为确保委托方和代理方之间的信息流畅，定期的沟通和监督是必不可少的。CEO 与高级管理团队定期召开会议，审查公司的业绩、问题和机会。这种沟通机制有助于及时调整和纠正方向。

4. 激励和奖励体系：为了激励高级管理人员不断努力，CEO 建立了一个奖励体系，对业绩卓越的团队和个人进行奖励。这种激励措施有助于提高代理方的积极性和责任心。

5. 风险管理：CEO 和高级管理团队共同进行风险评估，确定潜在的挑战和威胁。在委托-代理模型中，有效的风险管理确保连续努力的顺利进行，防范潜在的问题。

通过委托-代理模型，公司实现了连续的努力，各个部门能够在其专业领域内进行深入的管理和决策，而不需要 CEO 亲自过问每个细节。这种模型旨在实现最优化的资源利用，使公司更加灵活和高效地运营。在不断变化的商业环境中，委托-代理模型为公司提供了一种可持续的管理方法。

参考相关著作（肖条军，《博弈论及其应用》），这里考虑代理人可以在一个紧区间 $[0,\bar{e}]$ 内施加连续不断的努力水平 e 的情景。在这种情形下，代理人的努力成本 $C(e)$ 是一个随着努力水平递增的凸函数，而且为了避免出现角点解，假设伊纳德条件 $C'(0)=0$ 和 $C'(\bar{e})=+\infty$ 满足。

代理人的产出 π 可以在一个紧区间 $[\underline{\pi},\bar{\pi}]$ 内取任何值，其条件分布 $F(\pi|e)$ 的密度函数 $f(\pi|e)$ 在任何地方都是正的。假设 $F(\cdot|e)$ 这个密度函数是两次可微的。

委托人的问题是最大化他们的期望收益，同时需要满足两个约束：激励相容性约束（IC）和参与约束（IR），即

$$\max_{\{t(\cdot),e\}} \int_{\underline{\pi}}^{\bar{\pi}} (S(\pi)-t(\pi))f(\pi|e)\mathrm{d}\pi \tag{5-20}$$

s. t.

$$(\text{IC})\quad \int_{\underline{\pi}}^{\bar{\pi}} u(t(\pi))f(\pi|e)\mathrm{d}\pi - C(e) \geqslant \int_{\underline{\pi}}^{\bar{\pi}} u(t(\pi))f(\pi|e)\mathrm{d}\pi - C(e) \ \forall\, e \in [0,\bar{e}]$$

$$\tag{5-21}$$

$$(\text{IR})\quad \int_{\underline{\pi}}^{\bar{\pi}} u(t(\pi))f(\pi|e)\mathrm{d}\pi - C(e) \geqslant 0 \tag{5-22}$$

用 $\{(t^{SB}(\cdot),e^{SB})\}$ 来表示这个问题的最优解。挑战在于确保在所有可能的激励契约集合 $t(\cdot)$ 中存在这样一个最优解。有研究认为在一类无界的分享规则中不一定存在最优解，这主要是由于可行激励契约集缺乏紧性所导致的。暂时忽略这些技术细节，集中于简化无穷多的全局激励约束式（IC），并用相对简单的局部激励约束（IC'）来替代它：

$$(\text{IC}')\quad \int_{\underline{\pi}}^{\bar{\pi}} u(t(\pi))f_e(\pi|e)\mathrm{d}\pi - C'(e) = 0 \tag{5-23}$$

这个激励约束意味着，当代理人按照补偿计划 $\{t(\pi)\}$ 得到支付时，他不关心选择当前的努力水平 e 是稍微增加或减少他的努力。在这个简化的约束下，以（IC'）代替（IC），用 $\{(t^R(\cdot),e^R)\}$ 来表示委托人问题的解。

先描述这个解的特点。然后找到这个解满足委托人初始问题约束的充分条件。记 λ 和 μ 为式（IC'）的乘子和式（IR）的乘子。用拉格朗日函数 L 描述，即

$$L(t,e) = \int_{\underline{\pi}}^{\bar{\pi}} (S(\pi)-t)f(\pi|e)\mathrm{d}\pi +$$

$$\lambda \left[\int_{\underline{\pi}}^{\bar{\pi}} u(t(\pi))f_e(\pi|e)\mathrm{d}\pi - C'(e) \right] +$$

$$\mu \int_{\underline{\pi}}^{\bar{\pi}} u(t(\pi))f(\pi|e)\mathrm{d}\pi - C(e) \qquad (5-24)$$

对式（5-24）逐点最优化：

$$\frac{1}{u'(t^R(\pi))} = \mu + \lambda \frac{f_e(\pi|e^R)}{f(\pi|e^R)} \qquad (5-25)$$

由 $u'' < 0$，可知式（5-25）的左边是 $t^R(q)$ 的增函数。给定 $\lambda > 0$，单调似然率性质（MLRP）：

$$\frac{\partial}{\partial \pi}\left(\frac{f_e(\pi|e)}{f(\pi|e)}\right) > 0 \qquad (\forall \pi \in [\underline{\pi},\bar{\pi}]) \qquad (5-26)$$

保证式（5-25）右边也是 π 的增函数。所以，在 MLRP 下，$t^R(\pi)$ 是 π 的严格增函数。

在解决这个委托人问题时面临的挑战是确保在所有可能的激励契约中，存在一个最优解（用 $\{(t^{SB}(\cdot),e^{SB})\}$ 来表示）。有研究表明，在某些情况下，特别是在那些没有界限的分享规则中，可能并不存在最优解。这通常是因为可行的激励契约集合缺乏紧性。为了简化问题，可以考虑将复杂的全局激励约束（IC）简化为更易处理的局部激励约束（IC'）：

$$(\text{IC'}) \quad \int_{\underline{\pi}}^{\bar{\pi}} u(t(\pi))f_e(\pi|e)\mathrm{d}\pi - C'(e) = 0 \qquad (5-27)$$

其中包含一个必要条件，即代理人可以选择最优的努力水平。

这个简化的激励约束（IC'）表明，代理人在按照补偿计划 $\{t(\pi)\}$ 获得补偿时，不会因为略微增加或减少努力而改变其选择的努力水平。在此约束下，可以用（IC'）替代原始的激励约束（IC），并用 $\{(t^R(\cdot),e^R)\}$ 求解委托人的问题。

为了描述这个解的特点，需要找到满足委托人问题约束的充分条件。将 λ 表示为式（IC'）的拉格朗日乘子，μ 表示为个体理性约束（IR）的乘子。这样，可以得到一个拉格朗日函数 L，它是关于代理人努力水平的函数。

$$L(t,e) = \int_{\underline{\pi}}^{\bar{\pi}}(S(\pi) - t)f(\pi|e)\mathrm{d}\pi +$$

$$\lambda\left[\int_{\underline{\pi}}^{\bar{\pi}} u(t(\pi))f_e(\pi|e)\mathrm{d}\pi - C'(e)\right] +$$

$$\mu \int_{\underline{\pi}}^{\bar{\pi}} u(t(\pi))f(\pi|e)\mathrm{d}\pi - C(e) \qquad (5-28)$$

通过对这个拉格朗日函数进行优化，可以得到关于代理人努力水平的一阶条件（5-25）。这个条件表明，此式左边是 $t^R(\pi)$ 的增函数。同时，由于单调似然率性质（MLRP），可知其是代理人努力水平的严格增函数。因此，在 MLRP 的条件下，也是代理人努力水平的严格增函数。

保证条件（5-25）右边也是 π 的增函数。所以，在 MLRP 下，$t^R(\pi)$ 是 π 的严格增函数。

在经济学中，单调似然率（Monotone Likelihood Ratio Property，MLRP）是一个重要的概念，它在设计激励机制时起着关键作用。MLRP 确保了随着观察到的产量（或状态）的增加，代理人付出较大努力的可能性也随之增加。这一性质是确保在不完全信息下的最优工资合同满足单调性的必要条件，即工资随着努力程度的增加而增加，从而激励代理人更加努力工作。

当 MLRP 成立时，可以检验增加努力程度（e）会如何影响产出大于某个给定 π 的概率的情况为 $1 - F(\pi|e)$。根据 MLRP，努力程度的增加会导致产出分布的期望值增加，这是因为产出的对数形式的微分与努力程度是正相关的。具体来说，如果努力程度增加，那么产出大于某个概率的期望值也会增加。因而有

$$F_e(\pi|e) = \int_{\underline{\pi}}^{\bar{\pi}} \frac{f_e(\overset{\circ}{\pi}|e^R)}{f(\overset{\circ}{\pi}|e^R)} f_e(\overset{\circ}{\pi}|e) \, \mathrm{d}\overset{\circ}{\pi}$$

$$= \int_{\underline{\pi}}^{\bar{\pi}} \alpha(\overset{\circ}{\pi},e) f_e(\overset{\circ}{\pi}|e) \, \mathrm{d}\overset{\circ}{\pi} \tag{5-29}$$

其中 $\alpha(\overset{\circ}{\pi},e) = \partial(\ln f(\overset{\circ}{\pi}|e)/\partial e) = f_e(\overset{\circ}{\pi}|e)/f(\overset{\circ}{\pi}|e)$ 是 $f(\cdot)$ 的对数形式的微分。但是，由 MLRP 可知，$\alpha(\overset{\circ}{\pi}|e)$ 是 $\overset{\circ}{\pi}$ 的增函数。$\alpha(\overset{\circ}{\pi}|e)$ 不可能处处为负，有 $F_e(\bar{\pi}|e) = 0 = \int_{\underline{\pi}}^{\bar{\pi}} f(\overset{\circ}{\pi}|e)\alpha(\overset{\circ}{\pi},e)\mathrm{d}\overset{\circ}{\pi}$。所以，存在 π^*，使得 $\alpha(\overset{\circ}{\pi},e) \leqslant 0$ 当且仅当 $\overset{\circ}{\pi} \leqslant \pi^*$。$F_e(\pi|e)$ 在区间 $[\underline{\pi},\pi^*]$（相应地，$[\pi^*,\bar{\pi}]$）是 π 的减函数（相应地，增函数）。因为 $F_e(\underline{\pi}|e) = F_e(\bar{\pi}|e) = 0$，所以，对任意 $\pi \in [\underline{\pi},\bar{\pi}]$ 必须有 $F_e(\pi|e) \leqslant 0$。因此，当代理人施加一个努力 $e > e'$ 时，e 的产出分布在一阶随机占优的意义上优于 e' 的产出分布。

通过证明确实有 $\lambda > 0$。将式（5-25）乘以 $f(\pi|e^R)$，并在区间 $[\underline{\pi},\bar{\pi}]$ 上积分，注意到 $\int_{\underline{\pi}}^{\bar{\pi}} f_e(\pi|e^R) \, \mathrm{d}\pi = 0$，有

$$\mu = \int_{\underline{\pi}}^{\bar{\pi}} \frac{1}{u'(t^R(\pi))} f(\pi|e^R) \, \mathrm{d}\pi = E_{\overset{\circ}{\pi}}\left(\frac{1}{u'(t^R(\overset{\circ}{\pi}))}\right) \tag{5-30}$$

$E_{\overset{\circ}{\pi}}(\cdot)$ 为对激励努力 e^R 的产出分布的预期算子。因为 $u' > 0$，有 $\mu > 0$ 以及参与约束式（IR）是紧的。

再次用到条件（5-25），也可以发现：

$$\frac{\lambda f_e(\pi|e^R)}{f(\pi|e^R)} = \frac{1}{u'(t^R(\pi))} - \underset{\pi}{E}\left(\frac{1}{u'(t^R(\mathring{\pi}))}\right) \tag{5-31}$$

将式（5-31）的两边都乘以 $u(t^R(\pi))f(\pi|e^R)$，并在 $[\underline{\pi},\bar{\pi}]$ 上积分得

$$\lambda \int_{\underline{\pi}}^{\bar{\pi}} u(t^R(\pi))f_e(\pi|e^R)\,\mathrm{d}\pi = \mathrm{COV}\left(u(t^R(\mathring{\pi})),\frac{1}{u'(t^R(\mathring{\pi}))}\right) \tag{5-32}$$

其中，$\mathrm{COV}(\cdot)$ 是协方差算子。

由松弛激励相容约束（IC'），即 $\lambda \int_{\underline{\pi}}^{\bar{\pi}} u(t^R(\pi))f_e(\pi|e)\,\mathrm{d}\pi - C'(e) = 0$，得到

$$\lambda C'(e^R) = \mathrm{COV}\left(u(t^R(\mathring{\pi})),\frac{1}{u'(t^R(\mathring{\pi}))}\right) \tag{5-33}$$

由于 $u(\cdot)$ 和 $u'(\cdot)$ 在反方向上变动，可以得到 $\lambda \geqslant 0$。此外，这个协方差仅当 $t^R(\pi)$ 对所有的 π 是常数时，才恰好等于零，然而，在这种情况下，激励约束式（IC）在一个正的努力水平上无法得到满足。因此，$\lambda > 0$，即得到下面的定理。

定理 5.4.1 在 MLRP 下，松弛问题的解 $t^R(\pi)$ 是 π 的增函数。

此定理的含义是：在 MLRP 下，代理人在解决松弛问题时，会选择更高的概率约束，以获得更大的收益。换句话说，代理人会倾向于采取更有利于他们的行动策略，以最大化他们的收益。例如，在股票市场中，假设一个投资者想要最大化其投资组合的收益，同时受到某些风险限制的约束。根据 MLRP，投资者在寻找最优投资组合时会倾向于选择更高的风险水平，因为这可以带来更高的预期收益。因此，投资者可能会选择放宽某些风险限制，以获得更大的收益。这个过程涉及解决松弛问题，其中，解 $t(pa)$ 会随着风险限制的增加而增大，从而最大化投资者的效用。

代理人在接受了特定的转移支付计划 $\{(t^R(\mathring{\pi})\}$ 并付出努力 e 后，其期望的效用可以通过分部积分的方法来确定，其中 $F(\underline{\pi}|e) = 0$ 和 $F(\bar{\pi}|e) = 1$ 是在特定条件下的已知函数，可以计算出代理人的预期效用为

$$U(e) = \int_{\underline{\pi}}^{\bar{\pi}} u(t^R(\pi))f_e(\pi|e)\,\mathrm{d}\pi - C(e)$$

$$= u(t^R(\bar{\pi})) - \int_{\underline{\pi}}^{\bar{\pi}} u'(t^R(\pi))\frac{\mathrm{d}t^R(\pi)}{\mathrm{d}\pi}F(\pi|e)\,\mathrm{d}\pi - C(e) \tag{5-34}$$

为了证明 $U(e)$ 是 e 的凹函数，首先引入一个关键条件，即分布函数的凸性条件（CDFC）：对所有的 (π,e)，$F_{ee}(\pi|e) > 0$。

因为 $C''(e) > 0, u' > 0$，并且当 MLRP 满足时，$t^R(\pi)$ 是递增的。可以证明，如果条件 CDFC 也成立，那么，$U(e)$ 是 e 的凹函数。

结合 MLRP 和 CDFC 可以得出结论：代理人增加努力将导致产出超过某一特定阈值 π 的概率 $1 - F(\pi|e)$ 以递减的速率增长。

然而，CDFC 并非在所有情况下都成立。例如，如果产出和努力的关系可以表示为 $\pi = e + \varepsilon$，其中 $\varepsilon \in (-\infty, +\infty)$，其分布函数为 $G(\cdot)$，则 CDFC 意味着 ε 的分布有一个递增的密度，这是一个事实上更严格的假设。

在论证代理人的报酬与其工作表现为正相关的过程中，尽管引入这样一个严格的假设似乎有些出人意料，但记住 $t^R(\cdot)$ 对 π 的依赖性（从保险的角度来看），只有当它对努力的激励程度起到作用时，才令人感兴趣。为了使更高的一个 π 成为一个高努力的信号，努力的增加必须能够致使产量的提高（在一阶随机占优的意义上），而且高 π 传递了高努力 e 的信息（这一点由 MLRP 保证）。

因为 $U(e)$ 对于松弛问题的解是凹的，因此，松弛问题的激励相容约束（IC′）对于刻画原激励相容约束（IC）是充分的。相应地，松弛前后委托人的问题是一样的。这样，有下面的定理。

定理 5.4.2 假设 MLRP 和 CDFC 都成立。如果最优努力是正的，激励相容条件（IC）可用（IC′）来代替，且有 $\{(t^{SB}(\cdot), e^{SB})\} = \{(t^R(\cdot), e^R)\}$。

基于定理 5.4.2，再次复习上面的一些知识点。在博弈论中，MLRP 和 CDFC 是两个重要的性质。MLRP 指的是对于代理人而言，随着其努力水平的增加，其预期收益的可能性单调递增。CDFC 则表明，对于代理人而言，较高的努力水平意味着较高的成本，且成本函数呈现凹函数的形态，即边际成本递减。

激励相容条件是指在博弈中，代理人选择最优努力是有利可图的。IC′是对 IC 的一种等价替代，它更加通用，并且在某些情况下更容易应用。

这个定理的含义在于，如果 MLRP 和 CDFC 都成立，并且最优努力是正的，那么在设计契约时，可以使用 IC′代替 IC 来确保代理人的最优努力。换句话说，可以通过确保激励机制与代理人的最优行为相容来设计契约，而不需要严格遵循 IC 的条件。

案例解释可以用于雇佣关系中。假设某公司需要雇佣销售代表来推广其产品。销售代表的收入与销售业绩相关，即销售越多，收入越高。MLRP 和 CDFC 成立意味着销售代表的预期收入随着销售业绩的提升而单调递增，并且销售代表的努力成本呈现递减的趋势。在这种情况下，公司可以设计一个激励机制，确保销售代表选择最优的销售努力，从而最大化销售业绩和公司利润，而不需要严格遵循 IC 条件，而是使用更通用的 IC′条件来设计契约。

读者可通过马本江等在《系统工程理论与实践》发表的一篇论文，对信息不对称条件下保险市场上存在的逆向选择和道德风险问题方面的应用进行理解。此外，多任务下的委托代理模型这里不再介绍。有兴趣的读者可参考孙世敏等在《管理评论》和孙中苗等在《中国管理科学》上发表的相关论文自行学习。

5.5 最优契约问题

在完全信息下，每个博弈方都具有关于其他博弈方的完全信息，包括对彼此的策略和支付的了解。最优契约是指在这种情境下，博弈方可以制定的最佳合同或协议。这里通过一个简单的例子来说明。

案例 5-14

假设有两个商人，Alice 和 Bob，他们希望合作进行某种生意。他们都知道对方的成本和期望利润，并且希望达成一个合同以最大化他们的总利润。

Alice 的成本是 C_1，她期望的利润是 P_1。

Bob 的成本是 C_2，他期望的利润是 P_2。

他们可以通过一个合同来分配收益，合同可以规定支付给对方的金额。在完全信息下，Alice 和 Bob 知道对方的成本和期望利润，因此他们可以制定一个最优契约，以最大化他们的总利润。

例子中的最优契约可能涉及以下方面：

1. Alice 和 Bob 如何分配生意的利润。

2. 是否存在一种支付结构，使得双方都满意，且没有更好的替代方案。

所以，最优契约的制定需要考虑到双方的利益，以及在完全信息的前提下，如何通过合同达成最有利的协议。这样的合同可以使每个商人都达到其最大利润，同时保持对对方信息的了解。

再设想一个由两方组成的场景：一位消费者（即委托人）和一家企业（即代理人）。消费者指派企业生产一定数量 q 的产品，消费者从消费这些商品中获得的效用为 $u_1(q)$，并且随着消费量的增加而增加，但是边际效用递减〔即 $u'_1 > 0$，$u''_1 < 0$，$u_1(0) = 0$〕。

在这个协议中，产品的单位生产成本为 $\theta \in \Theta = (\underline{\theta}, \bar{\theta})$，$\underline{\theta} < \bar{\theta}$。消费者根据企业的效率类型（高或低）来进行决策，以使得自身的边际效用与企业的边际成本相匹配，实现产出的最优水平。且在这个模型中，消费者和企业之间信息对称。

由于信息完全透明，有效产出水平应当在消费者的边际效用等同于企业的边际成本时达到。从而可知，最优产出水平由以下条件决定：

$$u'_1(q^*) = \underline{\theta}, u'_1(\bar{q}^*) = \bar{\theta} \tag{5-35}$$

并且由于消费者的边际效用递减，高效率企业的最优产出将大于低效率企业。为了保证企业能够成功地完成任务，消费者给予企业的效用至少应等于企业不参与契约时的水平。可以假设企业的保留效用为 0，消费者的转移支付为 t。因此，企业的参与约束可以表示为

$$(\text{IR}) \qquad \underline{t} - \underline{\theta}\underline{q} \geq 0, \bar{t} - \bar{\theta}\bar{q} \geq 0 \tag{5-36}$$

为了实现最优的生产水平，消费者可以向企业提出一份"接受或离开"的契约，即不允许对契约进行谈判。如果成本是 $\theta = \bar{\theta}$（或 $\theta = \underline{\theta}$），那么消费者的转移支付将是 $\bar{t}^*$（或 $\underline{t}_*$）。这种情况下，无论企业的类型如何，它都会接受这份契约，因为它的利润为零。

因此，完全信息下的最优契约为：若 $\theta = \underline{\theta}$，则 $(\underline{t}_*, \underline{q}^*)$；若 $\theta = \bar{\theta}$，则 $(\bar{t}^*, \bar{q}^*)$。在完全信息的情况下，消费者实施代理是没有额外成本的，即他获得的效用等同于他自己执行任务时的效用，只要他的生产成本与企业相同。换言之，如果信息是对称的，消费者可以根据企业的类型来决定支付，因此激励相容性约束（IC）是不必要的。在信息不完全的情况下，会发现激励相容性约束（IC）变得必要，这可能会与其他约束产生冲突。这表明在完全信息和信息不完全的情况下，消费者实施代理的成本问题以及激励相容性约束（IC）的必要性。

1. 在完全信息的情况下，消费者实施代理是没有额外成本的。这意味着如果消费者拥有关于企业的全部信息，他可以根据企业的类型作出决策，而不需要额外的激励措施。效用（Utility）是指消费者的满足程度，这里表示消费者在代理任务中获得的效用等同于他自己执行任务时的效用。同时，假设消费者的生产成本与企业相同。

2. 在完全信息的情况下，由于消费者拥有所有必要的信息，他可以理性地作出最优决策，而不需要额外的激励。在这种情况下，激励相容性约束是不必要的，因为信息对称使消费者可以根据企业类型合理支付。

举例来说，考虑一个消费者雇佣企业来完成某项任务。在完全信息的情况下，消费者了解企业的能力、成本和表现，可以直接与企业达成合同，不需要考虑额外的奖励或惩罚，因为信息是充分的。

3. 当信息不完全时，激励相容性约束变得必要。这表示由于缺乏某些信息，消费者可能需要额外的激励来确保代理的行为符合其期望。在这种情况下，激励相容性约束可能会与其他约束产生冲突，因为需要平衡激励与其他目标之间的关系。

在完全信息和信息不完全的情况下，代理实施的方式和激励机制会有所不同，而激励相容性约束在信息不完全的情况下显得尤为重要。

下面再通过两个论文想法给出完全信息下的最优契约模型的应用。

案例 5-15

供应链中的合作与激励机制设计。

论文想法：研究如何设计完全信息下的最优契约，以激励供应链中的各参与者（制造商、供应商、零售商）共享信息、协同合作，从而优化整个供应链的绩效。

建模过程：

1. 确定决策变量：定义每个参与者的决策变量，如定价、生产数量等。

2. 制定效用函数：为每个参与者制定效用函数或利润函数，考虑其个体目标和合作关系。

3. 构建博弈模型：建立供应链博弈模型，包括参与者之间的博弈策略和潜在的合作行为。

4. 设计契约：设计完全信息下的最优契约，以激励参与者共享信息、协同合作，实现供应链整体绩效的最大化。

5. 仿真与实验：进行数值仿真实验，评估不同契约形式对供应链绩效的影响，并提出管理策略和建议。

案例 5-16

AI 系统中的合作与资源分配。

论文想法：探讨在多个人工智能系统协同工作的场景中，利用完全信息下的最优契约设计合作机制，实现资源的有效共享与协同学习。

建模过程：

1. 定义智能体行为：确定每个人工智能系统的行为策略空间，包括资源分配、任务分工等决策变量。

2. 制定效用函数：设定每个智能体的效用函数，考虑其个体目标和整体协作目标之间的平衡。

3. 构建博弈模型：建立多智能体博弈模型，考虑智能体之间可能存在的合作与竞争关系。

4. 设计契约：设计完全信息下的最优契约，以激励智能体之间的资源共享、协同学习，实现系统整体性能的最优化。

5. 仿真与实验：进行仿真实验验证不同契约形式对系统性能的影响，提出相应的合作策略和算法设计原则。

这两个论文想法探讨了在供应链管理和人工智能研发领域中，利用完全信息下的最优契约模型来解决合作与资源管理等重要问题的方法与实践。这种研究有助于提高系统的效率和性能，促进参与者之间的合作与协同。

本章思考题

1. 什么是机制设计理论？它的基本原理是什么？

2. 机制设计如何与博弈论相关联？它们之间的关系是什么？

3. 机制设计理论在什么样的情境下最有用？请举例说明。

4. 如何设计一个有效的机制解决参与者之间的信息不对称问题？

5. 机制设计如何应用于拍卖和竞标过程？它对市场竞争有何影响？

6. 机制设计理论在医疗保健领域的应用有哪些？它如何影响医疗资源的分配？

7. 机制设计如何帮助解决资源分配和公共服务领域的问题？举例说明。

8. 基于机制设计理论，如何设计一个公平且高效的排队系统？

9. 在数字经济中，机制设计理论如何应用于在线市场和平台的管理？

10. 机制设计如何影响公共管理政策制定和公共项目的实施？它能够解决哪些常见的政策挑战？

11. 如何利用机制设计理论优化企业内部的奖励和激励机制，以提高员工绩效？

12. 供应链管理中的信息不对称问题如何影响供应链的效率和稳定性？机制设计如何解决这些问题？

13. 在供应链合作中，如何设计激励机制来鼓励各方分享信息并保持合作？

14. 机制设计如何帮助企业有效管理供应链中的风险，并应对突发事件或供应链中断？

15. 基于机制设计理论，如何设计一个公平而高效的竞标系统，以选择最佳供应商并确保供应链的可靠性？

第 6 章 合作博弈

合作博弈是一种博弈形式，其中参与者可以联合起来以获得更大的利益。以下是一个简单的合作博弈的例子。

案例 6-1

假设有两位朋友，Alice 和 Bob，他们计划一起开一家小餐馆。在这个场景中，可以运用合作博弈的概念解释他们的合作关系。

首先考虑的是特征函数，即这个合作博弈的利润分配规则。合作博弈的核心是如何分配产生的总利润，以确保合作者都能获得公平的份额。

在完全信息的情况下，Alice 和 Bob 对对方的贡献和期望有充分了解。Alice 是一位烹饪大师，而 Bob 是一位出色的服务员。他们决定按照各自的专业能力分配收益。

假设他们合作的总利润是 1000 美元，成本是 300 美元。Alice 的贡献是独特而不可替代的，为了反映这一点，她获得 60% 的份额。Bob 贡献了服务和管理技能，他获得剩余的 40%。

这种利润分配方式是他们在完全信息下达成的最优契约，因为每个人都得到了他们贡献所对应的公平份额。

然而，现在考虑信息不完全的情况。假设他们并不完全了解对方的工作效能，可能存在对对方贡献的不确定性。这时激励相容性约束变得重要，因为每个人希望确保他们的付出得到合理的回报。

此外，在信息不完全的情况下，他们可能需要制定一些激励机制，如奖励或者惩罚，来确保对方积极合作而不是敷衍了事。这就是激励相容性约束的作用，以确保每个合作者都愿意真实地付出努力，而不是隐藏信息或采取自私行为。

可见，合作博弈提供了一个框架，帮助读者理解在合作关系中如何有效地分配利润，尤其是在信息不完全的情况下，激励相容性约束成为确保协作的关键。在合作博弈中，每个参与者都有自己的利益和目标，因此它们之间需要进行协商和妥协。在这个过程中，参与者需要考虑自己的贡献和投资，以及对方企业的贡献和投资，以达成一个公平的协议。如果两个企业无法达成一致，它们可能会选择不合作或者在合作中产生矛盾和冲突。

在合作博弈中，参与者通常会采取一些策略来最大化自己的利益。以下是一些常见的策略。

（1）建立信任关系：在合作博弈中，建立信任关系是非常重要的。如果两个企业之间缺乏信任，它们可能无法达成一致或者难以有效地合作。因此，它们可以通过建立信任关系来促进合作，如通过共享信息和交流来增加透明度和互相理解。

（2）寻找共同利益：在合作博弈中，参与者通常会寻找共同利益以达成一致。例如，两个企业可以共同开发一个新产品或市场，以获得更大的利润。

（3）分配资源：在合作博弈中，分配资源也是一个重要的策略。参与者可以通过协商和谈判来分配资源和利益，以达成一致并避免冲突。

（4）采取妥协：在合作博弈中，采取妥协也是一种常见的策略。如果两个企业之间存在争议和分歧，它们可以通过采取妥协达成一致。例如，它们可以采取平均分配利润的方式或者采取轮流分配利润的方式。

在合作博弈中，关键在于有效地分配利润，尤其是在信息不完全的情况下，激励相容性约束成为确保合作的关键。每个参与者都有自己的利益和目标，因此需要进行协商和妥协。在这个过程中，参与者需要考虑自己的贡献和投资，以及对方的贡献和投资，以达成一个公平的协议。如果双方无法达成一致，可能会选择不合作或者产生冲突。

6.1 联盟

合作博弈是指参与者联合达成约束力和可强制执行的协议的博弈类型。各参与者从联盟中分得的收益正好是各种联盟形式的最大总收益，不小于独立操作的收益之和。这种博弈的基本形式是联盟博弈，假设存在自由流动的交换媒介，参与者的效用与之线性相关，也称为"单边支付"博弈或可转移效用博弈。结果必须是帕累托改进，即增加双方或至少一方的利益而不损害另一方的利益。研究合作产生的收益如何分配，即收益分配问题。合作产生的剩余取决于力量对比和制度设计，因此分配是关键问题。纳什在20世纪50年代初区分了合作博弈和非合作博弈，根据博弈者是否具有约束力的协议来定义。合作博弈具有约束力，而非合作博弈则不具有约束力。

根据纳什提出的界定条件，由于合作博弈中存在具有约束力的协议，每位博弈者都能够按自己的利益与其他部分的博弈者组成一个小集团，彼此合作以谋求更大的总支付。称这些小集团为联盟（Coalition），而由所有博弈者组成的联盟则称为总联盟（Grand Coalition）。因此，对有 n 个局中人参与的博弈，即 $N = \{1,2,\cdots,n\}$，称集合 N 的任何一个子集 S 为一个联盟。

定义 6.1.1　设博弈的局中人集合为 $N = \{1,2,\cdots,n\}$，则对于任意 $S \subseteq N$，称 S 为 N 的一个联盟。这里允许取 $S = \varnothing$ 和 $S = N$ 两种特殊情况，把 $S = N$ 称为一个大联盟。

若 $|N| = n$，则 N 中联盟个数为 $C_n^1 + C_n^2 + \cdots + C_n^n = 2^n$。正式的合作博弈的定义是以特征函数的有序数对 $\langle N,v \rangle$ 形式给出的，简称博弈的特征性，也称联盟型。

定义 6.1.2　给定一个有限的参与者集合 N，合作博弈的特征性是有序数对 $\langle N, v \rangle$，其中特征函数 v 是从 $2^N = \{S \mid S \subseteq N\}$ 到实数集 R^N 的映射，即 $\langle N,v \rangle : 2^N \to R^N$，且 $v(\varnothing) = 0$。

这里，$v(S)$ 是 N 中的联盟 S 和 $N - S = \{i \mid i \in N, i \notin S\}$ 的两人博弈中 S 的最大效用，$v(S)$ 称为联盟 S 的特征函数。$v(S)$ 表示联盟中参与者相互合作所能获得的收益（支付）。之所以称为特征函数，是因为这个合作博弈的性质基本由 $v(S)$ 决定。由此可见 $v(S)$ 对合作博弈的重要性。

特征函数是研究联盟博弈的基础，确定特征函数的过程实际上就是建立合作博弈的过程。在合作博弈中，支付可能是收益，也可能是成本（负效应）。若收益是可以被瓜分的，则称它为可转移的（Transferable）；反之，则称它为不可转移的（Non-transferable）。

合作对策的分类主要根据特征函数的性质。下面根据特征函数的性质介绍几类特殊的合作对策。

（1）如果 $v(S)$ 仅与 S 的个数有关，则 $\langle N,v \rangle$ 称作对称博弈。

（2）如果 $v(S) + v(N - S) = v(N)$，则 $\langle N,v \rangle$ 称作常和博弈。

（3）如果 $v(S) = \begin{cases} 0 & (S = \{i\}) \\ 1 & (S = N) \end{cases}$，则 $\langle N,v \rangle$ 称作简单博弈。

定义 6.1.3　一个支付可转移的联盟型博弈是由一个有限的博弈者集合 N 和一个定义在集合 N 中的函数 v 所组成的，而函数 v 对集合 N 中的每一个可能的非空子集 S 都会进行赋值，其值为一个实数，用 $\langle N,v \rangle$ 来表示合作博弈，而函数为每一个集合所赋的值则称为 S 的联盟值。

为了确保每位博弈者都愿意组成总联盟，合作博弈论一般要求支付可转移的联盟型博弈为有结合力的。这里所说的"有结合力"指的是在联盟形成过程中，个体之间的合作可以带来额外的收益，即合作的总收益大于各个个体独立行动时的总收益。

举个案例来解释这个概念：假设一个由多家公司组成的产业联盟，它们合作开发新产品并分享收益。这个联盟型博弈涉及各个公司之间的合作与收益分配。如果这个联盟型博弈具有结合力，意味着各家公司通过合作能够创造出比独立行动更多的价值。比如，通过共享资源、技术和市场信息，联盟成员可以共同开发出更具有竞争力的产品，并在市场上取得更大的成功，从而实现整体收益的增加。

在这种情况下，如果支付可转移的联盟型博弈具有结合力，即各公司通过合作能够获得额外的收益，那么每家公司都会愿意组成总联盟，因为总联盟的形成给每家公司带来更多的利益，而不是单独行动所能获得的利益的简单总和。这样一来，每位博弈者都会被激励去支持总联盟的形成，从而确保合作博弈的稳定和有效进行。参考相关著作（肖条军，《博弈论及其应用》），有以下定义。

定义 6.1.4 一个支付可转移的联盟型博弈 $\langle N, v \rangle$ 是有结合力的，当且仅当对于集合 N 的每个分割物，即 $\{S_1, S_2, \cdots, S_m\}$ ，且 $\bigcap\limits_{j=1}^{m} S_j = \phi$ ，以下的关系式都成立：$v(N) \geqslant \sum\limits_{j=1}^{m} v(S_j)$ 。

根据上述定义可以得知，在一个具有结合力的支付可转移的联盟型博弈中，如果把总联盟 N 分成 m 个不相交的小联盟，那么这 m 个小联盟的总收益绝不会大于总联盟的收益。由于这些博弈中的支付都是可转移的，因此，总联盟型的情况必定是帕累托最优的。在很多情况下，为了使每位博弈者有更大的愿望组成总联盟，合作博弈论更会要求博弈具有可超加性或是超可加的。

例如，在一家大型跨国公司中，不同部门需要合作完成一个项目，并且它们可以根据各自的贡献分享项目的收益，这就构成了一个联盟型博弈。现在假设将这家公司的总联盟分成若干个小联盟，比如按照地域或者业务范围进行划分。根据上述定义，这些小联盟的总收益不会大于整个公司总体的收益。这是因为各部门的工作是互相关联的，彼此的贡献是结合在一起的，无法简单地分开计算。

因此，在这种情况下，为了使每个部门有更大的愿望组成总联盟，合作博弈理论更倾向于要求博弈具有可超加性或者超可加性，以确保合作形成的总联盟对每个参与者都是最有利的，并且能够有效地分配收益。这也说明了在实际商业合作中，合作博弈理论的相关概念和原则是具有指导意义的。

定义 6.1.5 在一个支付可转移的联盟型博弈 $\langle N, v \rangle$ 中，如果对于任意的 $S_1, S_2 \in$

2^N ，且 $S_1 \cap S_2 = \varnothing$ ，有 $v(S_1) + v(S_2) \leqslant v(S_1 \cup S_2)$ ，那么，称该合作博弈 $\langle N, v \rangle$ 是超可加的；如果对于任意的 $S_1, S_2 \in 2^N$ 且 $S_1 \cap S_2 = \varnothing$ ，有 $v(S_1) + v(S_2) \geqslant v(S_1 \cup S_2)$ ，那么，称该合作博弈 $\langle N, v \rangle$ 是次可加的；如果对于任意的 $S_1, S_2 \in 2^N$ ，且 $S_1 \cap S_2 = \varnothing$ 有 $v(S_1) + v(S_2) = v(S_1 \cup S_2)$ ，那么，称该合作博弈 $\langle N, v \rangle$ 是可加的。

特征函数只有满足超可加性，才有形成新联盟的必要性。否则，如果一个合作博弈的特征函数不满足超可加性，那么，其成员没有动机形成联盟，已经形成的联盟将面临解散的威胁。合作博弈的一个最大特点是在联盟的利益（或其他效用）实现后，怎样通过协议分配利润。

分配是博弈的解，是一个 n 维向量集合。每个参与者都得到相应的分配，因此是 n 维的。特征函数表示每个参与者对决策的支持度和影响力。如果特征函数不超可加，一些参与者可能选择独立行动而非形成联盟，这会导致合作困难和不确定性。决策执行后，分配方案需要确保每个参与者都得到相应的回报，以维持合作和稳定性。

举个例子，考虑一个合作决策的情景，比如一支足球队的教练和球员们决定采取什么战术应对下一场比赛。每个球员都有不同的技能和影响力，他们的支持度对于选择战术至关重要。如果某些球员对某种战术的支持度较低，可能会导致团队内部的分歧和不确定性，影响合作和团队的表现。因此，在决策形成后，需要确保每个球员都得到相应的认可和回报，以维持团队的凝聚力和合作精神。

定义 6.1.6　S 是博弈中的一个联盟，特征函数是 $v(S)$ ，不妨设 $S = \{1, 2, \cdots, m\}$ ，于是形成 m 维向量，如果向量 $\boldsymbol{x} = (x_1, x_2, \cdots, x_m)$ 且满足：$\sum_{i=1}^{m} x_i = v(S)$ 且 $x_i \geqslant v_i, i \in s$ ，则称 $\boldsymbol{x}$ 是联盟 S 的一个分配方案。

定义 6.1.6 说明：

（1）个人理性和合作收益：在博弈中，参与者通常根据自身的利益作出决策，如果参与合作能够带来比独自行动更多的收益，那么基于个人理性，他们会选择参与合作。否则，如果合作收益小于个人行动的收益，参与者将不愿意加入合作。

（2）集体理性和分配限制：参与者需要考虑整体利益，而不仅仅是个人利益。根据集体理性原则，每个参与者获得的收益之和不能超过整体可分配的总剩余收益。这种限制确保了资源或收益的公平分配。

（3）帕累托最优和接受程度：帕累托最优是指一种资源或收益的分配方案，其中没有人可以通过不损害其他人的情况下变得更好。如果一个特定的分配方案不是帕累托最优的，即存在改变使某人变得更好而不损害其他人的可能性，那么参与者通常不会接受这种分配方案。

综合以上概念，这段话实际上在说明博弈论中的一些基本原则和限制条件，以及参与者在博弈过程中的决策考虑因素。为了方便，记 $E(v)$ 为一个博弈 v 的所有分配方案组成的集合。

定义 6.1.7　设 $E(v)$ 的两个分配方案 x 和 y，S 是一个联盟。如果分配方案 x 和 y 满足：

(1) $x_i > y_i, \forall i \in S$；

(2) $\sum_{i \in S} x_i \leqslant v(S)$。

则称分配方案 x 在 S 上优于 y，或称分配方案 y 在 S 上劣于 x，记为 $x >_S y$。如果分配方案 x 在 S 上优超于 y，则联盟 S 会拒绝分配方案 y，y 方案得不到切实执行。因为从 y 到 x，S 中的每个参与者的收益都得到改善，S 创造的剩余 $v(S)$ 又足以满足他们在 x 中的分配。

在优超关系中，联盟 S 具有以下的特征：

(1) 单人联盟不可能有优超关系。

(2) 全联盟 N 上也不可能有优超关系。

因此，如果在 S 上有优超关系，则 $2 \leqslant |S| \leqslant n - 1$。

(3) 优超关系是集合 $E(v)$ 上的序关系，这种序关系一般情况下不具有传递性和反身性。

(4) 对于相同的联盟 S，优超关系具有传递性，即 $x >_S y$，$y >_S z$，则有 $x >_S z$。

(5) 对于不同的联盟 S，优超关系不具有传递性。

博弈论中的优超关系是一种用于比较不同博弈解的关系。在博弈论中，博弈解是对博弈中可能的结果的一种特定分配或选择方式。当一个解相对另一个解对所有博弈参与者都更好，而且至少对一个博弈参与者是严格更好的情况下，这个解在优超关系中优于另一个解。具体来说，如果一个解在对所有博弈参与者都至少不差于另一个解的情况下，对至少一个博弈参与者是更好的，那么这个解优于另一个解。这种关系可以帮助读者确定在给定博弈中哪些解是更有利的或更合理的。优超关系在博弈论中被广泛用于比较不同解的优劣，帮助分析和选择博弈的最终结果。下面是基于此概念的两个论文想法展示。

案例 6-2

论文想法 1：博弈论视角下企业优超关系在合作中的影响研究。

研究问题：企业合作过程中的优超关系对合作决策和合作绩效具有重要影响。本研究旨在通过博弈论模型，分析企业间的优超关系如何影响合作伙伴选择、合作协商和利益分配等方面，以及对合作绩效的影响。

方法：构建包含多个企业的博弈模型，考虑企业间的资源、能力和利益差异，分析不同优超关系对合作决策的影响机制，并通过数学推导和计算模拟来验证理论结论。

预期结果：研究企业间的优超关系形成机制和合作绩效影响规律，提出不同类型优超关系下的合作策略和管理建议，为企业合作决策提供理论支持和实践指导。

案例 6-3

论文想法 2：供应链合作中的企业优超关系博弈分析。

研究问题：在供应链合作中，各家参与企业间存在优超关系，如何利用博弈论模型分析和管理这种优超关系，以实现供应链合作的协同效应和共赢结果。

方法：建立一个包含供应商、制造商和零售商的博弈模型，考虑企业间的竞争合作关系，分析不同优超关系对供应链合作决策的影响，探讨优超关系对供应链稳定性和绩效的影响。

预期结果：研究企业间的优超关系在供应链合作中的作用机制，提出优化合作契约设计和资源配置的建议，以促进供应链合作的有效实施和绩效改善。

定义 6.1.8　博弈在特征函数意义下，如果所有 $S \subset N$，满足如下关系：$v(S) + v(N - S) = v(N)$，则称博弈是常和的。如果 $v(N) = 0$，则称博弈是零和的。

对于变和博弈，有以下的定义。

定义 6.1.9　如果下式成立：

(i) $v(N) > \sum_{i \in N} v(i)$　则称博弈 $\langle N, v \rangle$ 是本质的；

如果下式成立：

(ii) $v(N) \leqslant \sum_{i \in N} v(i)$，则称博弈 $\langle N, v \rangle$ 是非本质的。

显然，本质的博弈是变和博弈，有形成联盟的必要；而对于非本质的博弈，没有形成大联盟的必要，即本质的博弈和非本质的博弈在形成联盟方面存在差异。

本质的博弈和形成联盟：

本质的博弈：涉及博弈中各方决策是基于理性和完全信息的情况。在这种情况下，博弈方可能会倾向于形成联盟，以共同达到更好的结果。因为有理性的决策者和完全的信息，形成联盟可以帮助博弈方协同行动，提高整体利益。

案例 6-4

国际贸易谈判。

假设有几个国家进行国际贸易谈判，彼此了解彼此的资源和需求。在这个完全信息的环境中，这些国家可能会形成贸易联盟，共同制定贸易政策，以最大化各自的经济利益。形成联盟有助于协调谈判策略，提高整个联盟的谈判地位。

非本质的博弈和无须形成大联盟：

非本质的博弈：涉及信息不对称或不完全的情况，决策者难以准确了解其他人的信息。在这种情况下，形成大联盟可能没有必要，因为信任和协调变得更加困难，每个决策者更可能独立行动。

案例 6-5

市场竞争中的广告策略。

在市场竞争中，公司可能面临非本质的博弈，因为它们无法准确了解竞争对手的广告策略和市场反应。在这个情境下，公司可能更倾向于采取独立的广告策略，而不是形成大规模的广告联盟，因为信息不对称使协同变得更为困难。

下面通过两个论文想法展示本质的博弈在不同领域的应用。

案例 6-6

论文想法 1：基于本质的博弈理论的医疗资源分配优化研究。

模型构建过程：

首先，需要确定博弈的参与者，包括医疗机构、医生和患者。他们之间存在资源分配的利益冲突和合作关系。

其次，通过深入调研和数据分析，建立参与者的利益函数和策略空间。这涉及各方对于医疗资源分配的偏好和目标。

再次，通过博弈论的方法，建立本质的博弈模型，揭示各参与者在资源分配上的核心利益和战略选择。这可能涉及纳什均衡等博弈解的计算和分析。

最后，可以利用模型的结果，提出最佳的医疗资源分配策略，以平衡医疗服务的有效性和公平性，提高整体医疗资源利用效率。

案例 6-7

论文想法 2：基于本质的博弈分析的环境保护政策制定研究。

模型构建过程：

首先，确定参与者，包括政府、企业和公众。他们在环境保护政策制定中存在利益冲突和合作关系。

其次，通过收集相关数据和信息，建立参与者的利益函数和战略空间，考虑各方在经济发展和环境保护之间的权衡。

再次，运用本质的博弈理论，建立博弈模型，揭示各参与者在环境政策制定上的核心利益和战略选择，可能需要考虑到多方博弈的复杂性。

最后，利用模型的结果，提出最佳的环境保护政策制定策略，平衡经济发展和环境保护之间的关系，推动可持续发展目标的实现。

6.2　凸博弈

本节介绍一类特殊的合作博弈——凸博弈。下面通过一个例子来理解凸博弈。

案例 6-8

资源分配博弈

假设有两家公司，公司 A 和公司 B，它们需要决定如何分配一定数量的资源，比如市场份额或广告预算。每家公司有两种可选的策略：分配更多的资源给自己或分配更多的资源给对方。

策略集合：对于每家公司，其策略集合是资源分配的所有可能组合，形成一个二维空间。

凸博弈条件：在凸博弈中，每个公司的策略集合必须是凸集。这意味着对于任意两个策略，该凸集中的任何线段上的点也必须在策略集合内。

如果考虑公司 A 和公司 B 的策略是分别指定给自己和对方的资源百分比，而且这些资源分配是可变的，那么这个资源分配博弈可能是凸博弈。

凸博弈的概念在资源分配、合作博弈等场景中具有实际应用。这种特殊类型的博弈具有一些有趣的数学性质，使得在分析和求解中更加可行。其定义如下。

定义 6.2.1　在合作博弈 $\langle N,v \rangle$ 中，若对于任意的 $S,T \subset N$，满足以下条件：$v(S) + v(T) \leqslant v(S \cup T) + v(S \cap T)$，则称特征函数 v 具有凸性，相对应的博弈称为凸博弈。

从定义可以看出，参与者对某个联盟的边际贡献随着联盟规模的扩大而增加。也就是说，在凸博弈中，合作是规模报酬递增的。显然，特征函数满足凸性的一定满足超可加性。特征函数的凸性表示联盟越大，新成员的实际贡献就越大。参考相关肖条军的《博弈论及其应用》，给出关于凸博弈的如下性质。

性质 6.2.1　对固定的 N，所有凸博弈全体形成凸锥。

这个性质的重要性在于它指出了凸博弈理论中的一个关键特征：对于凸博弈来说，任意的混合策略组合所对应的支付向量都构成凸集，而且这种性质在整个凸博弈集合中是保持的，即整体也是一个凸集。这种性质使得凸博弈在博弈论中具有重要的地位，因为它们具有较好的数学性质和稳定性，能够为博弈参与者提供更明确的策略选择和分配方案。

这里提到凸博弈理论中的一个重要性质，即任意的混合策略组合所对应的支付向量都构成凸集，而整个凸博弈集合也是一个凸集。这种性质在博弈论中具有重要地位，因为它们提供了较好的数学性质和稳定性，为参与者提供了更明确的策略选择和分配方案。

案例 6-9

假设有两家竞争对手，公司 A 和公司 B，它们都在同一个市场上销售同类产品。这里的博弈可以视为一个凸博弈，因为无论公司 A 和公司 B 采取何种定价策略，它们所获得的收益都构成了一个凸集。

公司 A 可能会选择采取高价策略，以获取更高的利润，而公司 B 可能会选择采取低价策略，以吸引更多的顾客。由于市场竞争的存在，公司 A 和公司 B 都会在一定程度上调整自己的定价策略，以适应对方的行为。

如果公司 A 采取了高价策略，公司 B 可能会选择降低价格以争夺更多市场份额，从而影响公司 A 的利润；反之亦然。在这个过程中，两家公司不断调整自己的策略，以寻求最大化自己的利益，同时影响对方的行为。

这个例子说明了在市场竞争中，公司之间的定价策略会相互影响，形成一个凸博弈，参与者可以根据对方的行为来调整自己的策略，以最大化自己的利益。

性质 6.2.2　$\langle N,v \rangle$ 是凸博弈的充要条件为：$[\Delta_{QR}v](S) \geqslant 0$ 对任意的 $Q,R,S \subset N$ 成立。

对于任意两个策略组合，这两个策略组合之间的线段上的所有策略组合对应的支付向量都属于该博弈。简言之：

（1）充分性：当博弈中的任意两个策略组合之间的线段上的所有策略组合对应的支付向量都构成凸集时，该博弈是凸博弈。

（2）必要性：如果一个博弈是凸博弈，则博弈中的每一种混合策略对应的支付向量都构成一个凸集。

例如，考虑一个多方参与的资源分配博弈，每个参与者可以选择不同的资源分配策略来最大化自己的收益。如果博弈中的任意两种资源分配策略之间的所有可能资源分配组合对应的支付向量都形成凸集，那么这个博弈就是凸博弈；反之，如果存在某些资源分配策略，其对应的支付向量构成的集合不是凸的，那么这个博弈就不是凸博弈。

总结起来，凸博弈的充要条件可以简单概括为：一个博弈是凸博弈，当且仅当对于任意两个策略组合，这两个策略组合之间的线段上的所有策略组合对应的支付向量都属于该博弈。

性质 6.2.3　凸博弈在战略等价意义下不变，即若 u 是凸博弈，而 u 和 v 战略等价，则 v 也是凸博弈。

此性质的含义是，如果两个博弈在战略等价的意义下，一个是凸博弈，那么另一个也将是凸博弈。这说明了凸博弈性质在战略等价下的稳定性。

以一个企业例子来佐证这个性质。假设有两家公司 A 和 B 进行定价竞争，它们可以选择定价高、定价中和定价低三种策略。公司 A 和公司 B 的定价策略以及对应的盈利可以构成一个博弈。如果这个定价博弈是凸博弈，那么可以证明在战略等价的情况下，另一个博弈也是凸博弈。

假设另一个类似的定价博弈与原始博弈战略等价，但是公司 C 和公司 D 是参与者。公司 C 和公司 D 也有定价高、定价中和定价低三种策略，并且它们的盈利情况也可以构成一个博弈。根据上述性质，如果原始的定价博弈是凸博弈，那么在战略等价的情况下，公司 C 和公司 D 的定价博弈也是凸博弈。

性质 6.2.4　给定博弈 $\langle N,v \rangle$，则下列条件等价：

（1）$\langle N,v \rangle$ 是凸博弈；

（2）$v(S \cup i) - v(S) \leqslant v(T \cup i) - v(T)$，$\forall S \subset T \subset N - i$；$v(S \cup C) - v(S) \leqslant$

$v(T \cup C) - v(T)$ ，$\forall S \subset T \subset N - C$ 。

这里，凸博弈指的是博弈的特殊类型，其中每个博弈方的策略集合是凸集。凸博弈的特性如下。

（1）线性组合：在凸博弈中，对于任意两个策略的组合，该组合内的任何线性组合（比如平均值）也必须是有效的策略。这反映了凸集的性质。

（2）混合策略：博弈方可以采取混合策略，即以概率分配资源。例如，公司 A 可能以 60% 的概率给自己资源，以 40% 的概率给对方资源。这样的混合策略也必须在凸集内。

综上，凸博弈是指在博弈论中的一类特殊情形，其中博弈参与者的策略集合和效用函数满足凸性质。在凸博弈中，凸性质可简化分析和计算过程，使得博弈的均衡点更容易确定，并且通常存在唯一解。凸博弈在博弈论研究中具有重要的理论和应用意义。

接下来，通过两个论文想法展示凸博弈在不同领域的应用。

案例 6-10

论文想法 1：基于凸博弈的电力市场定价优化研究。

模型构建过程：

首先，确定参与者，包括电力生产商、电力消费者和调度机构。他们之间存在电力市场定价的利益冲突和竞争关系。

其次，建立参与者的策略集合和效用函数，确保其满足凸性质。这涉及对电力市场供需关系和价格形成机制的深入理解和建模。

再次，利用凸博弈理论，建立凸博弈模型，分析各参与者在定价策略上的最优选择，并推导均衡解。这可能需要考虑到不完全信息和动态博弈等复杂情形。

最后，通过模型结果，优化电力市场的定价策略，提高市场效率和公平性，促进电力行业的可持续发展。

案例 6-11

论文想法 2：基于凸博弈的交通拥堵缓解策略研究。

模型构建过程：

首先，确定参与者，包括驾驶者、交通管理部门和城市居民。他们在交通拥堵缓解方案上存在利益冲突和协作关系。

其次，建立参与者的策略集合和效用函数，并保证其满足凸性质。这需要考虑交通流量、道路容量及出行成本等因素。

再次，运用凸博弈理论构建凸博弈模型，分析各参与者在交通拥堵缓解上的最优决策，找到均衡解。这可能需要考虑多方博弈和交通动态调整等因素。

最后，根据模型结果，提出有效的交通拥堵缓解策略，优化交通流动性和城市出行体验，改善城市交通状况。

6.3　核心和稳定集

下面将首先介绍个体理性和整体理性，然后再分别介绍合作博弈的两个解概念——核心（Core）和稳定集。

6.3.1　个体理性和整体理性

在合作博弈中，个体理性和整体理性是重要的概念。

（1）个体理性：是指每个博弈参与者在合作中会追求自身的最优利益。尽管参与者同意进行合作，但他们仍然会在合作中寻求最大化自己的利益。

例如，考虑一个合作博弈的生产场景，其中两个公司可以选择合作生产某个产品。公司 A 和公司 B 可以合作以提高生产效率，但在合作中，它们仍然会追求最大化自己的利润。公司 A 可能会追求更多的市场份额，而公司 B 可能会追求更高的销售价格。在这种情况下，个体理性体现在每个公司在合作中仍然追求自己的最优利益。

（2）整体理性：是指博弈的结果对于所有参与者来说是否是最优的。合作博弈中，整体理性要求找到一种合作方式，使所有参与者在博弈的结果中都能获得最大的总体收益。

例如，在合作博弈的背景下，如果公司 A 和公司 B 能够通过合作获得比独自生产更大的总体利润，那么这种合作方式就是整体理性的。例如，通过合作，它们能够降低生产成本、提高产品质量，从而在市场上获得更大的利润。

在合作博弈中，个体理性和整体理性之间可能存在一些平衡和冲突。博弈理论的研究旨在找到一种合理的机制，使参与者在追求个体理性的同时，整体却能达到最优的结果。这种平衡有助于实现博弈参与者之间的合作和互惠关系。

当一个博弈具有超可加性，那么便只有组成总联盟才能最优化所有博弈者的总收益。在一个支付可转移的联盟型博弈中，可以用一个支付向量 $x =$

$(x_1, x_2, \cdots, x_i, \cdots, x_n)$ 来代表瓜分这总收益的方案，而这向量当中的 x_i 则是博弈者 i 组成联盟后所分得的支付（分配）。用 $x(N)$ 表示在这个支付向量中每位博弈者所能获得的支付的总和。例如，有一个合作博弈，参与者可以选择分别参与两个子游戏 A 和 B。在子游戏 A 中，博弈方 1 和博弈方 2 合作可以获得 10 的收益；在子游戏 B 中，博弈方 2 和博弈方 3 合作可以获得 8 的收益。如果这两个子游戏是独立的，那么根据超可加性，整个博弈的总收益应该等于参与子游戏 A 的收益（10）加上参与子游戏 B 的收益（8），即总收益为 18。

一个能为所有博弈者接受的支付向量必定既符合联盟的整体理性，又符合每位参与联盟的博弈者的个体理性，同时符合整体理性和个体理性的支付向量则称为一个分配或有效的分配。下面对整体理性和个体理性给出如下定义。

定义 6.3.1　在一个支付可转移的联盟型博弈中，支付向量 $\boldsymbol{x} = (x_1, x_2, \cdots, x_i, \cdots, x_n)$ 是符合整体理性的，当且仅当每位博弈者所分得的支付的总和等于总联盟的价值，即 $x(N) = \sum_{i \in N} x_i = \sum_{i=1}^{n} x_i = v(N)$ 。

由于所有博弈者的总支付实现了最优化，因此，称为整体理性或整体最优。考虑一个简单的合作博弈案例：假设有三个博弈方 A、B、C，他们可以选择合作并组成一个联盟，共同完成一项任务。完成任务后，这个联盟将获得总价值为 100 元的奖励。

现在，看一个可能的支付向量情况：

如果博弈方 A 获得 30 元，博弈方 B 获得 40 元，博弈方 C 获得 30 元。这样，每个博弈方的支付之和为 100 元，等于总联盟的价值。

在这种情况下，支付向量是符合整体理性的，因为每位博弈者所分得的支付的总和等于总联盟的价值。每个博弈方都能从联盟中获得他们认为公平的份额，没有人会感觉被亏待或不公平待遇。

通过这个案例，可以看到当每位博弈者所分得的支付的总和等于总联盟的价值时，支付向量符合整体理性。在这种情况下，每位博弈者都能接受他们所获得的支付份额，从而达到整体理性的结果。

定义 6.3.2　在一个支付可转移的联盟型博弈 $\langle N, v \rangle$ 中，支付向量 $\boldsymbol{x} = (x_1, x_2, \cdots, x_i, \cdots, x_n)$ 是符合个体理性的，当且仅当每位博弈者所分得的支付都比各自为政时高，即 $x_i \geq v(\{i\})$ $(i \in N)$ 。

在一个支付可转移的联盟型博弈 $\langle N, v \rangle$ 中，支付向量 $\boldsymbol{x} = (x_1, x_2, \cdots, x_i, \cdots, x_n)$ 称为一个分配或有效的分配，当且仅当它是符合个体理性和整体理性的。这里通过一个案例来证明上述说法。

假设有四个博弈方 A、B、C、D，他们可以选择合作并组成不同的联盟来完成一项任务。完成任务后，这个联盟将获得总价值为 120 元的奖励。

现在，考虑以下支付向量情况：

博弈方 A 获得 40 元，博弈方 B 获得 30 元，博弈方 C 获得 20 元，博弈方 D 获得 30 元。在这种情况下，每个博弈方所分得的支付都比他们各自为政时高，因为他们通过合作能够获得更多奖励。

此时，这个支付向量符合个体理性的条件，因为每个博弈方所分得的支付都比他们各自为政时高，符合他们的个体理性考量。同时，这个支付向量也符合整体理性的条件，因为所有博弈方的支付之和为 120 元，等于总联盟的价值。这个支付向量既满足个体理性又满足整体理性，因此被称为一个有效的分配。通过这个案例，可以看到有效的分配要求支付向量既符合个体理性又符合整体理性，确保每位博弈者都能接受他们所获得的支付份额，并且整个联盟的奖励总额被正确分配。

定义 6.3.3　一个支付可转移的联盟型博弈的分配集 $I(v)$ 定义为：$I(v) \equiv \{x \in R^n \mid x(N) = v(N)\}$。

且对于 $\forall i \in N$，都有 $x_i \geq v(\{i\})$。

尽管可行分配集合 $E(v)$ 中有无限个分配，但实际上有许多分配是不会被执行的，或者不可能被参与者所接受的。很显然，联盟的每一个成员都不偏好于劣分配方案，因此，真实可行的分配方案应该剔除劣分配方案。

同样，通过一个案例来说明这个问题。

案例 6-12

假设有三个博弈方 A、B、C，他们可以选择合作并组成一个联盟，共同完成一项任务。完成任务后，这个联盟将获得总价值为 100 元的奖励。

现在考虑以下两种支付向量情况。

支付向量 1：

博弈方 A 获得 10 元，博弈方 B 获得 80 元，博弈方 C 获得 10 元。在这种情况下，博弈方 B 获得了大部分奖励，而博弈方 A 和博弈方 C 只获得了很少的奖励。这种支付向量是不公平的，因为博弈方 A 和博弈方 C 显然不会接受这样的分配，他们会觉得被亏待。

支付向量 2：

博弈方 A 获得 30 元，博弈方 B 获得 30 元，博弈方 C 获得 40 元。在这种情况下，虽然总体奖励是正确分配的，但博弈方 B 可能并不满意，因为他希望能够获得更多的奖励。

在这个案例中，可以看到支付向量1是一种劣分配，因为其中的某些博弈方不会接受这样的分配；而支付向量2虽然总体上是合理的，但仍然可能有人不满意。因此，实际可行的分配方案应该剔除劣分配方案，确保每位参与者都能接受所获得的分配，并且没有人明显地被亏待。

所以，在可行分配集合中虽然存在无限个分配方案，但实际上有许多分配方案是不切实际的或不会被参与者接受的。每个联盟成员都不偏好劣质的分配方案，因此真实可行的分配方案应该剔除那些劣质的选择。这意味着在考虑分配问题时，需要筛选出对所有参与者都具有吸引力和可接受性的最佳分配方案。

以下是两个论文想法展示，重点是如何考虑到参与者的偏好和利益，剔除劣质的分配方案，以提高分配方案的执行性和满意度。

案例 6-13

论文想法1：基于参与者偏好的供应链合作伙伴选择模型研究。

模型构建过程：

确定参与者包括供应链中的各方合作伙伴，他们在合作中有不同的偏好和利益。

建立合作伙伴的偏好函数和利益表达，用于评估对不同合作伙伴的偏好程度和利益得失。

引入偏好排除机制，通过对潜在供应链合作伙伴进行筛选，剔除那些显然不适合的合作伙伴，确保只有被广泛认可的合作伙伴进入最终选择范围。

利用博弈论方法构建模型，分析供应链各方合作伙伴之间的博弈过程，考虑偏好排除对于合作伙伴选择的影响，以实现最终的合作伙伴选择。

提出有效的合作伙伴选择策略，使最终的合作伙伴能够兼顾各方的偏好和整体利益，提高合作的效率和满意度。

案例 6-14

论文想法2：考虑参与者利益的区块链共识机制设计研究。

模型构建过程：

确定参与者包括区块链网络中的各个结点，他们对共识机制有不同的偏好和利益。

建立结点的利益表达和偏好函数，用于评估对不同共识机制的偏好程度和利益得失。

引入偏好排除机制，通过对潜在共识机制进行筛选，剔除那些不符合大多数结点利益的方案，确保只有被大多数结点认可的共识机制进入最终选择范围。

利用博弈论方法构建模型，分析结点之间的共识机制选择博弈过程，考虑偏好排除对于共识机制选择的影响，以实现最终的共识机制选择。

提出有效的共识机制设计策略，使最终的共识机制能够让各结点满意，促进区块链网络的稳定运行和发展。

6.3.2 核心的概念

合作博弈中，核心（Core）是合作博弈中一个重要的解决概念，它表示一组分配，对于这组分配，没有一个子集的成员愿意离开并形成自己的联盟。换句话说，核心是一种稳定的利益分配。

例如，继续考虑上述三个博弈方的合作博弈，如果某个分配使得每个博弈方都没有动机离开并形成自己的联盟，那么这个分配就属于核心。例如，如果 $\{A: 4, B: 4, C: 4\}$ 是一个核心分配，表示每个博弈方都不愿意离开这个联盟，因为在其他联盟中他们可能无法获得更多的利益。

同样，参考肖条军《博弈论及其应用》，给出下面的定义。

定义 6.3.4 在一个 n 人的合作博弈 $\langle N, v \rangle$ 中，全体优分配方案形成的集合称为博弈的核心，记为 $C(v)$。显然有 $C(v) \subseteq E(v)$。

先通过一个案例简单说明一下核心的概念。

案例 6-15

假设有三个博弈方 A、B、C，他们可以选择合作并组成一个联盟，共同完成一项任务。完成任务后，这个联盟将获得总价值为 120 元的奖励。

现在考虑以下支付向量情况。

支付向量 1：

博弈方 A 获得 40 元，博弈方 B 获得 30 元，博弈方 C 获得 50 元。

支付向量 2：

博弈方 A 获得 50 元，博弈方 B 获得 40 元，博弈方 C 获得 30 元。

在这种情况下，如果考虑所有可能的支付向量，会发现并不存在一个支付向量可以确保每个博弈方都无法通过离开当前联盟而获得更高的支付。也就是说，没有一个支付向量能够形成一个全体优分配方案，使每个博弈方都对通过其他方式获得更高的报酬无动于衷。因此，在这个案例中，由于无法找到一个全体优分配方案，这个博弈的核心是空集。这突显了核心概念，即核心代表了博弈中可以接受的、没人有动机离开的分配方案的集合。在某些情况下，可能会出现核心为空集的情况，这意味着博弈中存在一些分配方案，没有一个是全体博弈方都满意的。

定义 6.3.5 一个支付可转移联盟型博弈的核心 $C(v)$ 是一个集合，当中包含所有能满足以下两个条件的支付向量：$x(N) = v(N)$ ，$x(S) \geq v(S)$（$\forall S \subset N$）。

显然，这两个条件的支付向量具体如下。

（1）可转移性（Transferable）：对于核心中的任意支付向量，如果存在一个联盟，该联盟可以通过内部成员之间的支付转移使每个成员都能获得不低于其在联盟外可以获得的支付，则这个支付向量属于核心。

（2）稳定性（Stability）：对于核心中的任意支付向量，不存在任何一个联盟可以通过内部成员之间的支付转移使每个成员都能获得比在核心内部更高的支付。

例如，有三家公司 A、B 和 C，它们可以选择是否合作进行某项项目，合作可以带来一定的收益。在这种情况下，可以将合作与收益分配看作一个联盟型博弈。

如果一个支付向量属于核心，那么意味着这个支付向量对应的收益分配能够满足可转移性和稳定性的要求。

（1）可转移性：如果存在一个收益分配方案，使三家公司可以通过内部的收益转移，让每家公司都能获得不低于其在不合作时可以获得的收益，那么这个收益分配方案就符合可转移性。

（2）稳定性：如果不存在任何一种收益分配方案，使三家公司可以通过内部的收益转移让每家公司都能获得比在合作时更高的收益，那么这个收益分配方案就符合稳定性。

所以，核心不仅要满足整体理性，还要满足集合 N 中每个小联盟 S 的"理性"。否则，联盟成员的整体支付便没有进行最优化。也就是说，只要通过脱离总联盟，然后成立新的联盟 S ，那么新联盟 S 的成员便能够瓜分一个比他们的分配的总和大的联盟价值。

核心是一个不仅能满足个体和整体理性，而且能满足每个联盟的"理性"的集合。一般来说，核心是一个集合。可能结果是：无穷集、唯一集、空集。核心的理解是，如果合作博弈的一个可行分配 x 不在核心中，那就存在一个联盟 S ，该联盟中的参与者可通过更好的合作，并在他们之间分配价值 $v(S)$ ，使该分配结果严格优于 x 。

（1）通常来说，合作博弈的核心包括所有能使联盟保持稳定的结盟方式，在这种结盟状态下，任何参与者都不会因脱离现有联盟组成新的联盟（包括单人联盟）而获益；

（2）合作博弈的核心包含所有使团体中的任何成员都不能从联盟重组中获益的配置方案，囊括了所有不被占有的配置方式；

（3）合作博弈的核心的数量是任意的；

（4）空核博弈：不存在核心的联盟结构的博弈问题叫作空核博弈。

在合作博弈中，用核心代替分配具有明显的优点，即 $C(v)$ 的稳定性。对于 $C(v)$ 中的每一个分配，每个联盟都没有反对意见，都没有更好的分配，每个分配都可以得到执行。不过 $C(v)$ 代替 $E(v)$ ，也有致命的缺陷，即 $C(v)$ 可能是空集，而 $E(v)$ 不是空集。可通过一个简化的企业案例来进一步理解上述这些内容。

案例 6-16

假设有三家公司 A、B 和 C，它们各自在市场上经营，但面临激烈的竞争压力。为了更好地在市场上立足，它们考虑通过某种形式的合作来增强各自的竞争力。

1. 合作博弈的核心的定义：这三家公司决定形成一个联盟，共享资源和信息，以减少成本并提高市场份额。在这个联盟中，如果任何一家公司都不能通过退出当前联盟并独立行动或与其他公司组成新联盟而获得更多利益，那么这个联盟就可以被认为是稳定的。这种稳定状态下的所有可能结盟方式构成了合作博弈的"核"。简单来说，只要在这个联盟中，A、B、C 三家公司都没有动机去改变现状，这个联盟就处于"核"中。

2. 核心包含的配置方案：如果联盟中的任何一家公司通过重新安排（即与不同的公司组成新的联盟，或者选择单独行动）都不能获得更多的利益，那么这样的配置方案就属于核心内。这意味着如果 A、B、C 三家公司无论如何重组，都不会比当前的联盟配置获得更多的利益，那么这些配置都被认为是"核"内的。

3. 合作博弈的核心的数量是任意的：在不同的情况下，合作博弈的核心可能有多个，也可能一个都没有。这取决于具体的合作条件和公司之间的相互作用。例如，A、B、C 三家公司可能存在多种稳定的合作方式，每种方式都能满足核心的定义，这就意味着存在多个核心；反之，如果找不到任何一种使所有公司都满意的合作方式，那么就是空核博弈。

4. 空核博弈：如果在 A、B、C 三家公司的情况下，无论如何组合都找不到一个稳定的联盟配置，即至少有一家公司能通过改变现状而获益，那么这个游戏就是一个空核博弈。这意味着不存在一个联盟配置能使所有参与者都满意，从而导致联盟结构不稳定。

6.3.3　核心的应用

作为合作博弈其中一个最基本的解法，核心的应用范围非常广泛。首先给出定理 6.3.1。

定理 6.3.1：对于 n 人的联盟博弈，核心 $C(v)$ 非空的充分必要条件是线性规划 (P) 有解。

$$(P) \min \sum_{i=1}^{n} x_i \leqslant v(N)$$

$$\text{s.t.} \begin{cases} \sum_{i \in S} x_i \geqslant v(S) \\ \sum_{i=1}^{n} x_i = v(N) \end{cases} \quad (\forall S \subset N)$$

定理的直观意义很明显，线性规划 (P) 若有解，则最优解一定属于 $C(v)$；若 $C(v) \neq \varnothing$，则 $C(v)$ 中的每个向量都是可行解，线性规划 (P) 有最优解。也可以这样说，对于一个 n 人的联盟博弈，如果其核心非空（即存在一组合理的分配方案），那么线性规划问题 (P)（将博弈的特征函数表示为线性规划的形式）一定有解。反之亦然，如果线性规划问题 (P) 有解，则该博弈的核心非空。这个条件表明了核心非空与线性规划问题 P 的可解性之间存在等价关系。这为研究和解决联盟博弈中的分配问题提供了一个重要的数学工具。

举例来说，考虑一个由多个参与者组成的合作企业，他们必须合理分配企业的收益。每个参与者的贡献可以用线性规划模型表示，其中考虑了各种资源和成本。如果线性规划问题 P 有解，那么就存在一种合理的分配方案，使每个参与者都能够接受并且没有人会感到不公平；反之，如果博弈的核心非空，则可以通过线性规划问题 P 找到相应的解决方案，确保参与者之间的公平和合作。

案例 6-17

三人社会合作。

用 $N = \{1,2,3\}$ 代表这三人的集合，如果三人同心协力地合作，并组成一个单一联盟，那么，他们便能把这个社会的总利益最优化，并通过协同效应创造出 30 个单位的总收益。如果只有其中两人合作并组成联盟，而剩下的一人独自为政，那么这两人也能创造出 $\alpha, \alpha \in (12, 30)$ 个单位的利益。但 α 个单位的利益只供那两人分享，而剩下的一位在独自为政的情况下只能创造出 6 个单位的收益。

现在把以上的三人社会转换为一个支付可转移的联盟型博弈：

$$v(\Phi) = 0, v(\{i\}) = 6 (i \in N); |S| = 2, v(S) = \alpha。$$

当 $|S| = 3, v(N) = 30$，其中，$|S|$ 代表联盟 s 的成员数目。

由于这个博弈中共有三位博弈者，因而核心是一个由非负的支付向量 (x_1, x_2, x_3) 所组成的集合。在博弈中，核心要满足整体理性，故此 $x(N) = 30$，同时，核心又要满足由一位或两位博弈者所组成的小联盟 s 的"理性"，故 $x(S) \geq \alpha$，当 $|S| = 2$；以及 $x(S) \geq 6$，当 $|S| = 1$。

当 $a < 20$ 时，核心便是由无数个支付向量所组成的，即 $(6 + a_1, 6 + a_2, 6 + a_3), a_i \in [0, 24 - a] (i \in N); \sum_{i \in N} a_i = 12$。

即每位博弈者至少也可以获得独自为政时的支付，但最多只可以得到整体合作下和其中两人合作下的利益之差。

当 $a = 20$ 时，核心便只包含一个支付向量 $(10, 10, 10)$，就是三人平分整体合作下的利益。

当 $a > 20$ 时，核心便是空的，即不存在属于核心的合作方案。

案例 6-18

假想的联合国安全理事会投票，超过两票即通过。该博弈的特征函数为：

$v(1,2,3) = v(1,2,4) = v(1,2,5) = v(1,2,3,4) = v(1,2,3,5) = v(1,2,4,5) = v(1,2,3,4,5) = 1$ 而对所有其他的 S，$v(S) = 0$。应用定理 6.3.1，有 $\sum_{i=1}^{5} x_i = 1$。

对各个联盟有 $x_i \geq 0 (i = 1, 2, 3, 4, 5)$；

$$x_1 + x_2 + x_3 \geq 1, x_1 + x_2 + x_4 \geq 1, x_1 + x_2 + x_5 \geq 1$$

由 $\sum_{i=1}^{5} x_i = 1, x_1 + x_2 + x_3 \geq 1, x_4 \geq 0, x_5 \geq 0$ 推得 $x_1 + x_2 + x_3 = 1, x_4 = 0, x_5 = 0$。

而用 $x_1 + x_2 + x_4 \geq 1, x_1 + x_2 = 1$ 又得到 $x_3 \geq 0$ 和 $x_5 \geq 0$，所以，核心是 $x_3 = 0$，$C(v) = \{(\alpha, 1 - \alpha, 0, 0, 0) : 0 \leq \alpha \leq 1\}$

案例 6-19

设三人合作博弈 v 的特征函数如下：$v(i) = 0(i = 1,2,3)$，$v(\{1,2\}) = \dfrac{2}{3}$，

$v(\{1,3\}) = \dfrac{7}{12}$，$v(\{2,3\}) = \dfrac{1}{2}$，$v(\{1,2,3\}) = 1$，求其核心 $C(v)$。

解：由核心定义，若 $X = (x_1, x_2, x_3) \in C(v)$，则它必满足：

$$\begin{cases} x_1 + x_2 \geqslant \dfrac{2}{3} \\[2mm] x_1 + x_3 \geqslant \dfrac{7}{12} \\[2mm] x_2 + x_3 \geqslant \dfrac{1}{2} \\[2mm] x_1 + x_2 + x_3 = 1 \\[2mm] x_i \geqslant 0 \quad (i = 1,2,3) \end{cases}$$

解此不等式得

$$\begin{cases} 0 \leqslant x_1 \leqslant \dfrac{1}{2} \\[2mm] 0 \leqslant x_2 \leqslant \dfrac{5}{12} \\[2mm] 0 \leqslant x_3 \leqslant \dfrac{1}{3} \\[2mm] x_1 + x_2 + x_3 = 1 \end{cases}$$

上面三个例子说明了求解核心的方法。

下面给出两个论文想法。

案例 6-20

论文想法 1：ChatGPT 技术在企业知识管理中的应用研究。

背景：随着人工智能技术的发展，ChatGPT 等自然语言处理工具被广泛应用于企业的知识管理系统中，以提升信息检索、知识共享和决策支持的效率。如何高效地整合

ChatGPT 技术，使其在多部门、多团队间的知识管理活动中发挥最大效益，成为一个亟待解决的问题。

目标：探索合作博弈的核在优化企业内部及其与外部合作伙伴间通过 ChatGPT 进行知识管理和信息共享的过程中的应用，以提高知识管理的效率和效果。

方法：

分析企业在应用 ChatGPT 技术进行知识管理时面临的合作与竞争问题。

构建合作博弈模型，将企业内部不同部门及与外部合作伙伴间的知识共享和利用视为合作博弈。

应用核概念，设计算法或策略以确定各方在知识共享中的最优合作方式，确保所有参与者均从中获益，从而提升整个知识管理系统的稳定性和效率。

通过案例分析或实证研究，评估所提方法的有效性。

预期结果：提出一套基于核的策略框架，指导企业在利用 ChatGPT 技术进行知识管理时，如何构建稳定有效的合作机制，以促进知识的广泛共享和高效利用。

案例 6-21

论文想法 2：供应链间合作机制研究。

背景：在全球化经济背景下，供应链之间的合作变得日益复杂而重要。如何在供应链各方之间建立稳定且高效的合作关系，以应对市场变化和风险，是供应链管理领域的一个关键挑战。

目标：运用合作博弈的核概念，探索构建供应链间合作机制的新方法，旨在提高供应链整体的协调性、灵活性和抗风险能力。

方法：

识别供应链间合作中存在的关键问题和挑战，如资源共享、风险分担、利润分配等。

建立供应链间合作的博弈模型，分析不同供应链实体间的合作与竞争关系。

利用核概念，寻找稳定且公平的合作配置，确保所有参与者都能从合作中获得足够的利益，无动机单方面改变现状。

通过实证研究或模拟分析，验证所提出合作机制的有效性和实用性。

预期结果：展示如何通过基于核的合作机制，促进供应链间的紧密合作，共同应对市场和运营风险，从而提升整个供应链网络的效能和竞争力。

6.3.4 稳定集

继续考虑第 6.3.3 节的例子，如果存在一组博弈方 {A，B}，他们可以离开当前的联盟形成自己的联盟以获得更多的利益，那么这个集合就是一个稳定集。

在一个 n 人博弈中，联盟 $S \subseteq N$ 对于一个任意的分配 x 是有效的，当且仅当这个联盟的价值高于他们在 x 分配下的支付的总和，即 $v(S) \geqslant \sum\limits_{i \in S} x_i$。也就是说，如果联盟 S 对于 x 分配是有效果的，那么分配 x 便是不稳定的。有了"有效果"的概念，便可以介绍占优于分配的概念。

定义 6.3.6 在一个支付可转移的联盟性合作博弈中，分配 x 通过联盟 S 占优于分配 y，当且仅当 $x(N) = v(N)$，且 $x_i \geqslant v_i$，当严格不等式成立时称分配 x 通过联盟 S 严格占优分配 y。

通过一个例子来理解定义 6.3.6。

案例 6-22

假设有一个合作博弈，参与者为博弈方 1、博弈方 2 和博弈方 3，他们可以形成不同的联盟进行合作。现在有两个分配方案 x 和 y，需要判断 x 是否通过某个联盟 S 占优于分配 y。

假设分配 x 为 (6，3，1)，分配 y 为 (5，4，1)。现在考虑一个联盟 S，其中博弈方 1 和博弈方 2 联合起来进行合作。根据上面的条件：

1. 需要确保联盟 S 能够取得分配 x 的收益。也就是说，联盟 S 的收益 $x(S)$ 应该等于联盟 S 中所有成员的收益之和，即 $x(S) = v(S)$。

在例子中，联盟 S 的收益为 $x(S) = 6 + 3 = 9$，而联盟 S 的价值 $v(S)$ 为 9，因此满足了第一个条件。

2. 对于每个参与者，他们在分配 x 下的收益应该大于等于他们在分配 y 下的收益，即 $x_i = v_i$。

对于博弈方 1，他在分配 x 下的收益为 6，而在分配 y 下的收益为 5，因此 $x_1 \geqslant v_1$ 成立。

对于博弈方 2，他在分配 x 下的收益为 3，而在分配 y 下的收益为 4，因此 $x_2 \geqslant v_2$ 不成立。

对于博弈方 3，他在分配 x 下的收益为 1，而在分配 y 下的收益为 1，因此 $x_3 \geqslant v_3$ 成立。

综上，分配 x 通过联盟 S 严格占优于分配 y。因为虽然对于博弈方 2 来说 $x_2 \geq v_2$ 不成立，但对于其他博弈方都成立，而且整个联盟的收益 $x(S) = v(S)$。

定义 6.3.7 支付可转移的联盟性合作博弈的解集符合内部稳定性，如果该集合内的任何分配都不会通过联盟 S 占优于该集合内的其他分配。也就是说内部稳定性要求联盟内部的任意两个分配不存在占优关系。

用一个例子理解定义 6.3.7。

案例 6-23

假设有三个人（A、B、C），他们需要合作完成一个任务，并且他们可以形成不同的联盟。任务完成后，他们将获得一定的报酬，而这些报酬是可以相互转移的。

现在考虑一个解集合，即可能的资源分配方式。用数字表示报酬：

解 1：A 获得 2，B 获得 3，C 获得 1（总和为 6）

解 2：A 获得 1，B 获得 4，C 获得 2（总和为 7）

解 3：A 获得 3，B 获得 2，C 获得 2（总和为 7）

内部稳定性要求在这个解集合中的任何一种分配都不会被联盟重新分配而优于其他解决方案。假设联盟是 {A，B}，他们可以通过重新分配资源来尝试获得更高的总报酬。但是，根据内部稳定性的要求，不存在这样的重新分配，使得联盟 {A，B} 的分配在总和上优于其他分配。

例如，如果考虑解 1 和解 2，联盟 {A，B} 不能通过重新分配资源来同时使 A 和 B 都更好。换句话说，不存在一种重新分配，使得联盟内的任意两个分配都不存在占优关系。

这个例子说明了支付可转移的联盟性合作博弈中解集合符合内部稳定性的概念。

定义 6.3.8 支付可转移的联盟性合作博弈的解集符合外部稳定性，如果对于集合外的任意分配，联盟 S 都存在某配置占优于该集合外的分配。

用一个例子来解释定义 6.3.8。

案例 6-24

考虑一个包含四个人的合作博弈，他们共同合作分配一笔可转移的支付。这四个人可以形成不同的联盟，将其中一个联盟标记为 S。

现在，检查博弈的解集是否符合外部稳定性。这意味着对于集合外的任何个体，联盟 S 都存在一种支付配置，使这个联盟 S 更有利，即在该配置下，联盟 S 的成员获得的支付总和更高。

举例来说，如果考虑一个特定的支付分配，表示为（A：4 元，B：3 元，C：2 元，D：1 元），这是一个对整个群体的支付配置。现在，检查联盟 S（假设 S 是 A 和 B 的联盟）是否存在一种配置，使得他们更满意，而不是这个集合外的支付配置。

假设存在一个配置，表示为（A：5 元，B：4 元，C：1 元，D：0 元），在这个配置下，联盟 S 的成员 A 和 B 得到的支付总和更高。那么，这个支付配置就满足外部稳定性，因为对于集合外的个体（如 C 和 D），他们没有找到一种配置使得他们更满意，联盟 S 的配置对他们来说更好。

因此，支付可转移的联盟性合作博弈的解集符合外部稳定性的条件是，对于集合外的任意分配，联盟 S 都存在某个配置占优于该集合外的分配。

定义 6.3.9 在支付可转移的联盟性合作博弈中，集合 X 称为稳定集，当且仅当该集合既符合内部稳定性，也符合外部稳定性。

同样，通过一个例子来解释此定义。

案例 6-25

考虑一个包含五个人的支付可转移的联盟性合作博弈，他们共同合作分配一笔可转移的支付。现在，定义一个集合 X，其中包含三个人，即 A、B、C。

内部稳定性：首先，集合 X 要符合内部稳定性，这意味着在集合 X 内部的成员之间不存在合作联盟，他们无法找到一种支付配置，使他们中的任何个体能够获得更高的支付而不违反联盟 X 的形成。

举例来说，如果集合 X 的一个可能的配置是（A：5 元，B：4 元，C：3 元），那么在这种情况下，A、B、C 之间不存在内部的合作联盟，因为没有人可以通过与其他人重新组合来得到更高的支付。

外部稳定性：其次，集合 X 要符合外部稳定性，这意味着对于集合外的个体来说，他们不能找到一种支付配置，使得他们能够获得更高的支付而不违反集合 X 的形成。

假设集合外的两个人是 D 和 E，他们没有参与集合 X。如果不存在一种支付配置，使 D 和 E 可以获得更高的支付而不违反集合 X 的形成，那么集合 X 就是外部稳定的。

所以，集合 X 是稳定集，当且仅当在内部稳定性和外部稳定性的条件下，集合 X 的形成对于集合内部的成员是最优的，同时对于集合外的个体也是最优的。

对于一般的博弈，稳定集也许不唯一。这里参考相关著作（肖条军，《博弈论及其应用》）给出定义 6.3.10 和定义 6.3.11 来说明，在一定的条件下有唯一的稳定集。

定义 6.3.10 设 $\langle N, v \rangle$ 是凸博弈，则核心是唯一的稳定集。

这意味着任何在核心中的分配都不能被任何一个联盟以内部支付转移的方式来改善。当一个合作博弈是凸博弈时，核心是唯一的稳定集，这意味着不存在其他的解除核心但又稳定的解决方案。现在给出一个企业例子来解释这个概念。

假设有一家公司 A 和一家公司 B 要合作开发一个新产品，并且他们需要决定如何分配最终收益。这个收益分配问题可以被看作一个合作博弈，特征函数 v 描述了根据不同的收益分配方案，A 和 B 可以得到的收益。

如果这个合作博弈满足凸性，那么核心中的收益分配方案将是唯一的稳定解决方案。换句话说，无论如何分配收益，核心中的解决方案都是无法被内部支付转移的，也就是无法通过调整内部支付来达到更好的结果。这确保了在合作关系中，收益分配方案的稳定性和唯一性。

定义 6.3.11 设 $\langle N, v \rangle$ 是任一合作博弈，现定义 v^M。

$$v^M(S) = \begin{cases} v(N) + M & (S = N) \\ v(S) & (S \neq N) \end{cases}$$

则当 M 充分大时，$C(v^M)$ 是 v^M 唯一的稳定集。也就是说，当大联盟 N 的收益足够大时，博弈是"可解的"。对于一般的博弈，核心和稳定集之间有如下面定义 6.3.12 所示的关系。

定义 6.3.12 （1）核心是每个稳定集的一个子集；（2）任一稳定集都不是任一别的稳定集的真子集；（3）如果核心是一个稳定集，它是唯一的稳定集。

博弈论中的稳定集在管理科学研究中可以应用于联盟与合作关系的建立，其中一个具体的研究领域是供应链管理。在供应链管理中，不同企业之间形成联盟和合作关系是为了实现资源共享、降低成本、提高效率等目标。由于各企业之间存在利益差异和竞争关系，建立稳定的合作关系是一项复杂的任务。博弈论中的稳定集概念可以帮助管理者分析在供应链合作中哪些合作模式是稳定的，即在这些模式下，各方没有动机单方面违反合作协议。

举例来说，考虑一个包含供应商、制造商和分销商的供应链系统。这三个角色之间存在合作和竞争关系，每个角色都有自己的利益和目标。使用博弈论的稳定集理论，研究者可以分析在这个供应链系统中可能形成的稳定合作关系。稳定集可以帮助确定一组合作策略，使得没有任何一个角色有动机单方面离开合作或违反协议，从而达到合作的稳定性。

博弈论中的稳定集（或稳定集合）是指一组策略配置，在这组配置中，任何一个策略都不能单独通过改变自己的策略来获得更好的结果，如果考虑到外部的选择，则不存在更优的替代策略。稳定集的概念在分析企业间或政府与企业间的合作关系时尤其有用，因为它有助于识别在各种利益冲突和合作机会中能够持续存在的策略组合。以下是两个应用稳定集概念的论文想法。

案例 6-26

论文想法 1：企业间战略联盟形成机制研究。

背景：在全球化竞争加剧的背景下，企业之间形成战略联盟成为获取竞争优势的重要途径。如何确保联盟的稳定性和使各方的利益最大化，是联盟成功的关键。

目标：本研究旨在应用博弈论中的稳定集概念，分析企业间战略联盟的形成和维持机制，以及如何通过稳定集来预测和优化联盟的稳定性和效益。

方法：

从理论上分析企业间战略联盟的动态博弈过程，定义形成稳定联盟的条件。

构建博弈模型，运用稳定集概念分析不同企业间合作的可能配置和稳定性条件。

通过案例研究或实证数据，检验稳定集在预测和优化企业间战略联盟稳定性方面的有效性。

提出基于稳定集的战略联盟管理策略和建议。

预期结果：揭示企业间战略联盟形成和维持的内在逻辑，提供一套基于稳定集的战略联盟管理框架，帮助企业构建更为稳定和高效的合作关系。

案例 6-27

论文想法 2：政府与企业间合作的稳定集分析：公私合作项目的视角。

背景：公私合作（PPP）项目作为政府和私营部门合作的重要形式，对于推进公共服务和基础设施建设具有重要意义。确保 PPP 项目中各方利益的平衡和合作的长期稳定是项目成功的关键。

目标：本研究旨在探索博弈论中稳定集的应用，分析政府与企业在 PPP 项目中的合作机制，以及如何通过稳定集优化合作策略，提高项目的效率和成功率。

方法：

分析 PPP 项目中政府与企业合作的特点和挑战，确定影响合作稳定性的关键因素。

构建博弈模型，应用稳定集概念来识别政府与企业间可能的合作配置及其稳定性。

选取具体的 PPP 项目案例进行分析，验证稳定集在分析和优化合作策略中的应用。

基于稳定集分析结果，提出提升 PPP 项目合作稳定性和效率的策略建议。

预期结果：为政府和企业提供一套基于稳定集的 PPP 项目合作分析和管理工具，帮助双方识别和构建更加稳定有效的合作关系，从而提升公私合作项目的成功率和社会效益。

6.4　Shapley 值及其应用

6.4.1　Shapley 值的定义

如前所述，博弈的核心可能为空集，甚至在不空的情况下，核心分配也可能不唯一。合作博弈的核心解决方案可能为空或相当庞大，这一限制使得核心在合作博弈中的应用受到制约。

假设有三个人参与合作博弈，他们需要共同合作完成一个项目，并分享最终的收益。他们可以选择不同的合作方式和分配方案。在某种情况下，可能存在一种分配方案，使得任何一个人或者任意两个人无法通过改变自己的策略获得更好的结果，这种分配方案就可以被称为核心解决方案。

然而，根据前文所述，可能出现以下情况：核心可能为空集，即不存在任何一种分配方案能够满足所有参与者的要求。即使核心不为空，也可能存在多个核心分配方案，而不是唯一确定的一个。

在这种情况下，合作博弈的核心解决方案可能是空的（没有满足所有条件的分配方案），或者核心解决方案可能有很多种，这种情况下核心的应用会受到一定的限制，因为无法确定一个唯一的最优解。因此，需要寻找一个更具普遍意义的解决方案概念，其中，Shapley 值便是一个重要的解概念。

Shapley 值是合作博弈理论中的一个概念，用于分配收益或成本给参与者。它通过考虑每个参与者对所有可能的合作方式的贡献来确定分配的公平性。用两个例子来解释 Shapley 值的概念。

案例 6-28

任务分配问题。

假设有三个工人合作完成一个项目，他们的贡献度可能不同。如果要分配项目的奖金，Shapley 值可以帮助确定每个工人应该获得多少奖金。每个工人的 Shapley 值考虑了他们在所有可能工作分配下的贡献。例如，如果一个工人在某些任务上的贡献对完成整个项目至关重要，他的 Shapley 值可能会相对较高。

案例 6-29

合作游戏中的利润分配。

假设有一个合作游戏，其中博弈方必须共同合作以实现一定的目标，并且他们会分享游戏的利润。Shapley 值可以用来确定每个博弈方在取得成功时所贡献的公平份额。这考虑了每个博弈方加入游戏可能对成功产生的影响。例如，如果某个博弈方的参与是游戏成功的决定性因素，他的 Shapley 值可能较高。

Shapley 值提供了一种公平而合理的方式来分配合作中产生的价值，考虑了每个参与者的独特贡献。Shapley 值最初仅应用于支付可转移的场景，随后其应用范围扩展至支付不可转移的情况。在此，重点介绍支付可转移的 Shapley 值。Shapley 值基于几个公理构建，因此，需要先了解一些相关定义。

这里，存在一个包含所有博弈者的宇集 U，而每个博弈中的所有博弈者集合 N，都是宇集的子集，并称为一个载形（Carrier）。参考相关著作（肖条军，《博弈论及其应用》）给出载形的定义如下。

定义 6.4.1 对于给定的 n 人博弈，集合 $T \subset N$，如果 $v(S) = v(S \cap T)$，$\forall S \subset N$，则称 T 为此博弈的载体。载体不唯一，如果 T 是载体，那么，包含 T 的任何集都是载体。在这个载体范围之外的元素被称为"哑元"，在联盟的博弈中，哑元是不起作用的，因此可以被忽略不计。

哑元是指在联盟中没有实际贡献和作用的成员，其存在不会影响联盟的收益分配。

因此，在分析博弈时可以忽略这些哑元，只关注对联盟收益有实际贡献的成员。

现在通过一个企业例子来解释这个概念。假设有一个由 A 公司、B 公司、C 公司和 D 公司组成的联盟，它们合作开发一个新产品并分享收益。合作博弈特征函数 v 描述了根据不同的合作方式，这个联盟可以得到的收益。

如果发现集合 {A，B，C} 是这个博弈的一个载体，那么说明这三家公司联合起来可以确保他们在任何情况下都能获得不低于他们单独行动时的收益。这种情况下，D 公司就成了哑元，因为它不属于任何载体，也不会影响联盟的收益分配。

定义 6.4.2　对于给定的 n 人博弈及相应的特征函数，考虑一个置换 π：$(1,\cdots,n) \to (\pi(1),\cdots,\pi(n))$，博弈 πv 定义为 $\pi v(S) = v(\pi S)$（$\forall S \subset N$）。

定义 6.4.3　对给定 n 人联盟博弈 v，向量 $\varphi(v) = (\varphi_1(v),\cdots,\varphi_n(v))$ 满足：

（i）若 T 是博弈的载体，则 $\sum\limits_{i \in T} \varphi_i(v) = v(T)$；

（ii）对任意置换 π 和 $i \in N$，$\varphi_{\pi(i)}(\pi v) = \varphi_i(v)$；

（iii）对任给的两个博弈 u 和 v，有，$\varphi_i(u + v) = \varphi_i(u) + \varphi_i(v)$，则称 $\varphi(v)$ 是博弈的 Shapley 值。

第一特性 φ_i 值所反映的是博弈中各方收益分配的价值；第二特性表明 Shapley 值是恒定的，不受参与者编号顺序的影响；第三特性说明了 Shapley 值具备一种累加性，即 n 个人同时独立参与两个博弈，其所获得的总收益等同于这两个博弈分别进行时各自收益的累加。因此，第三特性可以被重新表述为：在合作博弈中，参与者所分配到的收益份额等于他们在两个子博弈中各自分配到的份额的总和。

通过一个例子给予说明。

案例 6-30

假设有一个合作博弈，参与者为博弈方 A、博弈方 B 和博弈方 C，他们可以形成不同的联盟进行合作。现在来计算博弈方 A 的 Shapley 值，以验证上述特性和定理。假设博弈方 A 在所有可能的联盟中加入的顺序为 ACB、BCA 和 CAB。

第一特性：Shapley 值反映了各方收益分配的价值。通过计算博弈方 A 在所有可能联盟中的平均边际贡献，可以得出博弈方 A 的 Shapley 值，这就是反映了博弈方 A 在博弈中的价值。

第二特性：Shapley 值是恒定的，不受参与者编号顺序的影响。无论博弈方 A 是在什么顺序下加入联盟，其 Shapley 值应该保持不变。

第三特性：Shapley 值具备累加性。假设现在有两个不同的合作博弈，博弈方 A 同时独立参与这两个博弈。根据累加性质，博弈方 A 在两个博弈中获得的总收益应该等于他在每个博弈中分配到的份额的总和。

下面，定理 6.4.1 将证明 Shapley 值的存在，并且提供了其具体的表达式。

定理 6.4.1　对每个博弈，存在唯一的 Shapley 值 $\varphi(v)$，且 $\varphi_i(v) = \sum\limits_{\substack{T \subset N \\ i \in T}} \dfrac{(t-1)!\,(n-t)!}{n!}(v(T) - v(T - \{i\}))$，其中，$t = |T|$，即 t 为载体 T 中元素的个数。

对于常和博弈，其 Shapley 值满足 $\varphi_i(v) = 2 \sum\limits_{\substack{T \subset N \\ i \in T}} \left[\dfrac{(n-t)!\,(t-1)}{n!} v(T) \right] v(N)$。

这里，考虑一个更具体的例子。

假设有一个由四个博弈方组成的合作博弈，他们共同完成了一个项目，收益为 100。每个博弈方的贡献是不同的，将他们表示为 A、B、C 和 D。

现在，看一下每个博弈方参与时项目的收益：

当只有 A 参与时，收益为 20。

当只有 B 参与时，收益为 30。

当只有 C 参与时，收益为 25。

当只有 D 参与时，收益为 25。

当 A 和 B 同时参与时，收益为 50。

当 A 和 C 同时参与时，收益为 55。

当 A 和 D 同时参与时，收益为 45。

当 B 和 C 同时参与时，收益为 65。

当 B 和 D 同时参与时，收益为 60。

当 C 和 D 同时参与时，收益为 55。

当 A、B 和 C 同时参与时，收益为 80。

当 A、B 和 D 同时参与时，收益为 75。

当 A、C 和 D 同时参与时，收益为 70。

当 B、C 和 D 同时参与时，收益为 85。

当所有四个博弈方同时参与时，收益为 100。

现在计算每个博弈方的 Shapley 值。按照 Shapley 值的定义，将考虑所有可能的博弈方顺序，并计算每个博弈方对于这些顺序下的边际贡献。

例如，考虑顺序 ABCD。对于博弈方 A，他对这个顺序的边际贡献是 $80-20=60$。对于博弈方 B，他对这个顺序的边际贡献是 $80-30=50$。对于博弈方 C，他对这个顺序的边际贡献是 $80-25=55$。对于博弈方 D，他对这个顺序的边际贡献是 $80-25=55$。因此，对于顺序 ABCD，每个博弈方的边际贡献分别是 60、50、55 和 55。重复以上步骤考虑其他顺序，然后计算每个博弈方的平均边际贡献，即得到每个博弈方的 Shapley 值。

在这个例子中，Shapley 值可以被认为是公平分配每个博弈方对项目的贡献的一种方法，因为它考虑了每个博弈方的边际贡献以及他们在不同顺序下的位置。

6.4.2　Shapley 值的应用

Shapley 值的用途广泛，尤其常用于经贸合作和政治科学。早在 20 世纪 50 年代，学者利用 Shapley 值计算联合国安全理事会成员国的权力值，这也是博弈论对社会科学的一项最早应用。在 20 世纪 60 年代，Shapley 值应用在会计学上，并指出 Shapley 值适用于计算一家公司的内部成本调配，而也有学者把 Shapley 值应用在保险学上，并指出 Shapley 值能合理地计算所有类别的风险。

下面给出 Shapley 值的应用例子。

案例 6-31

我国石油公司间竞合利益分配。

近年来，我国石油对外依存度已超过 50% 的警戒线，经济发展对石油的依赖性明显增强。我国石油公司如何为我国经济发展保驾护航，针对石油行业是资金与风险密集型行业的特性，走与国内石油公司、国外石油公司竞合之路是石油公司战略的必然选择。从近年中石油、中石化、中海油的经营策略看，也明显呈现出这样的特性。仅 2009 年，中海油与中石化已经达成了华东、华南市场异地油源置换的协议；中石油与中石化将在塔里木盆地展开广泛的合作；中石油与中海油联手提出了收购其阿根廷子公司 YPF 的收购提议，都能说明我国各大石油公司间的关系由原来单纯的竞争走向竞合。石油公司间要形成良好的合作关系，并能使该合作关系持续发展下去的基础就是有一个良好的利益分配机制。博弈论中的合作博弈为这种利益分配提供了理论基础。

设有三家石油企业合作开发某油田区块，如果单独开发必然需要消耗大量的资金、技术、工具等有形或无形成本；相反，如果每家公司都能利用自己的优势进行合作，则进度更快、质量更高而且取得的效益更大。针对石油项目开发，利用我国西部某油田的基础数据，对基础数据进行简化得出下列模拟数据。数据主要反映三家公司单独开发、两家合作开发或三家共同开发的收益，即三人合作博弈的特征函数值 $v(\varphi) = 0$，$v(\{1\}) = 15, v(\{2\}) = 20, v(\{3\}) = 25, v(\{1,2\}) = 40, v(\{1,3\}) = 50, v(\{2,3\}) = 60$ 和 $v(N) = 80$，试计算三家油田企业合作的利益分配。

显然，以上的博弈具有超可加性，因此，可以求取这博弈的 Shapley 值 $v[\varphi]$。根据上述对 Shapley 值方法的介绍，可以首先计算出第 1 家石油企业对每个可能联盟的平均边际贡献值：

$$\varphi_1 = \frac{(1-1)! \ (3-1)!}{3!}[v(\{1\}) - v(\varphi)] +$$

$$\frac{(2-1)! \ (3-2)!}{3!}[v(\{1,2\}) - v(2)] +$$

$$\frac{(2-1)! \ (3-2)!}{3!}[v(\{1,3\}) - v(3)] +$$

$$\frac{(3-1)! \ (3-3)!}{3!}[v(\{1,2,3\}) - v(2,3)]$$

$$= 5 + 10/3 + 25/6 + 20/3 = 19.17$$

然后，可以计算出第 2 家石油企业对每个可能联盟的平均边际贡献值：

$$\varphi_2 = \frac{(1-1)! \ (3-1)!}{3!}[v(\{2\}) - v(\varphi)] +$$

$$\frac{(2-1)! \ (3-2)!}{3!}[v(\{1,2\}) - v(1)] +$$

$$\frac{(2-1)! \ (3-2)!}{3!}[v(\{2,3\}) - v(3)] +$$

$$\frac{(3-1)! \ (3-3)!}{3!}[v(\{1,2,3\}) - v(1,3)]$$

$$= 20/3 + 25/6 + 35/6 + 10 = 26.67$$

最后，可以计算出第 3 家石油企业对每个可能联盟的平均边际贡献值：

$$\varphi_3 = \frac{(1-1)! \ (3-1)!}{3!}[v(\{3\}) - v(\varphi)] +$$

$$\frac{(2-1)! \ (3-2)!}{3!}[v(\{1,3\}) - v(1)] +$$

$$\frac{(2-1)! \ (3-2)!}{3!}[v(\{2,3\}) - v(2)] +$$

$$\frac{(3-1)! \ (3-3)!}{3!}[v(\{1,2,3\}) - v(1,2)]$$

$$= 25/3 + 35/6 + 20/3 + 10 = 30.83$$

因此，Shapley 值为（19.17,26.67,30.83）。

案例 6-32

汽车买卖。

有一个住三个人的小镇，用 $N = \{1,2,3\}$ 代表这三人的集合。假设博弈者 1 在无意中得到一部汽车，但由于他不懂驾驶，该车对他来说只有观赏价值。博弈者 2 懂得驾驶，但他却没有汽车，而博弈者 3 则是经营废铁回收的。假定博弈者 1 认为该车的观赏价值值相等于 1000 元，博弈者 2 认为该车价值 10 000 元，而博弈者 3 则认为该车相等于 3000 元的废铁。

可以把以上的决策情况转换为一个支付可转移的联盟型博弈：

$$v(\varphi) = 0; v(\{1\}) = 1000; v(\{2\}) = v(\{3\}) = 0$$
$$v(\{1,2\}) = 1000; v(\{1,3\}) = 3000; v(\{1,2,3\}) = 10\,000$$

显然，以上的博弈同样具有超可加性，因此，可以求取这博弈的 Shapley 值 $\varphi[v]$。首先，计算博弈者 1 对每个可能联盟的平均边际贡献值：

$$\varphi_1 = \frac{(1-1)!\,(3-1)!}{3!}[v(\{1\}) - v(\varphi)] +$$

$$\frac{(2-1)!\,(3-2)!}{3!}[v(\{1,2\}) - v(2)] +$$

$$\frac{(2-1)!\,(3-2)!}{3!}[v(\{1,3\}) - v(3)] +$$

$$\frac{(3-1)!\,(3-3)!}{3!}[v(\{1,2,3\}) - v(2,3)]$$

$$= 5833\frac{1}{3}$$

其次，计算博弈者 2 对每个可能联盟的平均边际贡献值：

$$\varphi_2 = \frac{(1-1)!\,(3-1)!}{3!}[v(\{2\}) - v(\varphi)] +$$

$$\frac{(2-1)!\,(3-2)!}{3!}[v(\{1,2\}) - v(1)] +$$

$$\frac{(2-1)!\,(3-2)!}{3!}[v(\{2,3\}) - v(3)] +$$

$$\frac{(3-1)!\ (3-3)!}{3!}[v(\{1,2,3\})-v(1,3)]$$

$$=3833\frac{1}{3}$$

最后，计算博弈者 3 对每个可能联盟的平均边际贡献值：

$$\varphi_3=\frac{(1-1)!\ (3-1)!}{3!}[v(\{3\})-v(\varphi)]+$$

$$\frac{(2-1)!\ (3-2)!}{3!}[v(\{1,3\})-v(1)]+$$

$$\frac{(2-1)!\ (3-2)!}{3!}[v(\{2,3\})-v(2)]+$$

$$\frac{(3-1)!\ (3-3)!}{3!}[v(\{1,2,3\})-v(1,2)]$$

$$=333\frac{1}{3}$$

因此，Shapley 值为 $\left(5833\frac{1}{3},3833\frac{1}{3},333\frac{1}{3}\right)$。

最后，读者可通过阅读杨洁等在《系统工程理论与实践》和饶卫振等在《中国管理科学》上发表的论文，对合作博弈进行理解。两篇论文分别研究了供应链碳减排非合作–合作两型博弈和多方协作回收废旧动力电池的合作博弈问题。

本章思考题

1. 解释并比较合作博弈和非合作博弈的主要特征及其应用领域。

2. 讨论合作博弈中的核心概念，如合作稳定性和核心。

3. 分析在合作博弈中形成联盟的动机和策略，并提出一些现实世界的例子。

4. 研究合作博弈中的解决方案概念，如核心、稳定解、Shapley 值等，并比较它们在不同情境下的应用。

5. 探讨合作博弈中的背叛和违约行为对合作关系的影响，以及如何应对这些问题。

6. 考虑合作博弈在资源分配、风险管理或决策制定方面的应用，并提出一些具体案例。

7. 分析合作博弈在多方谈判或多层次决策中的作用，包括博弈理论在此类场景中的优势和限制。

8. 探讨在合作博弈中如何建立信任和有效沟通的重要性，以及这对于协商和达成一致的影响。

9. 研究在动态环境下合作博弈的特点，如博弈的重复性和时间敏感性，以及相关的策略和解决方案。

10. 思考合作博弈在社会、企业间合作或国际关系中的应用，以及它对于促进合作、协商和冲突解决的重要性。

11. 如何利用合作博弈理论解决供应链中的合作与竞争问题？

21. 在供应链合作中，如何设计激励机制以确保各方的合作稳定性和效率？

13. 基于合作博弈理论，如何优化企业间的资源分配以提高整体效益？

14. 考虑到供应链中信息不对称的问题，如何利用合作博弈理论构建有效的信息共享机制？

15. 在多层次供应链中，如何协调各个层次之间的合作与竞争，以实现整体效益的最大化？

第 7 章　演化博弈

古典博弈论假设参与者理性，但实际中行为偏离，个人选择可能出错，集体决策易误。演化博弈理论则假设有限理性，强调经济动态过程。其核心是演化稳定策略，描述系统局部稳定性。演化博弈理论广泛应用于经济学，解释各经济现象，成为研究工具，并应用渗透到各领域，如分析制度变迁、行业演化、企业行为、股票市场、社会习俗和体制形成等。

7.1　互惠行为的演化

演化博弈论来源于生物种群中的策略演化，重点关注互惠行为的演化。通过分析重复互动中的合作，揭示了个体间产生互惠的机制，其核心观点有以下几点。

（1）互惠行为稳定性：演化博弈论指出，在长期互动中，个体能够记住其他个体的行为并作出反应，使得合作成为受奖励的稳定策略。

（2）惩罚和奖励：互惠行为的演化稳定还依赖于对合作和背叛的惩罚与奖励。通过惩罚背叛者或奖励合作者，个体更有可能选择合作，以获取更多利益。

下面通过三个例子加以说明。

案例 7-1

合作的动物共同体。

在动物王国中，一些物种形成了合作的共同体，如狮子猎群。狮子猎群通过合作狩猎，提高了猎物捕获的成功率。在重复的狩猎互动中，个体记住了其他狮子的合作行为，并对其给予奖励，形成了一种稳定的互惠合作。

案例 7-2

人类社会中的合作行为。

人类社会中的许多合作行为也可以通过演化博弈理论来解释。例如，在商业合作、家庭关系和社交网络中，个体通过重复的互动记住其他人的行为，并在合作双方中建立起一种相互信任的稳定模式。

案例 7-3

昆虫社会中的互助行为。

昆虫社会，如蚂蚁和蜜蜂，展现出明显的互助行为。工蚁通过劳动为整个群体提供食物和保护，而这种互助行为在重复的社会互动中得到稳定，促进整个昆虫社会的繁荣。

演化博弈论为解释互惠行为的演化稳定提供了有力的理论框架。通过考虑重复互动、记忆和惩罚奖励机制，能够更好地理解为何互惠行为在生物种群中能够演化为一种稳定的策略。

7.2　单种群演化稳定策略

在演化博弈中，个体通常假设具有有限个纯策略。在纯策略模型下，每个个体在所有时间内选择一个确定的纯策略。在混合策略模型中，单一种群的个体可能在不同时间采用不同的纯策略。S_k 代表个体在给定时间内采用第 k 个纯策略的比例，即使用第 k 个纯策略的概率。因此，在混合策略模型中，个体的策略被表示为概率向量：$s \in \Delta^m = \left\{ (s_1, s_2, \cdots, s_m) \mid \sum_{k=1}^{m} s_k = 1, s_k \geqslant 0 \right\}$，这里 m 表示个体的纯策略数，s 称为个人（体）策略或显型。根据这个定义，纯策略可以看作混合策略的一种特殊形式。

演化博弈模型假设个体在面对特定的环境和选择时，只能采取有限个纯策略，而不是无限制地选择各种可能的行为。这种假设使得模型更加简化，便于分析和理解。下面通过例子来解释这一假设。

案例 7-4

食蚁兽和蚂蚁的博弈。

假设在一个虚构的生态系统中，有食蚁兽和蚂蚁两种物种。食蚁兽依赖捕食蚂蚁来获取食物，而蚂蚁则试图保护自己免受食蚁兽的捕食。在这个博弈中，食蚁兽和蚂蚁都有两种可选择的纯策略：攻击和逃跑。

攻击策略：食蚁兽选择攻击时，会试图捕捉蚂蚁，以获取食物。

逃跑策略：食蚁兽选择逃跑时，会放弃捕食蚂蚁的机会，选择远离蚂蚁，以避免受到蚂蚁的攻击。

同样，蚂蚁也有两种可选择的纯策略：防御和撤退。

防御策略：蚂蚁选择防御时，会集体围攻食蚁兽，试图将其赶走或击退。

撤退策略：蚂蚁选择撤退时，会放弃对食蚁兽的抵抗，选择逃离，以避免受到伤害。

在这个假设下，食蚁兽和蚂蚁之间的博弈可以通过一个二人零和博弈矩阵来表示，其中每个博弈方都有两种纯策略选择。例如，可以将其表示为如图 7-1 所示的博弈矩阵。

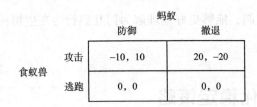

图 7-1　博弈矩阵

在这个博弈中，每个单元格中的数字表示食蚁兽和蚂蚁选择不同策略时的预期收益（例如，-10 表示食蚁兽攻击、蚂蚁防御时，食蚁兽损失了 10，而蚂蚁获得了 10 的收益）。根据这个博弈矩阵，每个博弈方都面临选择最大化自己收益的决策。

案例 7-5

供应链的例子。

假设在一个供应链中，有两个环节：供应商和零售商。供应商可以选择提供高质量的产品或低质量的产品，而零售商可以选择合作采购高质量产品或背叛并寻找其他供应商。

在演化博弈模型中，假设供应商和零售商只能采取有限个纯策略，即提供高质量产品或低质量产品，以及合作采购或背叛合作。这种假设简化了模型，使读者可以更容易地分析和理解这个供应链中的互惠行为。

假设一开始，供应商提供高质量产品，并与零售商合作采购。这种合作关系对双方都有利，因为高质量产品能够提供更好的销售和声誉，而合作采购可以降低采购成本。

然而，假设有一天供应商决定变得自私，并提供低质量产品。这会给零售商带来损失，因为低质量产品可能导致客户不满意，销售下降。

在重复的互动中，零售商会记住供应商的行为，并根据其提供的产品质量作出反应。如果供应商持续提供低质量产品，零售商可能会背叛合作关系，并寻找其他供应商。这样一来，供应商将失去与零售商的合作机会和相关的利益。

通过记忆和反应的机制，供应链中的个体在重复的互动中形成了一个稳定的互惠行为模式。供应商意识到提供高质量产品和合作采购是获得更多利益的可靠策略，而零售商意识到与可靠供应商建立长期合作关系的重要性。

这个供应链的例子展示了演化博弈模型中有限个纯策略的假设如何简化模型，并且通过重复互动中的记忆和反应机制，个体之间形成了稳定的互惠行为模式。

演化博弈模型简化了策略选择，使博弈结果更易理解。在混合策略模型中，个体策略用概率向量表示，可能随时间改变。演化博弈考虑突变引起的异常行为，关注均衡稳定性和策略相互作用。有研究提出了在演化博弈理论中经常使用的均衡概念，其关注的是表型（即物种的行为方式）和基因型（行为的遗传基础）的演化，寻找演化稳定的表型，这些表型无法被其他表型所侵入。所谓"侵入"意味着其他类型的行为更成功。由于行为类型在博弈论中被解释为策略，演化稳定策略（Evolutionarily Stable Strategy，ESS）这个概念出现了。演化稳定策略指稳定存在于种群中，且无法被其他策略侵入的策略。

ESS 的基本思想是，当一个种群使用某个策略时，其他策略不能入侵该种群，因为无法通过突变来改善该策略，即当一个种群使用策略 s^* 时，其他使用策略 s 的突变者不能入侵该种群并且获得比原始个体更高的预期支付。为了具体说明，当另一个个体使用策略 s 时，该个体使用策略 s^* 时获得的预期效用记为 $E(s^*, s)$。

在对称二人矩阵博弈中（在单种群演化博弈中，要求支付矩阵是对称的，因为同一个参与者可以作为行参与者或者列参与者），将第一个参与者的支付矩阵（有些书上称为适应度矩阵）记为 A，那么，$E(s^*, s) = s^* \cdot A_s$，即向量 s^* 与向量 A_s 的内积。在这里，A_s 表示矩阵 A 与 s 的转置的乘积，是一个列向量，为了方便，在演化博弈中，一般省略转置符号。根据相关学者的著作（肖条军，《博弈论及其应用》），有下面的正式定义。

定义 7.2.1 对所有不同于 s^* 的个体策略 s，如果有

$$E(s^*,s^*) \geqslant E(s,s^*) \tag{7-1}$$

如果在式（7-1）中的等式成立，则

$$E(s^*,s) > E(s,s) \tag{7-2}$$

那么，称 s^* 为单态 ESS。

注意，在定义 7.2.1 中，个体策略可以是纯策略，也可以是混合策略。但一般地，个体策略集是 Δ^m 的一个可数真子集，包括所有纯策略和混合策略。

从演化稳定策略的定义可知，对于一个策略组合 (s^*,s^*) 来说，它只有当 s^* 作为演化稳定策略时才能成为纳什均衡。在单种群演化博弈中，ESS 是对称纳什均衡的一个子类。对称纳什均衡指的是所有参与者采取相同的策略，使得没有人有动机改变自己的策略，然而并非所有的对称纳什均衡都可以成为 ESS。这是因为对称纳什均衡只要求达到稳定状态，而 ESS 还要求在种群中不存在任何其他策略可以侵入并取得更高的回报。

可以这样理解：

1. 单种群演化博弈：指的是在一个群体中进行的游戏理论模型，其中个体通过采取不同的策略竞争资源或获得回报。

2. ESS（演化稳定策略）：指的是一种在演化过程中稳定存在于群体中的策略，即使其他策略也存在，ESS 仍能保持其在种群中的稳定性和竞争优势。

3. 对称纳什均衡：指的是所有参与者采取相同的策略时，没有人有动机改变自己的策略，因为这种策略是相互稳定的。

4. 对称纳什均衡与 ESS 的关系：虽然对称纳什均衡是一种稳定状态，但并非所有的对称纳什均衡都能成为 ESS。这是因为 ESS 不仅要求稳定性，还要求在整个种群中不存在其他策略可以取代它并获得更高的回报。

举例来说，假设在一个动物群体中，狮子和斑马之间存在捕食与逃跑的博弈。如果大多数斑马选择了逃跑作为它们的策略，而大多数狮子选择了捕食作为它们的策略，这种状态可能会形成对称纳什均衡，因为在这种状态下，没有一种动物会改变自己的策略。如果斑马中的一小部分采用了更聪明的逃跑策略，使它们更难被捕食，这种策略可能会成为 ESS，因为它在种群中具有稳定性并且没有其他策略能够取代它获得更高的回报。

再回到囚徒困境博弈，坦白是严格纳什均衡，也是演化稳定策略。现在来看一个交

换经济博弈（表7-1），其中每个市民可以生产 1 单位或 2 单位的产品，并在市场上与另一个市民进行交易。如果每个市民都只生产 1 单位的产品，交易将不能增加他们的支付。如果他们生产 2 单位的产品，他们可以进行互相交换，增加消费的多样性。

表 7-1 交换经济博弈

	L	H
L	1, 1	1, 1
H	1, 1	2, 2

在这个单种群的双矩阵演化博弈中，不再注明参与者，因为行和列的参与者是对称的。在纯策略模型中，存在两个纳什均衡：(L,L) 和 (H,H)。

下面，来看 (L,L) 是不是单态 ESS。策略 L 可以用向量 $s^* = (1,0)$ 表示，策略 H 用向量 $s = (0,1)$ 表示。这样，有 $E(s^*,s^*) = (1,0)\begin{pmatrix}1 & 1\\ 1 & 2\end{pmatrix}\begin{pmatrix}1\\ 0\end{pmatrix} = 1$。

类似地，有 $E(s,s^*) = 1 = E(s^*,s^*)$。

即式（7-1）中的等式成立，那么，只有满足式（7-2）时，策略 L 才是单态 ESS。

$$E(s^*,s) = (1,0)\begin{pmatrix}1 & 1\\ 1 & 2\end{pmatrix}\begin{pmatrix}0\\ 1\end{pmatrix} = 1 < 2 = E(s,s) \qquad (7-3)$$

即式（7-2）不成立。因此策略 L 不是单态 ESS。

当博弈只有两主体策略时，求解单态 ESS 相对简单；当博弈涉及多主体策略时，由于需要对所有策略进行比较，工作量变得非常大。为了简化这个过程，经济学家通常采用下面标准 ESS，这是一个多态 ESS。

这里是讨论单态 ESS 和多态 ESS 之间的比较。ESS 是指在演化过程中，某种策略如果被所有个体采用，那么任何一个个体都不会受益于从该策略转变到其他策略。

在博弈中，当只涉及两个个人策略时，求解单态 ESS 相对较简单，因为只需要比较这两个策略的稳定性即可。但是，当博弈涉及多个个人策略时，需要对所有策略进行比较，这会增加工作量。为了简化这个过程，经济学家通常采用多态 ESS，即标准 ESS。标准 ESS 是一种多态策略，它考虑了博弈中可能存在的多种策略，并尝试找到那些在给定环境下稳定的策略。这种策略的选择通常基于模型假设和对环境的理解。

举例来说，假设有一个动物群体中的两种个体：A 和 B。它们可以选择两种策略：攻击或逃跑。当只有这两种策略时，确定哪种策略是单态 ESS 相对简单，只需要比较攻击和逃跑这两种策略在群体中的稳定性。但是，如果引入了更多的策略，比如伪装和合作，那么就需要考虑更多的因素，并可能需要使用多态 ESS 来确定在给定环境下哪种策略是稳定的。

因此，多态 ESS 为经济学家提供了一种更全面的方法来研究和理解复杂的博弈情境。

定义 7.2.2　对所有不同于 s^* 的 $s^* \in \Delta^m$，如果有

$$E(s^*, s^*) \geqslant E(s, s^*) \tag{7-4}$$

如果在式（7-4）中的等式成立，则

$$E(s^*, s) > E(s, s) \tag{7-5}$$

那么，称 s^* 为一个 ESS。

根据定义 7.2.2，ESS 不仅能够抵御单一个体采取的特定策略的侵入，它还能够抵御由多个个体采取的平均策略组合的侵入。这里的"平均策略"指的是多种策略的混合，这些策略可能由不同的个体采取，或者由同一个体在不同情况下采取。需要注意的是，这里的 s 可以是任意混合策略组合，而不仅限于个人策略。假设在一个市场上有两家竞争对手 A 公司和 B 公司，它们可以选择不同的营销策略吸引顾客。A 公司选择了一个特定的营销策略，而 B 公司选择了另一种策略。如果 A 公司的营销策略是一个 ESS，那么无论 B 公司采取何种单一的营销策略，都不会对 A 公司的市场份额造成显著威胁。此外，即使 B 公司采取了一种混合的营销策略（平均策略），A 公司的策略仍然能够保持其市场份额并抵御 B 公司的侵入。

从定义 7.2.2 可以得出以下定理的推论。

定理 7.2.1　设 $A = (a_{ij})_{m \times m}$ 为演化博弈的行参与者的支付矩阵，如果存在 i_0，使 $a_{i_0 i_0} > a_{j i_0}(j \neq i_0, 1 \leqslant j \leqslant m)$，则第 i_0 个策略 e_{i_0} 是演化稳定策略。

证明：设 $y = (y_1, y_2, \cdots, y_n)$ 是不等于 e_{i_0} 的任一策略。于是，有

$$E(e_{i_0}, e_{i_0}) = a_{i_0 i_0},$$

$$E(y, e_{i_0}) = \sum_{j=1}^{n} a_{j i_0} y_j < \sum_{j=1}^{n} a_{i_0 i_0} y_j = a_{i_0 i_0} = E(e_{i_0}, e_{i_0}),$$

即 e_{i_0} 是演化稳定策略。

从定理 7.2.1 可知，严格对称纳什均衡是 ESS，但是 ESS 不一定是严格对称纳什均衡。解释如下。

严格对称纳什均衡（SSNE）是 ESS：在对称博弈的背景下，如果存在一个纳什均衡，其中每个博弈方所采取的策略是相互对称的，并且这些策略对于所有博弈方而言都

是稳定不变的，那么这个均衡就构成了一个严格对称纳什均衡。由于其对称性和在演化过程中的稳定性，它同时满足演化稳定策略的条件。

ESS 不一定是严格对称纳什均衡：演化稳定策略是指在一个群体中，如果大多数个体采用某种策略时，任何个体都无法通过改变自己的策略来获得更高的适应度。ESS 并没有要求策略在对称博弈中是对称的，因此，尽管演化稳定策略可以是对称博弈中的任一纳什均衡，包括严格对称纳什均衡，但它同样可能是非对称的。这表明 ESS 是一个更广泛的概念，而 SSNE 则是对称博弈中的一个特定情形。

下面将通过例子详细说明这两个概念之间的关系。

案例 7-6

严格对称纳什均衡不是 ESS。

考虑一个简化的猎食者-猎物博弈，其中有两种类型的猎食者：狮子和豹子，以及两种类型的猎物：斑马和羚羊。收益矩阵见表 7-2。

表 7-2　猎食者-猎物博弈

	狮子	豹子
斑马	2, 1	0, 0
羚羊	0, 0	1, 2

在这个例子中，（斑马，狮子）和（羚羊，豹子）是纳什均衡，因为任何一方都不能通过改变自己的策略来获得更好的结果。但是，如果考虑演化过程，可能会发现狮子更容易捕食斑马，而豹子更容易捕食羚羊。这样的演化过程可能导致（羚羊，豹子）和（斑马，狮子）成为演化稳定策略，因为任何小的策略变化都可能导致更差的结果。这并不是严格对称的纳什均衡，因为在（羚羊，豹子）中，猎物的策略是演化稳定的，却不是纳什均衡。

案例 7-7

ESS 不一定是严格对称纳什均衡。

考虑一个对称博弈，两个博弈方可以选择策略 A 或策略 B。支付矩阵见表 7-3。

表7-3　对称博弈

	A	B
A	3, 3	0, 0
B	0, 0	2, 2

在这个例子中，A-A 和 B-B 都是纳什均衡，因为在这些情况下，每个博弈方的选择是对对方的最佳响应。现在，考虑演化稳定策略（ESS）。

假设大多数个体采用策略 A。在这种情况下，策略 A 是一个演化稳定策略，因为任何个体如果改变策略去选择 B，他们将得到更低的适应度。所以，策略 A 是一个 ESS。

然而，注意到在这个例子中，A-A 并不是严格对称的。在对称博弈中，如果每个博弈方的策略是相同的，称其为严格对称。但是，在这个例子中，A-A 是一个纳什均衡，但不是严格对称纳什均衡，因为 B-B 也是一个纳什均衡。

因此，这个例子说明了一个 ESS（策略 A）并不一定对应于严格对称的纳什均衡，它可以对应于对称博弈中的任何一个纳什均衡。

下面考虑一个鹰-鸽博弈（Hawk-Dove Game），即两个人争夺价值为 2 的资源。每个参与者有两种策略可以选择：鹰（H）代表进攻性行动，鸽（D）代表默认行动。当两个参与者都选择鸽时，资源被共享。当一个人选择鹰而另一个人选择鸽时，鹰式参与者将获得资源。当两个人都选择鹰时，他们将进行战斗并付出一部分成本。具体支付见表7-4。

表7-4　鹰-鸽博弈

	鹰	鸽
鹰	-3, -3	2, 0
鸽	0, 2	1, 1

在鹰-鸽博弈模型中，存在三个稳定的策略组合，分别是：一个参与者采取鹰策略而另一个采取鸽策略，另一个参与者采取鹰策略而一个采取鸽策略，以及一个混合策略，即每位参与者都有 1/4 的概率选择鹰策略。在这种单种群的博弈环境中，有效的演化稳定策略（ESS）要求纳什均衡是对称的，也就是说，所有参与者的策略应该是相同的。

由于在鹰-鸽博弈中，两个纯策略纳什均衡并不满足对称性的要求，因此主要关注混合策略的纳什均衡。假设在一个特定的种群里，个体之间的互动是随机的，并且每个个体并不清楚哪种策略最有效（因为存在三个纳什均衡）。在这样的背景下，个体会初步选择一个策略或者一个包含多种策略的概率分布，然后在不断地尝试和错误修正的过程中，逐步调整自己的策略。通过这种学习和适应的过程，个体将寻找到一种能够在种群中稳定存在的策略，即演化稳定策略（ESS）。为了更加具体地描述这个学习过程，引入学习的概念。记用鹰策略的种群比例为 $p(0 < p < 1)$，于是用鸽策略的比例为 $1 - p$。

个体在博弈中被视为理性，根据经历调整策略，以达到最大化收益。这种理性行为通常与自然选择相适者生存原则一致，而非有意识学习。随时间推移，低收益个体可能模仿高收益个体，提高高收益策略普及率。普及率变化又影响未来预期收益。假设遇到采取鹰策略的个体的概率为 p（可能是当前群体中选择该策略的比例，或该群体中个体采用鹰策略的平均可能性），考虑每种策略的预期回报：

$$E(H) = p \times (-3) + (1 - p) \times 2 = 2 - 5p \qquad (7-6)$$

$$E(D) = p \times 0 + (1 - p) \times 1 = 1 - p \qquad (7-7)$$

混合策略纳什均衡要求选择鹰和鸽的预期收益相等，即 $E(H) = E(D)$，这将导致 $p = 1/4$。当 $p < 1/4$ 时，选择鹰的预期收益会超过选择鸽的预期收益，这将鼓励人们采取更多的鹰策略（即 p 将上升）；相反，当 $p > 1/4$ 时，选择鸽的预期收益会超过选择鹰的预期收益，p 将下降。由于任何小概率 p 上升，而任何大概率 p 下降，演化过程将导致种群中有 1/4 的人选择鹰策略。这意味着种群中鹰策略的比例将稳定在 1/4。需要注意的是，突变者的策略取决于个人初始选择策略的状态。如果突变者选择鹰策略，并且这一变化获得了比鸽策略更高的预期收益，那么他们的策略可能会在种群中蔓延。

实际上，混合策略 (1/4,3/4) 是 ESS，下面来证明这一点。记 $s^* = (1/4,3/4)$，s 为任一其他策略 $(p,1 - p)$，这里 $p \neq 1/4$。

$$E(s^*, s^*) = \left(\frac{1}{4}, \frac{3}{4} \right) \begin{pmatrix} -3 & 2 \\ 0 & 1 \end{pmatrix} \begin{pmatrix} \dfrac{1}{4} \\ \dfrac{3}{4} \end{pmatrix} = \frac{3}{4} = E(s, s^*) \qquad (7-8)$$

即不等式（7-4）成立。因此从定义 7.2.2 可知，要证混合策略 (1/4, 3/4) 是 ESS，只要证明式（7-5）成立。这里有

$$E(s^*, s) = \left(\frac{1}{4}, \frac{3}{4} \right) \begin{pmatrix} -3 & 2 \\ 0 & 1 \end{pmatrix} \begin{pmatrix} p \\ 1 - p \end{pmatrix} = \frac{5}{4} - 2p \qquad (7-9)$$

$$E(s, s) = (p, 1 - p) \begin{pmatrix} -3 & 2 \\ 0 & 1 \end{pmatrix} \begin{pmatrix} p \\ 1 - p \end{pmatrix} = 1 - 4p^2 \qquad (7-10)$$

比较式（7-9）和式（7-10），发现 $E(s^*, s)$ 总是大于 $E(s, s)$，即式（7-5）成

立，因此，混合策略（1/4，3/4）是一个 ESS。值得注意的是，这个博弈的纳什均衡混合策略也为（1/4，3/4），所以，此博弈的演化结论支持其纳什均衡混合策略。

参考相关著作（肖条军，《博弈论及其应用》），下面给出几个单种群演化博弈的例子。

案例 7-8

（Bach 或 Stravinsky）设某一同质种群的成员任意配对，进行 BoS 博弈，支付见表 7-5，试分析其演化稳定策略。

在单种群演化博弈中，只有对称纳什均衡的策略才有可能成为演化稳定策略（ESS）。针对这个博弈，不存在对称纯策略均衡，但存在唯一的对称混合策略均衡（（3/5，2/5），（3/5，2/5）），即每个参与者选择策略 L 的概率为 3/5。

表 7-5　BoS 博弈

	L	D
L	0, 0	3, 2
D	2, 3	0, 0

记 $s^* = (3/5, 2/5)$，$s = (p, 1-p)$ 表示任一非 s^* 的混合策略。下面证明混合策略 s^* 是 ESS。根据表 7-5，有

$$E(s^*, s^*) = \left(\frac{3}{5}, \frac{2}{5}\right)\begin{pmatrix} 0 & 3 \\ 2 & 0 \end{pmatrix}\begin{pmatrix} \dfrac{3}{5} \\ \dfrac{2}{5} \end{pmatrix} = \frac{6}{5} = E(s, s^*)$$

于是，只要证明式（7-5）成立即可。当 $p \neq 3/5$ 时，有

$$E(s^*, s) = \frac{9}{5} - p > 5p(1-p) = E(s, s)$$

混合策略 s^* 是 ESS。

Bach 或 Stravinsky 博弈是演化博弈理论中的一种模型，用于描述在文化传播和选择中个体之间的动态。在这个模型中，每个个体都有两种选择：选择 Bach（代表保守、传统）或选择 Stravinsky（代表创新、非传统）。个体的选择受到其周围环境的影响，以及对不同选择的期望收益。

举例来说，考虑一个社会中的音乐爱好者。如果大多数人选择传统的 Bach，那么

个体可能更倾向于选择 Bach，因为这样做会让他们感到与社会的一致性和认同感。但如果创新的 Stravinsky 开始流行起来，个体可能会转而选择 Stravinsky，以追随潮流或展示自己的独立性。这种选择也可能会受到个体与周围人的互动和影响。例如，如果一个人的朋友大多选择 Stravinsky，那么他可能更有可能选择 Stravinsky，以避免与他们脱节。

Bach 或 Stravinsky 博弈突出了文化传播和社会影响在个体选择中的重要性，以及个体如何在传统和创新之间进行权衡。

案例 7-9

（协调博弈）在某一同质种群中，成员可以任意配对，协调博弈见表 7-6。在这个博弈中，存在两个严格的对称纳什均衡策略，即 (L,L) 和 (D,D)。因此，纯策略 L 和 D 都被认为是演化稳定策略（ESS）。此外，该博弈也存在一个对称混合策略均衡 (s^*,s^*)，其中 $s^* = (1/4,3/4)$。因为每个混合策略 $s = (p,1-p)$ 是 s^* 的最优反应，为了使 s^* 是 ESS，必须使式（7-5）对任意 $s \neq s^*$（即 $p \neq 1/4$）成立。在这个博弈中参与者选择同一行动要好于选择不同行动，所以，似乎这个条件不满足。看上去最可能背离这个条件的 s 是纯策略 L。在这种情形下，有 $E(s,s) = 3$，$E(s^*,s) = 3/4$，这背离了式（7-5）。因此，这个博弈没有混合策略 ESS。

表 7-6　协调博弈

	L	D
L	3, 3	0, 0
D	0, 0	1, 1

在这个博弈中，突变者采取纯策略 L 比采取混合策略 $(1/4, 3/4)$ 更有利，无论突变者遇到其他突变者还是正常生物体。因此，突变者可以成功入侵采取混合策略的正常生物体种群。

协调博弈在演化博弈理论中是一种重要的模型，其中同质种群的成员可以任意配对，目标是达成一致的选择，以获得最大的收益。在这种博弈中，存在多个纳什均衡点，即多种可能的选择组合都可以被认为是合理的。

案例 7-10

电动汽车充电标准的制定。在电动汽车市场发展初期，不同的汽车制造商推出了各自的充电接口标准，导致了消费者的困扰和混乱。随着时间的推移，行业各方意识到需要达成统一的充电标准，以促进电动汽车的普及和市场增长。通过协调和合作，汽车制造商以及相关利益相关者共同制定了一套通用的充电接口标准，如美国的 SAE J1772 或欧洲的 CCS。这样一来，消费者无论使用哪种品牌的电动汽车，都可以在任何兼容的充电站充电，提高了整个行业的效率和便利性。

在这个例子中，企业和利益相关者通过协调和合作达成了共识，制定了一套通用的标准，从而实现了协调博弈的目标，促进了整个行业的发展和增长。

为了简化分析过程，这里引入一个新的概念，即演化均衡。如果一个均衡状态具备局部渐近稳定性，也就是周围的策略组合会逐渐稳定到这个状态，就称这个均衡点为演化均衡。在单一群体的双边支付矩阵演化博弈中，演化稳定策略（ESS）与演化均衡是等价的。

案例 7-11

演化均衡。一个典型的企业例子是竞争市场中的价格战策略。假设有两家公司在同一市场竞争销售相似的产品。它们可以选择不同的定价策略：高价策略和低价策略。

如果一家公司选择了高价策略，而另一家公司选择了低价策略，消费者可能更倾向于购买价格较低的产品，导致销售量增加，但利润可能相对较低。

如果两家公司都选择了高价策略，消费者可能会选择其中一家公司的产品，但由于价格相对较高，销售量可能会减少，但利润可能相对较高。

如果两家公司都选择了低价策略，消费者可以更容易地选择其中一家公司的产品，导致销售量增加，但利润可能较低。

在这个情景中，如果存在一个均衡状态，即两家公司都选择了相同的定价策略，并且周围的策略组合会逐渐稳定到这个状态，这就是一个演化均衡。这种情况下，这个定价策略可能是一种演化稳定策略（ESS），因为它在竞争环境中能够稳定存在，并且周围的其他策略组合会向它稳定演化。因此，竞争市场中的定价策略可以作为演化博弈中的例子，其中演化稳定策略（ESS）与演化均衡是等价的。

现在，采用局部渐近稳定性原则来评估上例中提到的纳什均衡点是否构成演化稳定策略（ESS）。首先，引入复制者动态，这是一个动态方程，又称为 Malthusian 动态。它的含义是：增长率 p/p 等于参与者的适应度 $e_1 \cdot A(p, 1-p)$ 减去他的平均适应度

$(p, 1-p) \cdot A(p, 1-p)$，其中，$e_1 = (1, 0)$ 表示参与者以概率 1 选择策略 L，$A = \begin{pmatrix} 3 & 0 \\ 0 & 1 \end{pmatrix}$ 表示行参与者的支付矩阵。那么，可以得到参与者的复制者动态为

$$\dot{p} = p[e_1 \cdot A(p, 1-p) - (p, 1-p) \cdot A(p, 1-p)]$$
$$= (p, 1-p)(1, -1) \cdot A(p, 1-p) \tag{7-11}$$

将 A 代入式（7-11），有

$$\dot{p} = p(1-p)(4p-1) \tag{7-12}$$

对于这个动态，很明显，当初始状态 $p_0 < 1/4$ 时，收敛于 0；当 $p_0 > 1/4$ 时，收敛于 1。换句话说，当初始状态 $p_0 < 1/4$ 时，参与者的演化稳定策略是 D；当 $p_0 > 1/4$ 时，参与者的演化稳定策略是 L。

由上述例子，基于相关著作（肖条军，《博弈论及其应用》等）得到以下定理。

定理 7.2.2 设演化博弈的行参与者的支付矩阵为 $A = \begin{pmatrix} a & b \\ c & d \end{pmatrix}$，满足 $a \leq c$ 和 $b \geq d$ 且 $b + c - a - d > 0$，则 A 至少有一个演化稳定策略。

定理 7.2.2 的证明过程参见肖条军《博弈论及其应用》等。这表明，除了 $a = c$ 和 $b = d$ 外，对称二阶支付矩阵至少有一个演化稳定策略。

上面给出的演化博弈都有 ESS，那么，并不是所有的演化博弈都有 ESS。这个结论由例 3 来进一步说明。

案例 7-12

"抓—咬—踩"博弈。假定群体中个人在相互竞争中有三个纯策略，即用爪子抓、用牙咬和用脚踩对方。在这个博弈中，"抓"击败"咬"，"咬"击败"踩"，"踩"击败"抓"。若两匹配的个人使用相同的策略，则为平局。其博弈矩阵见表 7-7。

表 7-7　"抓—咬—踩"博弈

	抓	咬	踩
抓	0, 0	1, -1	-1, 1
咬	-1, 1	0, 0	1, -1
踩	1, -1	-1, 1	0, 0

注意到 ESS 必定是一个纳什均衡。在该均衡处，预期支付 $E(s^*, s^*) = 0$。很明显，$E(s_i, s^*) = 0, i = 1, 2, 3$，因此，有 $E(s^*, s^*)$

$= E(s_i, s^*)$。这样要使策略是演化稳定策略，就必须满足第二个条件 $E(s^*, s) > E(s, s)$。在这个博弈中，对任何 i 有 $E(s^*, s_i) = E(s_i, s_i) = 0$，因此，混合策略 s^* 不是演化稳定策略。于是，这个博弈没有 ESS。

在"抓—咬—踩"博弈中，通常存在一个演化稳定策略，即某种策略在一定条件下会占据优势地位，难以被其他策略所取代。这可能是因为该策略在特定环境中具有更高的适应性，或者因为其他策略在面对该策略时会受到较大的损失。

企业也可以通过类似的竞争行为来展现"抓—咬—踩"演化博弈的本质。例如，假设有三家餐饮连锁店在同一地区竞争，它们可以采取不同的策略来争夺顾客：抓（增加新菜品）、咬（降低价格）、踩（增加营销活动）。在这种情况下，可能存在一个演化稳定策略，比如一家餐饮连锁店通过持续推出新菜品来吸引顾客，其他竞争对手难以通过简单的降价或增加营销活动来有效抵抗。这样的策略可能在长期竞争中占据优势地位，难以被其他策略所取代，从而符合"抓—咬—踩"演化博弈的本质。

下面，以供应链管理为例，单种群演化稳定策略在中有多个潜在的研究方向，这里通过具体的案例场景来阐述。

案例 7-13

合作与竞争策略的演化。

案例场景：考虑一个多级供应链，包括供应商、制造商和分销商。这些参与者在价格、质量和交货时间等方面可以选择不同的策略。通过建模这些策略的演化过程，可以分析合作和竞争策略的演化，并确定在长期内具有演化稳定性的合作模式。

案例 7-14

风险管理策略的演化。

案例场景：考虑全球供应链中的不确定性和风险。不同的企业可能采取不同的风险管理策略，如备货、多源供应等。通过分析这些策略的演化，可以揭示在不同市场条件下，哪些风险管理策略更可能在长期内保持稳定。

案例 7-15

信息共享与协同创新。

案例场景：考虑供应链中的信息共享和协同创新。企业可能选择分享关键信息以提高供应链的整体效率。通过研究这些信息共享和协同创新策略的演化，可以洞察在不同产业环境下，哪些模式更容易长期维持。

案例 7-16

环境可持续性与社会责任。

案例场景：着眼于环境可持续性和社会责任，企业可能选择采用绿色供应链策略。通过分析这些环境友好型策略的演化，可以研究在不同市场条件下，企业如何逐步采用更可持续的供应链管理实践

案例 7-17

新技术应用与数字化转型。

案例场景：针对新技术的采用，如物联网、区块链等，企业可以选择不同的数字化供应链策略。通过分析这些数字化转型策略的演化，可以揭示在不同行业中，哪些数字技术更有可能在长期内得到广泛应用。

再者，结合当前人工智能在供应链管理研究方面的应用，单种群演化稳定策略也可以提供有趣的研究方向。以下是一些可能的研究方向。

1. 智能合作与协同。

案例场景：考虑人工智能在供应链合作和协同中的应用。企业可以使用智能算法优化合作伙伴选择、协同创新和资源共享。通过单种群演化稳定策略，研究者可以分析不同智能合作策略的演化，并确定长期具有稳定性的智能协同模式。

2. 供应链网络优化。

案例场景：考虑人工智能在供应链网络优化中的应用，例如智能物流规划、智能库存管理等。通过分析不同的人工智能算法在供应链网络中的应用，研究者可以揭示哪些

智能决策策略更有可能长期保持演化稳定性。

3. 实时数据分析与决策。

案例场景：利用人工智能技术进行实时数据分析，以支持供应链决策。研究者可以研究不同的实时数据分析和决策策略，通过单种群演化稳定策略理解在动态市场环境下哪些策略更有可能长期维持。

4. 风险管理与智能预测。

案例场景：考虑人工智能在供应链风险管理和预测中的应用，如预测供应链中断、市场波动等。通过分析不同的智能风险管理策略，研究者可以了解哪些策略更有可能长期保持稳定性，从而提高供应链的韧性。

5. 人工智能伦理与可持续发展。

案例场景：考虑人工智能在供应链中的伦理和可持续发展方面的应用，例如考虑社会和环境的因素。通过分析不同的人工智能伦理和可持续发展策略的演化，可以研究哪些策略更具有长期演化稳定性，以促进可持续供应链管理。

通过将单种群演化稳定策略与人工智能在供应链管理中的应用结合起来，研究者可以深入了解不同智能决策策略的长期影响，为未来智能供应链的发展提供有益的见解。

7.3　两种群演化稳定策略

第 7.2 节介绍了单种群的演化稳定策略，其所描述的是对称博弈。本节将讨论不对称的情况。在不对称的情况下，考虑两个不同种群的参与者进行博弈，并忽略种群内部的相互作用，只关注种群之间的相互作用。两个群体（种群）通过相互作用和进化寻找一种稳定的策略，使得长期达到一种均衡状态。这两个群体可以代表不同的个体、代理或策略。

案例 7-18

价格竞争的两种群演化稳定策略。

考虑一个市场中有两家公司（群体 A 和群体 B），它们竞争销售相似的产品。这两家公司在制定产品价格时采用了两种群演化稳定策略。

1. 群体 A 的策略：

初期策略：群体 A 中的公司起初随机选择一些价格。

演化规则：每个周期，群体 A 中的公司根据其在上一周期的销售绩效调整其价格。销售绩效好的公司有更高的概率保留其当前价格，而销售绩效差的公司有更高的概率随机选择新的价格。

2. 群体 B 的策略：

初期策略：群体 B 中的公司也起初随机选择一些价格，可能与群体 A 的价格不同。

演化规则：类似于群体 A，群体 B 中的公司根据其在上一周期的销售绩效来调整其价格。

演化过程：

公司在每个周期中根据市场反馈来调整其价格。

高销售绩效的公司更有可能维持当前价格，因为市场对其价格更为敏感。

低销售绩效的公司更有可能尝试新的价格以寻求更好的市场反应。

稳定状态：

随着时间的推移，这两个群体的价格策略可能会趋向于某种均衡状态，即两个群体都发展出一种策略，互相之间不再频繁地调整价格，形成了一种稳定的价格竞争策略。

这是一个简化的例子，实际中可将这种两种群演化稳定策略应用于更复杂的市场博弈模型，以研究不同公司之间的竞争和博弈行为。

再考虑双矩阵演化博弈，其中 A 表示行参与者（种群 I）的支付矩阵，B 表示列参与者（种群 II）的支付矩阵。行参与者的平均策略为 x，列参与者的平均策略为 y。根据上述描述，对于这样的演化博弈，参考相关著作（肖条军，《博弈论及其应用》），给出定义如下。

定义 7.3.1 对于 $\Delta^m \times \Delta^n$ 中 (x^*, y^*) 的一些邻域中的所有其他 (x, y)，要么

$$x^* \cdot Ay > x \cdot Ay \qquad (7-13)$$

要么

$$y^* \cdot Bx > y \cdot Bx \qquad (7-14)$$

那么称 (x^*, y^*) 为一个 ESS。

注意，在定义 7.3.1 中，m 和 n 分别代表行、列参与者的纯策略数。Δ^m 和 Δ^n 的定义参见第 7.2 节。根据这个定义，有学者证明了下面的定理。

定理 7.3.1 如果 (x^*, y^*) 是双矩阵博弈的一个 ESS，那么，x^* 和 y^* 分别是 Δ^m 和 Δ^n 中的纯策略。

第 7.2 节分析了鹰-鸽博弈在单一种群背景下的演化稳定策略（ESS），并发现混合策略纳什均衡能够成为 ESS，而两个纯策略纳什均衡则不具备这一稳定性。本节继续以

鹰–鸽博弈为例，但将其应用于两种不同群体之间的情境，并引入新的行为规则：行参与者决定采取策略 x，而列参与者则决定选择策略 y。在这个设定中，参与者能够明确识别彼此，并被赋予了特定的角色。这种角色的区分意味着当博弈发生时，参与者能够根据具体情况调整其策略，使得学习过程变得更加精细和具有差异性。

上面这段话描述了行参与者和列参与者分别代表两个不同的群体，他们可以根据对方的群体身份和角色来选择不同的策略。这种情境下的博弈更为复杂，因为参与者需要根据对方的身份和角色来调整自己的策略，以最大化自己的收益。

举个企业例子，假设有两家不同文化背景的公司正在竞争同一个市场份额。一家公司可能来自西方国家，另一家则来自东方国家。在这种情况下，两家公司的文化背景和角色认同可能会影响它们的策略选择。

西方公司可能更倾向于采取激进的市场策略，如大规模广告宣传或降低产品价格以吸引更多客户，而东方公司可能更注重稳健和长期发展，更倾向于建立良好的客户关系和提供高品质的产品或服务。

因此，在这种情况下，两家公司会根据对方的文化背景和角色调整自己的市场策略，以最大限度地提升自己在市场上的竞争优势，实现长期的稳健增长。

根据定理 7.3.1，混合策略不是 ESS。再来假设 p 是行参与者选择鹰（H）的概率，而 q 是列参与者选择鹰的概率。行参与者的预期支付为

$$E(H) = q \times (-3) + (1-q) \times 2 = 2 - 5q \tag{7-15}$$

$$E(D) = q \times 0 + (1-q) \times 1 = 1 - q \tag{7-16}$$

注意，在这个博弈中，对于列参与者，其支付矩阵 B 等于行参与者的支付矩阵 A，列参与者的预期支付为

$$\bar{E}(H) = p \times (-3) + (1-p) \times 2 = 2 - 5p \tag{7-17}$$

$$\bar{E}(D) = p \times 0 + (1-p) \times 1 = 1 - p \tag{7-18}$$

按照学习规则，当 $q < 1/4$ 时，能够推断行参与者将向上调整 p；反之亦然。当 $p < 1/4$ 时，列参与者将向上调整 q。

可发现，(p,q) 平面上的点 $(1/4, 1/4)$ 处的纳什均衡是不稳定的。在这个纳什均衡处，$x^* = (1/4, 3/4)$ 和 $y^* = (1/4, 3/4)$，现在考虑 $(x, y) = ((p, 1-p), (q, 1-q)) \neq (x^*, y^*)$，即 $(p, q) \neq (1/4, 1/4)$。(x^*, y^*) 是双矩阵博弈的一个 ESS 吗？

$$x^* \cdot Ay = \frac{1}{4}(2 - 5q) + \frac{3}{4}(1-q) = \frac{5}{4} - 2q \tag{7-19}$$

$$\mathbf{x} \cdot \mathbf{A}\mathbf{y} = p(2 - 5q) + (1 - p)(1 - q) = 1 + p - q - 4pq \qquad (7-20)$$

根据式（7-19）和式（7-20），有

$$\mathbf{x}^* \cdot \mathbf{A}\mathbf{y} - \mathbf{x} \cdot \mathbf{A}\mathbf{y} = 4\left(\frac{1}{4} - p\right)\left(\frac{1}{4} - q\right) \qquad (7-21)$$

很显然，只有当 p 和 q 都超过 1/4 或两个都小于 1/4 时，式（7-21）大于零，对 (p, q) 的任何其他组合，式（7-21）小于零，即式（7-13）不成立。同理，也可以证得，在 $(\mathbf{x}^*, \mathbf{y}^*)$ 的某些领域，式（7-14）不成立。因此，$(\mathbf{x}^*, \mathbf{y}^*)$ 不是一个 ESS。

为判断两个纯策略纳什均衡是否为 ESS，首先，引入复制者动态，这是一个动态方程。它的含义是，对行参与者来说，增长率 $\dot{p}/p$ 等于参与者的适应度 $e_1 \cdot \mathbf{A}(q, 1-q)$ 减去他的平均适应度 $(p, 1-p) \cdot \mathbf{A}(q, 1-q)$，其中，$e_1 = (1, 0)$ 表示行参与者以概率 1 选择策略 H，$\mathbf{A} = \begin{pmatrix} -3 & 2 \\ 0 & 1 \end{pmatrix}$ 表示行参与者的支付矩阵。那么，可以得到参与者的复制者动态为

$$\dot{p} = p[e_1 \cdot \mathbf{A}(q, 1-q) - (p, 1-p) \cdot \mathbf{A}(q, 1-q)]$$
$$= p(1-p)(1, -1) \cdot \mathbf{A}(q, 1-q) \qquad (7-22)$$

将 $\mathbf{A}$ 代入式（7-22），有

$$\dot{p} = p(1-p)(1 - 4q) \qquad (7-23)$$

同理，可得到列参与者的复制者动态方程为

$$\dot{q} = q(1-q)(1 - 4p) \qquad (7-24)$$

在动态系统式（7-23）到式（7-24）中，有五个平衡点，分别是（0, 1）、（1, 0）、（0, 0）、（1, 1）和（1/4, 1/4）。已证明混合策略纳什均衡（1/4, 1/4）非 ESS，而（0, 0）和（1, 1）不是纳什均衡，故不是 ESS。故只需判断（0, 1）和（1, 0）是否为 ESS，由于对称性，下面只判断（1, 0）是否为 ESS（需对所有平衡点进行稳定性分析以了解系统在相平面上的演化特性）。根据文献，对于双矩阵演化博弈，只需证明复制者动态方程的平衡点为演化均衡。动态系统式（7-23）至式（7-24）的雅可比矩阵为

$$\mathbf{J} = \begin{pmatrix} (1-2p)(1-4q) & -4p(1-p) \\ -4q(1-q) & (1-2q)(1-4p) \end{pmatrix} \qquad (7-25)$$

这个雅可比矩阵的行列式为

$$\det\mathbf{J} = (1-2p)(1-2q)(1-4p)(1-4q) - 16pq(1-p)(1-q) \qquad (7-26)$$

雅可比矩阵的迹为

$$tr\mathbf{J} = (1-2p)(1-4q) + (1-2q)(1-4p) \qquad (7-27)$$

在平衡点 (1, 0)，有 $\det J = 3 > 0$ 和 $tr J = -4 < 0$。这样，该点是局部渐近稳定的。更进一步，知平衡点 (1, 0) 是 ESS。同样，也可以证明平衡点 (0, 1) 是 ESS。从这一节可以看出，即使支付矩阵相同，单种群情况下的 ESS 与两种群情况下的 ESS 不一定相同。有学者证明了下面的定理。

定理 7.3.2　策略 s 是演化稳定策略当且仅当它是一个严格纳什均衡策略。

可以通过一个简单的例子来理解定理 7.3.2：假设有一个群体中的个体可以选择合作或者背叛。他们的策略可以是"始终合作""始终背叛"或者"根据对手行为作出反应"。

现在考虑以下情形：如果每个个体都选择始终合作，那么每个人都能够获得一定的收益，因为大家都在互相合作，没有人受到背叛的伤害。这种情况下，"始终合作"就是一个纳什均衡策略，因为在当前环境下没有人可以通过改变自己的策略来获得更高的收益。

现在假设有一个个体开始选择始终背叛。在短期内，这个个体可能会获得更高的收益，因为他可以从其他人的合作中获利而不付出代价。随着时间的推移，其他个体会意识到被背叛的风险，开始对背叛者作出反应，如停止合作或者报复背叛者。这样一来，始终背叛的个体将会遭受损失，因为他无法持续获得高收益。

在此例中，始终合作就是一个演化稳定策略，因为它是一个严格纳什均衡策略。即使在面对短期利益诱惑时，始终合作的策略仍然能够在长期演化过程中保持存在，因为其他策略无法取代它并获得长期稳定的收益。因此，"策略是演化稳定策略当且仅当它是一个严格纳什均衡策略"的意思是，一个策略要成为演化稳定策略，必须满足两个条件：

（1）它在种群中稳定存在，即其他策略不能轻易替代它；

（2）它是严格纳什均衡策略，即在给定其他参与者的策略时，它是当前参与者的最优反应。

下面再用一个例子给予解释。

案例 7-19

假设有一个简化的狮子和斑马的捕食博弈，狮子和斑马是两个参与者。它们可以选择两种策略：

狮子可以选择"追逐斑马"或"放弃追逐"；

斑马可以选择"逃跑"或"不逃跑"。

在这个博弈中，如果狮子选择"追逐斑马"，而斑马选择"不逃跑"，则狮子会获得最高的收益（即捕食斑马）。同样，如果斑马选择"逃跑"，而狮子选择"放弃追逐"，则斑马也会获得最高的收益（即逃脱被捕食的命运）。这就构成了一个严格纳什均衡策略。

现在，假设狮子和斑马的种群中，大部分个体都采取了上述的严格纳什均衡策略。那么任何少数派个体试图改变策略，例如狮子试图放弃追逐而斑马不逃跑，都会导致捕食失败或逃脱失败，从而被淘汰出种群。因此，这个严格纳什均衡策略也是一个演化稳定策略。

这个例子说明了一个演化稳定策略必须同时满足严格纳什均衡的条件，并且这两种策略是相辅相成的。

最后，读者可通过周亦宁等和丁黎黎等分别在《管理工程学报》上发表的论文（本书参考文献［16］、［17］），加深理解演化博弈如何在相关研究问题中实施应用。两篇论文通过演化博弈模型，模拟了政府和社会资本在 PPP 项目中的策略选择和演化过程，并构建了一个包含能源企业、风险投资机构和政府三方的演化博弈模型。

本章思考题

1. 解释什么是演化博弈理论，并讨论它与传统博弈论的不同之处。

2. 演化博弈如何应用于生物学中的演化策略？请举例说明。

3. 你认为演化博弈理论在社会科学中的应用有哪些潜在的局限性？如何解决这些局限性？

4. 演化博弈理论如何解释群体行为的演变和变化？给出一个实际案例进行说明。

5. 演化博弈理论如何解释合作行为的形成和持续？可以举出一个现实生活中的例子吗？

6. 在演化博弈理论中，突变如何影响策略的演化？这与现实中的创新有何关联？

7. 演化博弈理论如何应用于解释社会中的文化演化和传承？举例说明。

8. 你认为演化博弈理论可以用来解释经济市场中的竞争策略吗？为什么？

9. 如何使用演化博弈理论来研究动态环境中的决策制定过程？请给出一个实际应用的案例。

10. 演化博弈理论如何与心理学中的行为决策模型相结合，以更好地理解人类行为？

11. 使用演化博弈理论探讨供应链中合作与竞争的动态平衡，以优化整个供应链的效率。

12. 基于演化博弈理论，研究企业在市场竞争中的战略选择与演化路径，特别是在不确定性环境下的应对策略。

13. 分析演化博弈理论在多级营销网络中的应用，探讨代理商、经销商和制造商之间的合作与竞争动态。

14. 运用演化博弈理论研究企业在技术创新过程中的合作与竞争模式，以及这些模式对市场地位和长期竞争力的影响。

15. 基于演化博弈理论，探讨企业在供应链中的决策制定过程中信息不对称和风险的影响，以及如何制定有效的应对策略。

参考文献

[1] 龚本刚,程晋石,程明宝,等.考虑再制造的报废汽车回收拆解合作决策研究[J].管理科学学报,2019,22(2):77-91.

[2] 曹柬,赵韵雯,吴思思,等.考虑专利许可及政府规制的再制造博弈[J].管理科学学报,2020,23(3):1-23.

[3] 胡吉亚.战略性新兴产业信贷融资的现状、问题与对策——基于"海萨尼转换"博弈分析[J].软科学,2021,35(2):1-6.

[4] 马国顺,蔡红.不完全信息下 Cournot-Bertrand 多维博弈模型及其均衡[J].管理评论,2014,26(4):31-39.

[5] 王欢,方志耕.制造商相对弱势格局下"主制造商-供应商"双方叫价拍卖灰博弈模型[J].中国管理科学,2019,27(6):103-112.

[6] 张尧,赵翠,关欣.考虑消费者不确定偏好的广告预算分配策略[J].系统工程理论与实践,2018,38(4):920-937.

[7] 易凯凯,朱建军,张明,等.基于不完全信息动态博弈模型的大型客机主制造商-供应商协同合作策略研究[J].中国管理科学,2017,25(5):125-134.

[8] 刘伟,丁凯文.考虑声誉效应的网络众包参与者行为博弈模型及仿真分析[J].运筹与管理,2020,29(5):181-188.

[9] 游家兴,邱世远,刘淳.证券分析师预测"变脸"行为研究——基于分析师声誉的博弈模型与实证检验[J].管理科学学报,2013,16(6):67-84.

[10] 王璐,林凯,陈丽华.存货质押模式下基于双重信息不对称的 3PL 激励机制研究[J].管理评论,2023,35(5):254-266.

[11] 马本江,徐赛雪,许民利.连续型保险契约的混合模型设计[J].系统工程理论与实践,2017,37(4):875-885.

[12] 孙世敏,张汉南,马智颖.薪酬契约视角下高管薪酬粘性形成机理研究——基于WSR方法论的诠释[J].管理评论,2021,33(5):134-141.

[13] 孙中苗,徐琪,张艳芬.不对称信息下按需服务平台拥有不同类型代理人时的动态激励契约[J].中国管理科学:1-14.

[14] 杨洁,曾子豪,吴林炜,等.限制交流结构下供应链碳减排策略的非合作-合作两型博弈研究[J].系统工程理论与实践:1-20.

[15] 饶卫振,常悦,刘鹏.新能源汽车动力电池协作回收模式及运营方法研究[J].中国管理科学:1-17.

[16] 周亦宁,刘继才,刘珈琪.考虑公众噪音信息的PPP项目政府监管效率研究[J].管理工程学报:1-15.

[17] 丁黎黎,张鑫婷,白雨.政府参与下考虑有限注意力的CCUS项目股权投资决策分析[J].管理工程学报:1-12.

[18] 肖条军.博弈论及其应用[M].上海:上海三联书店,2004.

[19] 张维迎.博弈论与信息经济学[M].上海:格致,上海人民出版社,2012.

[20] 郎艳怀.博弈论及其应用[M].上海:上海财经大学出版社,2015.

[21] 黄涛.博弈论教程:理论·应用[M].北京:首都经济贸易大学出版社,2004.

[22] 范如国,韩春民.博弈论[M].武汉:武汉大学出版社,2006.

[23] 杜塔(Dutta,P.K).策略与博弈:理论及实践[M].上海:上海财经大学出版社,2005.

[24] 禹海波,陈璇,李健.博弈论与企业管理[M].北京:社会科学文献出版社,2022.

[25] 李光久.博弈论基础教程[M].北京:化学工业出版社,2004.